全国高职高专教育土建类专业教学指导委员会规划推荐教材

园林工程施工组织管理

（园林工程技术专业适用）

本教材编审委员会组织编写

刘义平 主编

季 翔 主审

中国建筑工业出版社

图书在版编目（CIP）数据

园林工程施工组织管理/本教材编审委员会组织编写.
北京：中国建筑工业出版社，2009（2022.1 重印）
全国高职高专教育土建类专业教学指导委员会规划推荐
教材. 园林工程技术专业适用
ISBN 978-7-112-10549-6

Ⅰ. 园… Ⅱ. 本… Ⅲ. ①园林-工程施工-施工
组织-高等学校：技术学校-教材②园林-工程施工-施
工管理-高等学校：技术学校-教材 Ⅳ. TU986.3

中国版本图书馆 CIP 数据核字（2008）第 197168 号

本教材是根据建设部高职高专土建专业指导委员会园林工程专业分会的《园林工程施工组织管理课程教学大纲》编写的。全书共分十三章，其内容包括园林工程施工组织管理概述、流水施工原理与网络计划技术、园林工程施工组织设计、园林工程施工合同管理、园林工程施工进度管理、园林工程施工质量管理、园林工程施工成本管理、园林工程施工安全管理、园林工程施工资料管理、园林工程施工资源管理、园林工程施工现场管理、园林工程竣工验收与养护期管理、园林绿化企业经营管理等。

本教材可作为园林绿化工程施工专业高职教科书，也可作同层次的电大、函授和夜大的教材，也可供园林绿化工程技术人员参考。

* * *

责任编辑：朱首明 杨 虹
责任设计：赵明霞
责任校对：安 东 王 爽

全国高职高专教育土建类专业教学指导委员会规划推荐教材
园林工程施工组织管理
（园林工程技术专业适用）
本教材编审委员会组织编写
刘义平 主编
季 翔 主审
*
中国建筑工业出版社出版、发行（北京西郊百万庄）
各地新华书店、建筑书店经销
北京嘉泰利德公司制版
北京同文印刷有限责任公司印刷
*
开本：787×1092 毫米 1/16 印张：19¾ 字数：490 千字
2009 年 2 月第一版 2022 年 1 月第十三次印刷
定价：**33.00** 元
ISBN 978-7-112-10549-6
（17474）

前　言

随着我国社会经济高速发展、人民物质生活和文化水平不断提高，人们对生态环境的要求越来越高，城市园林绿化工程建设受到人们的普遍重视。在对高等园林工程建设施工组织与管理人才的需求不断增加的背景下，本教材根据建设部高职高专土建专业指导委员会园林工程专业分会的《园林工程施工组织管理课程教学大纲》编写而成。

《园林工程施工组织管理》是园林工程专业的一门主要专业课程，涉及面广，实践性强，它对园林工程施工全过程、全方位的组织与管理进行了系统阐述，总结了施工组织及施工项目管理的一般规律，结合当前园林工程建设施工组织与管理的实践，采纳了施工组织与管理中的新规范、新标准以及园林工程建设施工组织与管理理论和技术成果。

本教材的内容主要包括园林工程施工组织管理概述、流水施工原理与网络计划技术、园林工程施工组织设计、合同管理、进度管理、质量管理、成本管理、安全管理、资料管理、资源管理、现场管理、园林工程竣工验收与养护期管理、园林绿化企业经营管理等。编者根据课程教学目的要求，把工程施工组织设计和施工过程中的管理工作作为重点，对园林工程施工过程中涉及的一些问题也作了介绍，教师可根据本校专业培养方向和具体情况选讲。根据本课程教学特点，每章附有思考题和习题，以便教师组织教学和学生自学。

为了适应园林工程施工管理的实际要求，在编写中力求做到以实用性理论为基础，以实际操作和项目管理为主导，将理论知识与实践技能紧密结合，力求做到概念明确、文字简练、内容翔实、资料可靠，突出实用性和园林工程建设的实际，达到全面系统、简明扼要、通俗易懂、简便实用的目的，尽可能便于实际工作中的使用和阅读。此外，教材在编写过程中参考了许多文献资料和有关施工项目管理经验，谨此对文献资料的作者和有关经验的创造者表示诚挚的感谢。

全书由季翔主审。

由于编者水平所限，书中不足和错误之处在所难免，恳请读者批评指正。

编者

目　录

第1章 概 述

本章内容包括园林工程施工及组织管理的特点、园林工程施工程序、园林工程施工组织与管理的内容和任务，其中对园林工程施工程序进行了重点介绍，并对施工前准备阶段、现场施工阶段、竣工验收阶段分别作了阐述和说明。

1.1 园林工程施工及组织管理的特点

园林工程融科学性、技术性和艺术性为一体。在我国发展的历史，从有文字记载的殷周的苑囿算起，已有三千多年了。公元前11世纪，周文王筑灵台、灵沼、灵囿已涉及土方工程技术，这些我国早期的园林是草木生长，鸟兽繁育，供帝王、贵族狩猎游乐的好场所；春秋战国时期，出现了人工造山；秦汉的宫室园林中出现了大规模的挖湖堆山；筑山、理水造景元素在唐、宋达到了很高的艺术水准；元、明、清的宫苑集全国名园之大成，以北京的颐和园、圆明园为代表，将筑山、理水和造园推向极致，并把西方园林元素如石雕、喷泉、整形树木、绿丛植坛等引入园林中。

与此同时，中国园林经历代的画家、士大夫、文人、工匠的创造和发展，其造园技艺在掇山、理水技术上与自然环境、景观建筑有机结合，手法独特。如北京颐和园的昆明湖，结合了城市水系和蓄水功能，并与万寿山、西山构成了美丽的风景画面。

在园林工程理论方面，明代计成所著的《园冶》对中国园林乃至世界园林产生了重要影响，此外还有北宋沈括所著的《梦溪笔谈》、明代文震亨著的《长物志》、清代李渔著的《闲情偶寄》等都是中国古代园林实践经验的总结，成为精辟的造园理论。随着我国园林和绿化建设的发展，新技术、新工艺、新材料不断出现，园林工程在施工及组织管理上适应了市场的需求，另外，我国的园林工程技术水平也上升到了一个新高度。

了解园林工程及其施工的特点，对有效地组织园林工程施工，进行施工项目的科学管理具有重要意义。

1.1.1 园林工程的特点

1.1.1.1 园林工程内容非常广泛

园林的构成内容多，主要造园要素有地形地貌、假山水体、园林建筑、道路广场、植物等生命体和非生命体。因而，园林工程为了满足景观和功能的需要，在营建过程中常根据专业化的特点和某些方面的特殊要求，把园林工程细化为土方工程、假山工程、水景工程、给排水工程、道路广场工程、建筑工程、种植工程以及供电和灯光工程等。随着城市对绿化的需求的不断提高，屋顶绿化的发展又为园林工程增添了新的内容。无论大小，园林工程中这些内容都不可少，相互之间存在依存关系，且各个环节需要配合和协调好。

1.1.1.2　园林工程有成法无定式

中国园林在构图上常遵循一定法则，习惯采用自然均衡原理和多样统一规律，在城市中营造自然山林氛围，以小中见大、诗情画意的手法进行工程活动。具体到工程作业活动中则没有一定之规，需要园林工作者按设计意图创造性地开展，还需要针对具体情况加工处理。如假山的营建、植物的配置在已有的园林中几乎找不到相同的样式。

1.1.1.3　园林工程讲究文化艺术底蕴

中国园林发展到今天，与中国文化发展密不可分。从一开始就在自然的基础上注入了艺术的元素。特别是建筑艺术的造型，在中国园林中发挥到了极致，从个体到群体组合，无不对古今园林景观产生了重大影响。同时，园林艺术是一门综合艺术，涉及造型艺术、建筑艺术、文学艺术等诸多艺术领域，中国的书法、绘画、楹联与中国园林实现了完美的结合，植物、山石、水体的巧妙应用所创造的意境使中国园林艺术得到了升华。

1.1.1.4　园林工程是环境卫生工程

毋庸置疑，检验一个城市的市容环境卫生面貌，园林绿化指标是很重要的一个方面。城镇园林绿地面积的大小和绿化指标的高低直接影响到城镇环境卫生的质量及生态平衡，从生态效益和卫生功能看，园林绿地对调节温度、调节湿度、调节气流、清新空气（吸收二氧化碳与放出氧气、吸收有害气体、滞尘、杀菌）、降低噪声、净化水体、净化土壤等有重要作用，使城镇绿荫覆盖、生机盎然、美丽生动。它可以评价一定时期的城镇经济发展和城镇居民生活福利、保健水平的高低，也可以反映城镇居民的精神文明程度。

1.1.2　园林工程施工的特点

1.1.2.1　园林工程施工要保证设计意图

（1）园林工程施工首先是照图施工

园林工程施工就是把设计图纸转化为园林工程实体，首先要保证竣工的项目符合设计要求，同时要求施工时应注意园林工程的艺术性。

（2）园林工程施工是一个创造过程

现在园林工程规模日趋大型化，加之新技术、新材料、植物新品种的广泛应用，对施工管理提出了更高的要求。园林绿化施工面临的困境是有些景观无法用图纸来表现，特别是不能出施工图，而有些景观有图但施工后的效果却不如人意，这就要求工程技术人员有丰富的实践经验和理论基础，在施工过程中不断总结经验教训，认识到园林工程施工讲究造景技艺，某些施工活动其实就是一个创造过程。

（3）园林工程施工总体把握要强

园林工程施工中涉及地形处理、建筑基础、驳岸护坡、园路假山、铺草植树等多方面，园林工程建设非常复杂，这种复杂性要求施工管理人员有全盘观念，做到施工环节有条不紊。加强施工过程的全程管理是十分重要的。

(4) 园林工程施工与养护不能脱节

园林工程的核心工程是植树种草，涉及的种类品种多，不同植物的施工养护方法又各不相同，在完成施工计划和任务后要有配套的养护管理措施，不能脱节。如草坪的建植与管理，后期的养护更重要。农谚说："三分种，七分管"，种只是打了基础，更重要的是管理。若移用于草坪，应说"一分种，九分管"。因为草坪栽、种于一时，要保证草坪优质长寿，养护管理都是关键。草坪的养护管理包括培育管理、保护管理和辅助管理。一片新建成的草坪移交后，需要经过养用结合、以养为主的管理阶段，然后过渡到用养结合、正常管理与正常使用阶段。若管理得法，用养结合阶段比较长；若管理不妥，则很快就会衰退，甚至1~2个月成为退化草坪。

1.1.2.2 园林工程施工受自然条件影响

(1) 园林工程基本为露天作业

园林工程施工工期长，难免遇到雨雪天气，不论是土建工程，还是树木栽植、草坪铺种，都会经常受到恶劣的自然条件的影响。因此，如何搞好雨期施工及冬期施工是施工组织设计、安排施工进度计划时所必须考虑的。

(2) 园林工程立地条件复杂

我国的园林工程大多建设在城镇或者自然景色较好的山水之中，因城镇留出的绿化用地多是低洼地、破碎地和建筑垃圾场所，且自然山水地形复杂多变，使得园林工程施工多处于特殊复杂的立地条件之上，这给园林工程施工提出了更高的要求。因而在施工过程中，要重视施工场地的科学布置，尽量做好各项准备工作，这样才能确保各项施工手段的运用。

1.1.2.3 园林工程施工要考虑地域文化因素

不同地区存在着文化的差异，而园林是一种有效的文化载体，各地不同的民俗风格在园林上都有所表现。一方面设计要考虑，另一方面施工怎样表达也很关键。如中国与意大利，由于在民族、国家之间的文化、艺术传统上有差异，虽然都是多山的国家，但中国由于传统文化的沿袭，形成了自然山水园的自然式规划形式；而意大利由于传统文化和本民族固有的艺术水准及造园风格，在自然山地条件下采用了规则式。

1.1.2.4 园林工程施工要满足植物生长的需要

(1) 不同树龄的栽种要求不同

树木的树龄对植树成活率的高低有很大的影响。一般幼苗植株小，起掘方便，根部损伤率低，而且营养生长旺盛，再生力强，移植损伤的根系及修剪后枝条容易恢复生长，移植成活率高。大规格壮龄树（老树）树体高大，营养生长已经逐渐衰退，且规格过大，移植操作困难，施工技术复杂，工程造价高，树体恢复慢，成活率低。为保证大树的移植成活率，对选定的大树在移植前须用断根法断根，以利所带土球范围内形成大量的须根、吸收根，移栽后保持水分平衡，应尽量提倡正常季节移植。而幼龄树的栽种要求则低得多。

（2）不同种类植物的要求不同

以树木种植与草坪建植施工的比较为例。树木种植施工所涉及的种类繁多、数量差异大、体量大，因而在运输、挖掘、定点放线、假植、修剪、栽植及栽植后的养护管理比草坪建植施工复杂而要求高。草坪建植施工由于植物种类单一，采用种子繁殖或营养繁殖，一般施工阶段快，在基础整地、土壤消毒、灌溉、排水系统的安排上要求较高。由此可以看出，园林工程施工中不同种类植物的施工方法和要求都是不同的。

（3）不同种植形式的要求不同

在园林工程施工中，同样是花灌木，自然式种植与规则式种植的要求不同，地面花坛种植与屋顶绿化种植的要求不同。屋顶绿化施工的重点是基层处理，施工中首先要考虑屋顶的承重和排水问题，承重问题不解决可能会产生安全问题，排水问题不解决会影响建筑质量，造成屋顶渗水，同时屋顶绿化养护特别要加强水分管理。这些都是一般地面种植、地面花坛种植不需要考虑的问题。

1.1.2.5　园林工程施工安全长期被忽视

城市绿化作为城市建设的重要组成部分，与其他建设项目一样也存在安全问题和安全管理问题，只是因其特殊性而没能引起足够的重视。在绿化活动的全过程中，造成植物大量死亡、人身伤害或引发生态灾害使国家和人民遭受生命或财产损失的原因就是安全问题。从这个意义上讲，我们可以从两个层面理解，狭义的绿化安全包括绿化植物的生长安全和绿化对人的安全；广义的绿化安全则指绿化行为不当造成城市建设的重大经济损失，影响城市生态、景观环境的形成及对自然资源造成浪费和破坏。

园林工程施工安全与其他工程建设安全不尽相同。如我国前几年兴起的大树移植不仅使许多珍稀的野生大树被非法盗挖，区域生态遭到一定程度的破坏，而且野生大树的移植对施工技术要求极高，非常不易成活。又如屋顶绿化要考虑屋顶载荷能力、防水层渗透问题、栽培基质问题、栽培植物选择、防风问题，处理不好将直接危及人的安全。

园林建筑、水体驳岸、园桥、假山洞、蹬道、索道等园林工程设施多为人们直接利用和欣赏的，必须具有足够的安全性，务必严把质量关。

1.1.3　园林工程施工管理的目的和意义

1.1.3.1　园林工程施工管理的目的

园林工程施工管理的目的就是为了降低投资、提高质量、提高劳动效率和经济效益、降低工程成本、缩短工期、抓住规律，使整个工程有方向、有步骤、有方式地完成建设任务。

1.1.3.2　加强园林工程施工管理的意义

加强园林工程施工管理的意义主要体现在以下几点：

（1）加强园林工程施工管理是保证园林工程项目按计划顺利完成的重要条件，是在施工全过程中落实施工方案、遵循施工进度的基础，并且有利于合理组织劳动资源，适当调度劳动力，减少资源浪费，降低施工成本。

（2）加强园林工程施工管理能保证园林设计意图的实现，确保园林艺术通过工程手段充分表现出来。

（3）加强园林工程施工管理能协调好各部门、各施工环节的关系，能及时发现施工过程中可能出现的问题，并通过相应的措施予以解决。

（4）加强园林工程施工管理利于劳动保护、劳动安全和鼓励技术创新，促进新技术的应用与发展。

（5）加强园林工程施工管理能保证各种规章制度、生产责任制、技术标准及劳动定额等得到遵循和落实。

1.2 园林工程施工程序

园林工程施工程序指按照园林工程建设的程序，工程进入施工实施阶段后，各过程应遵循的基本环节和步骤，是施工管理的重要依据。按施工程序进行施工，对落实施工进度、保证施工质量、加强施工安全管理、降低施工成本具有重要作用。园林工程的施工程序一般可分为施工前的准备阶段、施工实施阶段和竣工验收阶段三部分。

1.2.1 施工前的准备阶段

园林工程的施工首先要有一个施工准备期。准备工作做得好坏，直接影响着工效和工程质量。在施工准备期内，施工人员的主要任务是领会图纸设计的意图、掌握工程特点、了解工程质量要求、熟悉施工现场、合理安排施工力量，为顺利完成各项施工任务做好准备工作。施工前准备阶段一般应做好技术准备、生产准备、施工现场准备、后勤保障准备和文明施工准备五个方面的工作。

1.2.1.1 技术准备

（1）施工技术人员要了解设计意图，熟悉施工图纸，并对工人作技术介绍。

（2）对施工现场状况进行踏查，掌握施工工地的现状，并与施工现场平面图进行对照。

（3）向建设单位、设计单位索取有关技术资料，进行研究分析，找出影响施工的主要问题和难点，在技术上制订措施和对策。

（4）编制施工组织设计，根据工程的技术特点，确定合理的施工组织和施工技术方案，为组织和指导施工创造条件。

（5）编制施工图预算和施工预算。

1.2.1.2 生产准备

（1）施工中所需的各种材料、构配件、施工机具等按计划组织到位，做好验收、入库登记等工作，组织施工机械进场，并进行安装调试工作。

(2) 制定工程施工所需的各类物资供应计划，例如苗木供应计划、山石材料的选定和供应计划等。

(3) 根据工程规模、技术要求及施工期限等，建立劳动组织，合理组织施工队伍，按劳动定额落实岗位责任。

(4) 做好劳动力调配计划安排工作，特别是在采用平行施工、交叉施工或季节性较强的集中性施工期，应重视劳务的配备计划，避免窝工浪费和因缺少必要的工人而耽误工期的现象发生。

1.2.1.3 施工现场的准备

施工现场是施工生产的基地，科学布置施工现场是保证施工顺利进行的重要条件，对早日开工和正式施工有重要作用。其基本工作一般包括以下内容：

(1) 对新开工的项目，应在工程施工范围内，做好施工现场的“四通一平”(水通、路通、电通、信息通和场地平整) 工作。场地平整时要与原设计图的土方平衡相结合，以减少工程浪费。

(2) 进行施工现场工程测量，设置工程的平面控制点和高程控制点。界定施工范围，按图纸要求将建筑物、构筑物、管线进行定位放线，并制定场地排水措施。

(3) 结合园路、地质状况及运输荷载等因素综合确定施工用临时道路，以方便工程施工为原则。

(4) 拆除清理时，保护好现场的名木古树。

(5) 设置安排材料堆放点，搭设临时设施。在修建临时设施时应遵循节约够用、方便施工的原则。

1.2.1.4 做好各种后勤保障工作

在大批施工队伍进入现场前，应做好现场后勤 (主要指职工的衣、食、住、行及文化生活) 准备工作。保障职工正常生活条件，调动职工生产积极性，确保施工生产的顺利完成。

1.2.1.5 做好文明安全施工的准备工作

在正式施工前，应对参加施工人员进行必要的质量与安全和文明施工教育，要求施工人员必须遵守操作规程及安全技术规程，在保证质量与工期的条件下安全生产。

1.2.2 现场施工阶段

各项准备工作就序后，就可按计划正式开展施工，即进入现场施工阶段。一般施工阶段的工作内容大致可分为两个方面的工作：按计划组织施工和对施工过程的全面控制。由于园林工程的类型繁多，涉及的工程种类多且要求高，应在施工过程中随时收集有关信息，并将计划目标进行对比，即进行施工检查；根据检查的结果，分析原因，提出调整意见，拟订措施，实施调度，使整个施工过程按照计划有条不紊地进行，具体说来有以下几方面的工作。

1.2.2.1 平面布置与管理

由于施工现场极为复杂，而且随着施工的进展而不断地发展和变化，现场布置不应是静态的，必须根据工程进展情况进行调整、补充、修改。施工现场平面管理就是在施工过程中对施工场地的布置进行合理的调节，也是对施工总平面图全面落实的过程。现场平面管理的经常性工作主要包括以下几方面：

（1）根据不同时间和不同需要，结合实际情况，合理调整场地。

（2）做好土石方的调配工作，规定各单位取弃土石方的地点、数量和运输路线等。

（3）审批各单位在规定期限内，对清除障碍物、挖掘道路、断绝交通、断绝水电动力线路等的申请报告。

（4）对运输大宗材料的车辆，作出妥善安排，避免拥挤、堵塞交通。

（5）做好工地的测量工作，包括测定水平位置、高程和坡度，已完工工程量的测量和竣工图的测量等。

1.2.2.2 植物及建筑材料计划安排、变更和储存管理

（1）确定供料和用料目标。

（2）确定供料、用料方式及措施。

（3）组织材料及制品的采购、加工和储备（园林苗木的假植），作好施工现场的进料安排。

（4）组织材料进场、保管及合理使用。

（5）完工后及时退料、办理结算等。

1.2.2.3 合同管理工作

（1）承包商与业主之间的合同管理工作。

（2）承包商与分包之间的合同管理工作。

1.2.2.4 施工调度工作

为能较好起到施工指挥中枢的作用，调度必须对辖区工程的施工动态做到全面掌握。对出现的情况，调度人员应首先进行综合分析，经过全盘考虑，统筹安排，然后定期或不定期地向领导提出解决已发生或即将发生的各种矛盾的切实可行的意见，供领导决策时参考，再按领导的决策意见，组织实施。

（1）工程进度是否符合施工组织设计的要求。

（2）施工计划能否完成，是否平衡。

（3）人力、物力使用是否合理，能否收到较好的经济效益。

（4）有无潜力可挖，施工中的薄弱环节在哪里，已出现或可能出现哪些问题。

1.2.2.5 质量检查和管理

（1）按照工程设计要求和国家有关技术规定，如施工及验收规范、技术操作规程等，对整个施工过程的各个工序环节组织工程质量检验，不合格的材料不能进入施工现场，不合格的分部、分项工程不能转入下道工序施工。

（2）采用全面质量管理的方法，进行施工质量分析，找出产生各种施工

质量缺陷的原因，随时采取预防措施，减少或尽量避免工程质量事故的发生，把质量管理工作贯穿到工程施工全过程，形成一个完整的质量保证体系。

1.2.2.6　坚持填写施工日志

施工现场主管人员，要坚持填写“施工日志”。施工日志要坚持天天记，记重点和关键。工程竣工后，存入档案备查。包括：施工内容、施工队组、人员调动记录、供应记录、质量事故记录、安全事故记录、上级指示记录、会议记录、有关检查记录等。

1.2.2.7　安全管理

安全管理贯穿于施工的全过程，交融于各项专业技术管理，关系着现场全体人员的生产安全和施工环境安全。现场安全管理的中心问题，是保护生产活动中人的安全与健康，保证生产顺利进行。现场安全管理的重点是控制人的不安全行为和物的不安全状态，预防伤害事故，保证生产活动处于最佳安全状态。现场安全管理的主要内容包括：安全教育、建立安全管理制度、安全技术管理、安全检查与安全分析等。

1.2.2.8　施工过程中的业务分析

为了达到对施工全过程的控制，必须进行许多业务分析，如：

（1）施工质量情况分析；

（2）材料消耗情况分析；

（3）机械使用情况分析；

（4）成本费用情况分析；

（5）施工进度情况分析；

（6）安全施工情况分析等。

1.2.2.9　文明施工

文明施工是指在施工现场管理中，按照现代化施工的客观要求使施工现场保持良好的施工环境和施工秩序。

1.2.3　竣工验收阶段

竣工验收是施工管理的最后一个阶段，是投资转为固定资产的标志，是施工单位向建设单位交付建设项目时的法定手续，是对设计、施工、园林绿地使用前进行全面检验评定的重要环节。

验收通常是在施工单位进行自检、互检、预检、初步鉴定工程质量、评定工程质量等级的基础上，提出交工验收报告，再由建设单位、施工单位与上级有关部门进行正式竣工验收。

1.2.3.1　竣工验收前的准备

竣工验收前的最后准备，主要是做好工程收尾和整理工程技术档案工作。

1.2.3.2　竣工验收的内容

竣工验收的内容有：隐蔽工程验收，分部、分项工程验收，设备试验、调试和试运转验收及竣工验收等。

1.2.3.3 竣工验收程序和工程交接手续

(1) 工程完成后，施工单位先进行竣工验收，然后向建设单位发出交工验收通知单。

(2) 建设单位（或委托监理单位）组织施工单位、设计单位、当地质量监督部门对交工项目进行验收。验收项目主要有两个方面，一是全部竣工实体的检查验收，二是竣工资料验收。验收合格后，可办理工程交接手续。

(3) 工程交接手续的主要内容是，建设单位、施工单位、设计单位在《交工验收书》上签字盖章，质监部门在竣工核验单上签字盖章。

(4) 施工单位以签订的交接验收单和交工资料为依据，与建设单位办理固定资产移交手续和文件规定的保修事项及进行工程结算。

(5) 按规定的保修制度，交工后一个月进行一次回访，做一次检修。保修期为一年，采暖工程为一个采暖期。

1.3 园林工程施工组织与管理的内容和任务

园林工程施工养护包括种植工程和土建工程（土方工程、房建工程、园路工程、铺地工程、给水排水工程、假山工程、水景工程、园林供电工程）的施工和养护。

园林工程施工管理是施工单位在特定的园址上，按设计图纸要求进行的实际施工的综合性管理活动，是具体落实规划意图和设计内容的极其重要的手段。它的基本任务是根据建设项目的要求，在园林工程施工项目管理的全过程中，建立施工项目管理机构，确立项目管理部以项目管理为中心的管理主体，对具体的施工对象、施工活动等实施管理，依据已审批的技术图纸和施工方案，对现场进行全面合理的组织，使劳动资源得到合理配置，保证建设项目按预定目标优质、快速、低耗、安全地完成。

1.3.1 建立施工项目管理机构

(1) 由企业采用合适的方式选聘或任命一名称职的项目经理。

(2) 根据施工项目组织原则和实际情况（包括项目本身、项目经理及相关人员等），选用适当的组织形式，由项目经理组建项目管理机构，落实有关人员各自的责任、权限和义务。

(3) 在遵守企业规章制度的前提下，根据工程项目管理的需要，制定工程项目规章制度及细则。

1.3.2 编制施工项目管理规划

施工项目管理规划是对施工项目管理的组织、内容、方法、步骤、重点进行预测和决策，作出具体安排的实施细则的纲领性文件。其主要内容有以下三个方面：

（1）进行施工项目分解，形成施工对象分解体系，以进一步确定控制目标，从局部到整体进行施工活动和施工项目管理。

（2）建立施工项目管理工作体系，绘制施工项目管理工作体系图和施工项目管理工作信息流程图。

（3）编制施工管理规划，确定管理点，形成文件，以利执行和控制。这个文件也即是施工组织设计。

1.3.3 进行施工项目的目标控制

施工项目的目标有阶段性目标和最终目标。实现目标是进行施工项目管理的目的所在。由于施工项目本身的特点和生产特点，使得其在项目管理目标控制中，会受到各种干扰因素的影响，同时各种风险也随时会发生。因此应该以控制论的原理和理论作为指导，进行全过程的科学控制。施工项目的控制目标主要有以下几项：

（1）进度控制目标；

（2）质量控制目标；

（3）成本控制目标；

（4）安全控制目标；

（5）施工现场控制目标。

1.3.4 对施工项目的生产要素进行优化配置和动态管理

施工项目的生产要素是施工项目的目标得以实现的保证，主要包括：劳动力、材料、设备、资金和技术（即5M）。生产要素的管理工作的内容有下列三项：

（1）分析各生产要素在施工中的特点。

（2）按照一定的原则、方法对它们进行优化配置，并对优化配置的状况进行评价。

（3）对各生产要素进行动态管理。

1.3.5 施工项目的合同管理

由于施工项目合同管理是在市场条件下进行的特殊交易活动的管理，这种交易活动从招投标开始，持续了整个施工项目的全过程，而这一过程就是对工程承包合同的履约过程，所以必须依法签订合同，进行履约经营。合同管理的好坏，直接影响项目管理及工程施工的技术经济效果和目标的实现。

1.3.6 施工项目的信息管理

现代化的管理要依靠信息。施工项目管理是一项复杂的现代化管理活动，要依靠大量的信息和对大量的信息进行管理。加强信息的收集、反馈、交流、整理、分析、分类、处理、传递等工作，使信息为经营和生产决策活动、执行过程和结果分析评价服务。而信息要依靠计算机来辅助管理，才能达到快捷、时效性强、准确的目的。所以在进行施工项目管理和施工项目目标的控制、动态管理时，必须依靠信息管理，并大量应用计算机来辅助执行。

复习思考题

1. 园林工程与园林工程施工各有什么特点？
2. 加强园林工程施工管理有什么意义？
3. 园林工程的施工程序包括哪些内容？
4. 简要说明园林工程施工组织与管理的内容和任务。

第2章 流水施工原理与网络计划技术

流水施工、网络计划技术都是项目施工有效的科学组织方法，本章分别介绍了流水施工与网络计划技术的概念以及特点。在流水施工中，重点介绍了流水参数以及等节拍专业流水、成倍节拍专业流水、非节奏专业流水；在网络计划技术中，主要介绍了网络图的绘制规则和方法，网络计划的时间参数以及双代号网络计划、单代号网络计划、双代号时标网络计划等表达方式。

2.1 流水施工原理

生产实践已经证明，在所有的生产领域中，流水作业法是组织产品生产的理想方法；流水施工也是项目施工的最有效的科学组织方法。它是建立在分工协作的基础上的，但是，由于施工项目产品及其施工的特点不同，流水施工的概念、特点与其他产品的流水作业存在差异。

2.1.1 施工组织方式

2.1.1.1 组织施工的方式及其特点

考虑工程项目的施工特点、工艺流程、资源利用、平面或空间布置等要求，其施工可以采用依次、平行、流水等组织方式。

(1) 依次施工

依次施工方式是将拟建工程项目中的每一个施工对象分解为若干个施工过程，按施工工艺要求依次完成每一个施工过程。当一个施工对象完成后，再按同样的顺序完成下一个施工对象，依次类推，直至完成所有施工对象。

依次施工方式具有以下特点：

1）没有充分地利用工作面进行施工，工期长。

2）如果按专业成立工作队，则各专业队不能连续作业，有时间间歇，劳动力及施工机具等资源无法均衡使用。

3）如果由一个工作队完成全部施工任务，则不能实现专业化施工，不利于提高劳动生产率和工程质量。

4）单位时间内投入的劳动力、施工机具、材料等资源量较少，有利于资源供应的组织。

5）施工现场的组织、管理比较简单。

(2) 平行施工

平行施工方式是组织几个劳动组织相同的工作队，在同一时间、不同的空间，按施工工艺要求完成各施工对象。

平行施工方式具有以下特点：

1）充分地利用工作面进行施工，工期短。

2）如果每一个施工对象均按专业成立工作队，则各专业队不能连续作业，劳动力及施工机具等资源无法均衡使用。

3）如果由一个工作队完成一个施工对象的全部施工任务，则不能实现专业化施工，不利于提高劳动生产率和工程质量。

4）单位时间内投入的劳动力、施工机具、材料等资源量成倍地增加，不利于资源供应的组织。

5）施工现场的组织、管理比较复杂。

（3）流水施工

流水施工方式是将拟建工程项目中的每一个施工对象分解为若干个施工过程，并按照施工过程成立相应的专业工作队，各专业队按照施工顺序依次完成各个施工对象的施工过程。同时保证施工在时间和空间上连续、均衡和有节奏地进行，使相邻两专业队能最大限度地搭接作业（图2-1）。

流水施工方式具有以下特点：

1）尽可能地利用工作面进行施工，工期比较短。

2）各工作队实现了专业化施工，有利于提高技术水平和劳动生产率，也有利于提高工程质量。

3）专业工作队能够连续施工，同时使相邻专业队的开工时间能够最大限度地搭接。

4）单位时间内投入的劳动力、施工机具、材料等资源量较为均衡，有利于资源供应的组织。

5）为施工现场的文明施工和科学管理创造了有利条件。

图2-1 流水施工组织方式

工程编号	分项工程名称	工作队人数（人）	施工天数（d）
I	挖土方	8	5
	垫层	6	5
	砌基础	14	5
	回填土	5	5
Ⅱ	挖土方	8	5
	垫层	6	5
	砌基础	14	5
	回填土	5	5
Ⅲ	挖土方	8	5
	垫层	6	5
	砌基础	14	5
	回填土	5	5
Ⅳ	挖土方	8	5
	垫层	6	5
	砌基础	14	5
	回填土	5	5

施工进度（d）：80（5 10 15 20 25 30 35 40 45 50 55 60 65 70 75 80）；20（5 10 15 20）；35（5 10 15 20 25 30 35）

劳动力动态图：依次施工 8 6 14 5 8 6 14 5 8 6 14 5 8 6 14 5；平行施工 32 24 56 20；流水施工 8 14 28 33 25 19 5

施工组织方式：依次施工　平行施工　流水施工

2.1.1.2　组织流水施工的要求和条件

流水施工是在同一时间、不同平面或空间里展开的。因此，组织流水施工应有一定的要求和必要的条件。

(1) 流水施工的基本要求

1) 将施工对象划分成若干个施工过程（即分解成若干个工作性质相同的分部、分项工程或工序）。

2) 对施工过程进行合理的组织，使每个施工过程分别由固定的专业队（组）负责施工。

3) 将施工对象按分部工程或平面、空间划分成大致相等的若干施工段或施工层。

4) 各专业队（组）按工艺顺序要求，配备必需的劳动力、施工机具，依次连续由一个施工段（施工层）转移到另一个施工段（施工层），反复进行相同的施工操作，即完成同类的施工任务。

5) 不同的专业队（组）除必要的技术和组织间歇外，应尽量在同一时间、不同空间内组织平行搭接施工。

(2) 流水施工的基本条件

1) 流水施工通常把施工对象划分为工程量或劳动力大致相等的若干施工段。所以，划分施工段是组织流水施工的首要条件。但是不可能每个工程都有这个条件，如工程规模小、工程内容复杂的项目，无法划分几个施工段，这时就无法组织流水施工。

2) 各施工过程要有独立的专业队（组），而且各专业队（组）均能实施连续、均衡、有节奏的施工条件。

3) 每个施工过程要有充分利用的工作面，具有组织平行搭接的施工条件。

因此，具备上述条件的工程，才能组织流水施工，否则达不到流水施工的效果。

2.1.2　流水施工的分级与表达方式

2.1.2.1　流水施工的分级

根据流水施工组织的范围，流水施工通常可分为以下四部分。

(1) 分项工程流水施工

分项工程流水施工也称为细部流水施工。它是在一个专业工种内部组织起来的流水施工。分项工程是工程质量形成的直接过程，如屋顶绿化的分项工程有防水施工、砌筑施工、种植施工和装饰施工。在项目施工进度计划表上，它是一条标有施工段或工作队编号的水平进度指示线段或斜向进度指示线段。

(2) 分部工程流水施工

分部工程是单位工程的组成部分，是按单位工程的各部分划分的，如土方工程、水景工程、种植工程等。分部工程流水施工也称为专业流水施工，它是在一个分部工程内部、各分项工程之间组织起来的流水施工。在项目施工进度计划表上，它由一组标有施工段或工作队编号的水平进度指示线段或斜向进度指示线段来表示。

（3）单位工程流水施工

单位工程是单项工程的组成部分，是不独立发挥生产能力、具有独立施工条件的工程。单位工程流水施工也称为综合流水施工。它是在一个单位工程内部、各分部工程之间组织起来的流水施工。在项目施工进度计划表上，它是若干组分部工程的进度指示线段，并由此构成单位工程施工进度计划。

（4）群体工程流水施工

群体工程流水施工亦称为大流水施工。它是在一个个单位工程之间组织起来的流水施工。反映在项目施工进度计划上，是项目施工总进度计划。

2.1.2.2　流水施工的表达方式

流水施工的表达方式有网络图和横道图等。网络图的表达方式详见2.2节，这里介绍横道图的水平指示图表和垂直指示图表两种表达方式。

（1）流水施工水平指示图表

某工程流水施工水平指示图表的表示法如图2-2所示。图中的横坐标表示流水施工的持续时间；纵坐标表示施工过程的名称或编号。n 条带有编号的水平线段表示 n 个施工过程或专业工作队的施工进度安排，其编号①、②……表示不同的施工段。

这种表示法的优点是：绘图简单，施工过程及其先后顺序表达清楚，时间和空间状况形象直观，使用方便，因而被广泛用来表达施工进度计划。

图2-2　某工程流水施工水平指示图表

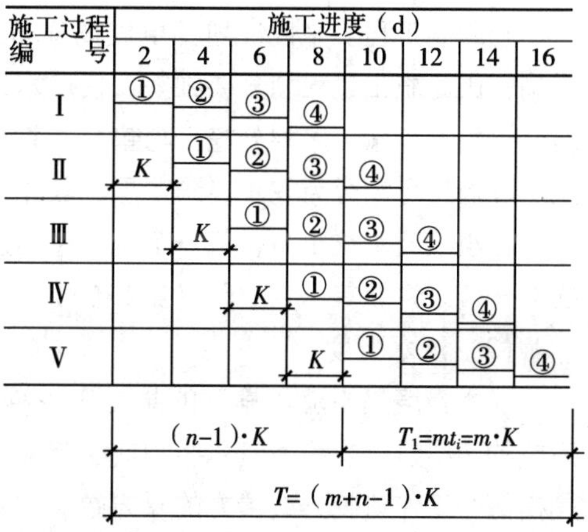

（2）流水施工垂直指示图表

某工程流水施工垂直指示图表的表示法如图2-3所示。图中的横坐标表示流水施工的持续时间；纵坐标表示流水施工所处的空间位置，即施工段的编号。n 条斜向线段表示 n 个施工过程或专业工作队的施工进度。垂直图表示法的优点是：施工过程及其先后顺序表达清楚，时间和空间状况形象直观。斜向进度线的斜率可以直观地表示出各施工过程的进展速度。但编制实际工程进度计划不如水平指示图表方便。

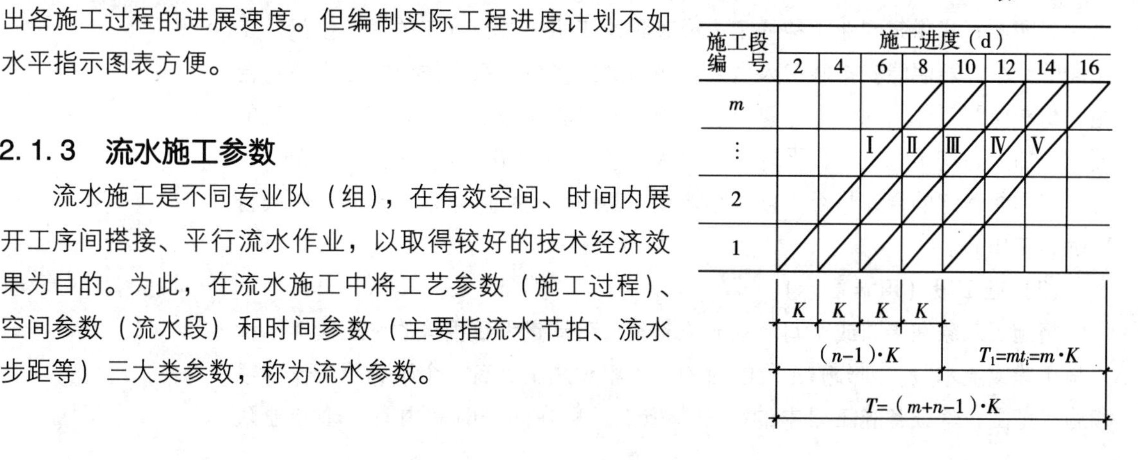

图2-3　某工程流水施工垂直指示图表

2.1.3　流水施工参数

流水施工是不同专业队（组），在有效空间、时间内展开工序间搭接、平行流水作业，以取得较好的技术经济效果为目的。为此，在流水施工中将工艺参数（施工过程）、空间参数（流水段）和时间参数（主要指流水节拍、流水步距等）三大类参数，称为流水参数。

2.1.3.1　工艺参数

工艺参数主要是指在组织流水施工时，用以表达流水施工在施工工艺方面进展状态的参数，通常包括施工过程和流水强度两个参数。

（1）施工过程数（用 n 表示）

组织建设工程流水施工时，根据施工组织及计划安排需要而将计划任务划分成的子项称为施工过程。

在组织流水施工时，首先将施工对象划分若干个施工过程。划分施工过程的目的，是对工程施工进行具体安排和物资调配。分解施工过程，可根据工程的计划性质、特点、施工方法和劳动组织形式等统筹考虑。

施工过程划分的粗细程度，主要取决于计划的类型和作用。

在编制工程施工控制性计划（施工总进度计划）时，由于包含内容和范围大，因此施工过程划分应粗些。例如：编制住宅小区绿化施工的控制计划，可按工程的专业性质、类别分解为屋顶绿化工程、垂直绿化工程、地面绿化工程、园林建筑工程、道路绿化工程等若干施工过程。

在编制工程实施性计划（单位或分项工程进度计划）时，由于内容具体、明确，因此施工过程划分要细些，使流水作业有重点。例如直埋管道安装的实施性计划，可按工序划分挖土与垫层、管道安装、回填土等施工过程；又如水池工程施工可划分为挖土、防漏层、驳岸基础、砌筑等施工过程。

在组织流水施工中，每一个施工过程应有一个专业班组完成。因此施工过程数一般来讲就等于专业队（组）的数目。

（2）流水强度

流水强度是指流水施工的某施工过程（或专业工作队）在单位时间内所完成的工程量，也称为流水能力或生产能力。例如，土方施工过程的流水强度是指每个工作班挖方或填方的立方数。

2.1.3.2　空间参数

空间参数是指在组织流水施工时，用以表达流水施工在空间布置上开展状态的参数。通常包括工作面和施工段。

（1）工作面

工作面是指供某专业工种的工人或某种施工机械进行施工的活动空间。工作面的大小，表明能安排施工人数或机械台数的多少。每个作业的工人或每台施工机械所需工作面的大小，取决于单位时间内其完成的工程量和安全施工的要求。如人力挖土施工中，平均每一个人的施工活动范围应保证在 $4\sim6m^2$ 以上。工作面确定的合理与否，直接影响专业工作队的生产效率。因此，必须合理确定工作面。

（2）施工段（用 m 表示）

将施工对象在平面或空间上划分成若干个劳动量大致相等的施工段落，称为施工段或流水段。划分施工段的目的是为组织施工时有一个明确的工作界线和施工范围，保证各施工段中的每一个施工过程在同一时间内有一个专业队

（组）工作，而各专业队（组）能在不同施工段上同时施工，以便消除各专业队（组）不能连续进入施工段而产生的等、停工现象，为流水施工创造条件。

1）流水段的划分原则：

①划分施工段时，段数不易过多，过多会使工作面缩小而造成施工人数少、施工进度慢、工期拉长现象。

②划分施工段时，段数也不易过少，过少会引起劳动力、机械和材料供应过于集中而造成流水施工流不开的现象。

③划分施工段时，应使各段工程量尽量相等（相差在15%内），使每个施工过程的流水作业保持连续、均衡、有节奏性。

④划分施工段时，应保证各专业队（组）有足够的工作面和作业量。工作面太小，工人操作不开，易出生产事故；作业量过小，工作队（组）移动频繁，降低生产效率。

⑤各个施工过程要有相同分段界线和相同流水段数，并满足施工机械操作半径，易于流水的展开和机械化的利用。

2）流水段的划分方法：

①对大型绿化工程，可按绿化面积大致相等的地块、自然地形分段。

②对屋顶绿化工程，可按单元分段。

③对线性（道路绿化、湖池驳岸、管线、狭长地带）工程，可按相同的工程量，将路面的伸缩缝或管线的接合点作为分段界线。

④对小型、零散工程，当分段有困难时，可将道路、建筑物作为分段界线。

为保证流水施工顺利进行，首先要正确合理划分施工段数，通常施工段数是指平面或空间的参数。例如：一栋4个单元高层住宅的屋顶绿化工程，以单元为施工段时，则 $m=4$；如每个单元有6个种植花池，以2个花池为施工段时，则 $m=4\times(6\div2)=12$；因此施工段数应根据工程规模、性质及各专业队（组）的人数综合划分。

3）施工段数（m）与施工过程数（n）的关系。

当 $m>n$ 时，各专业队能够连续作业，施工段有空闲，可用于弥补由于技术间歇、组织管理间歇和备料等要求所必需的时间。当 $m=n$ 时，各专业队能够连续作业，施工段没有空闲。这是理想的流水施工方案，对项目管理者的水平和能力要求较高。当 $m<n$ 时，各专业队不能连续作业，施工段没有空闲（特殊情况下也会出现空闲，造成大多数专业工作队停工）。

因此，施工段数的多少，直接影响工期的长短。要保证专业工作队连续施工，必须满足 $m\geqslant n$。

2.1.3.3　时间参数

（1）流水节拍（用 t 表示）

在流水施工中，从事某一施工过程的专业队（组）在一个施工段上的工作延续时间，称为一个“流水节拍”。流水节拍的大小对投入劳动力、机械和材料供应量多少有直接关系，同时还影响施工的节奏与工期。因此，合理地确定流水节拍，对组织流水施工有重要意义。影响流水节拍大小的主要因素有以下几个方面：

1）任何施工，对操作人数组合都有一定限制。流水节拍大时，所需专业队（组）人数要少，但操作人数不能小于工序组合的最少人数。如砌砖队组或浇筑混凝土队组（包括上料、搅拌、运输工作），当队组只有2～3人，就不能施工；再如大树移植施工时，班组只有1～2人，也不能施工。

2）每个施工段为各施工过程提供的工作面是有限的。当流水节拍小时，所需专业队（组）人数要多，而专业队组的人数多少受工作面的限制。所以流水节拍确定，要考虑各专业队组有一定操作面，以便充分发挥专业队（组）的劳动效率。

3）在建安工程中，有些施工工艺受技术与组织上间歇时间的限制。如混凝土、砂浆层施工需要养护、增加强度所需停顿时间，称为技术间歇。再如室外地沟挖土和管道安装，所需放线、测量而停顿的时间，为组织间歇时间。因此，流水节拍的长短与技术、组织间歇时间有关。

4）材料、构件的储存与供应，施工机械的运输与起重能力等，均对流水节拍有影响。

总之，确定流水节拍是一项复杂工作，它与施工段数、专业队数、工期时间等因素有关。在这些因素中，应全面综合、权衡，以解决主要矛盾为中心，力求确定一个较为合理的流水节拍。

流水节拍的计算方法：

①根据施工段的规模和专业队（组）的人数计算流水节拍。其计算公式为：

$$t=\frac{Q}{SR} \tag{2-1}$$

式中 t——流水节拍；

Q——某一施工过程的工程量；

S——每工日或每台班的计划产量；

R——工作队（组）的人数或机械台班数。

②对某些施工任务在规定日期内必须完成的工程项目，采用工期计算法。当同一过程的流水节拍不等，用估算法；若流水节拍相等时，其计算公式为：

$$t=\frac{T}{m} \tag{2-2}$$

式中 t——流水节拍；

T——某施工过程的工作持续时间；

m——某施工过程划分的施工段数。

（2）流水步距（用k表示）

流水步距是指相邻两个施工过程，从第一个专业队组开始作业到第二个专业队组投入流水施工相距的时间距离。流水步距的大小对工期影响较大。通常在流水段不变的条件下，流水步距大，工期则长，这就不符合最大限度的搭接施工要求；流水步距小，工期缩短，则使平行作业在同一时间投入的劳动力、机械量增大，不但起不到流水施工的效果，还会造成窝工现象。因此，流水步距应根据相邻两个施工过程的流水节拍大小，结合施工工艺要求，经具体计算后才能确定。一个合理的流水步距，能保证每个专业队进入流水作业并连续不断地退出流水作业，使相邻专业队（组）的搭接时间紧凑、严密，这样才符合流水作业施工及缩短工期的目的。

1）确定流水步距的原则：

①流水步距要满足相邻两个专业工作队在施工顺序上的相互制约关系；

②流水步距要保证各专业工作队都能连续作业；

③流水步距要保证相邻两个专业工作队在开工时间上最大限度地、合理地搭接；

④流水步距的确定要保证工程质量，满足安全生产。

2）确定流水步距的方法。流水步距的确定方法很多，主要有图上分析法、分析计算法和潘特考夫斯基法等。其中潘特考夫斯基法，也称大差法或累加数列法，此法通常在计算等节拍、无节奏的专业流水中，较为简捷、准确。其计算步骤和方法如下。

①根据专业工作队在各施工段上的流水节拍，求累加数列；

②根据施工顺序，对所求相邻的两累加数列，错位相减；

③根据错位相减的结果，确定相邻专业工作队之间的流水步距，即相减结果中数值最大者。

（3）流水施工工期（用 T 表示）

流水施工工期是指从第一个专业工作队投入流水施工开始，到最后一个专业工作队完成流水施工为止的整个持续时间。流水施工工期是流水施工主要参数之一。由于一项绿化建设工程往往包含有许多流水组，故流水施工工期一般不是整个工程的总工期。流水施工工期应根据各施工过程之间的流水步距、工艺间歇和组织间歇时间以及最后一个施工过程中各施工段的流水节拍等确定。

2.1.4 流水施工的特点

2.1.4.1 固定节拍流水施工的特点

固定节拍流水是指在组织流水施工范围内，各施工过程的流水节拍相等，并使流水步距等于流水节拍的一种施工组织方法。固定节拍流水施工，只适用于施工过程不多的简单工程。对于施工过程多、项目复杂的工程，由于各施工过程很难取一个固定节拍，故不能采用固定节拍流水施工方法，否则适应性差，获得经济效果也差（图2-4）。固定节拍流水施工方式的工期按下式计算：

$$T = (m + n - 1) \cdot K \tag{2-3}$$

固定节拍流水施工是一种最理想的流水施工方式，其特点如下：

（1）所有施工过程在各个施工段上的流水节拍均相等。

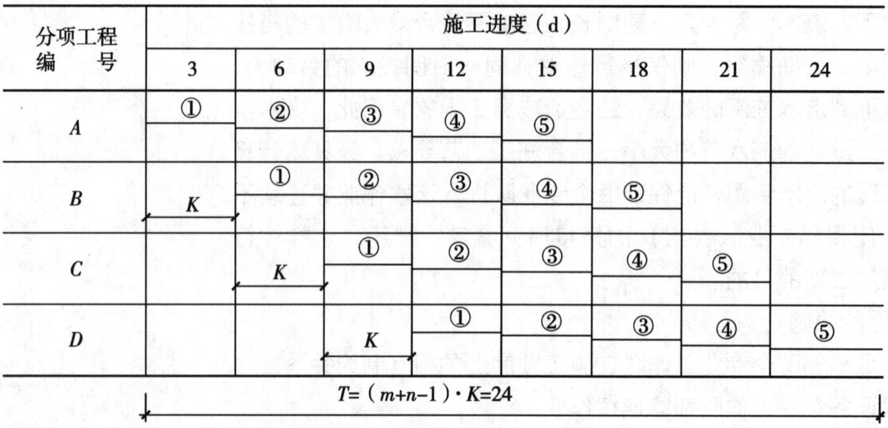

分项工程编号	施工进度（d）							
	3	6	9	12	15	18	21	24
A	①	②	③	④	⑤			
B	*K*	①	②	③	④	⑤		
C		*K*	①	②	③	④	⑤	
D			*K*	①	②	③	④	⑤

$T=(m+n-1)\cdot K=24$

图2-4 固定节拍流水施工进度

（2）相邻施工过程的流水步距相等，且等于流水节拍。

（3）专业工作队数等于施工过程数，即每一个施工过程成立一个专业工作队，由该队完成相应施工过程所有施工段上的任务。

（4）各个专业工作队在各施工段上能够连续作业，施工段之间没有空闲时间。

2.1.4.2 加快的成倍节拍流水施工的特点

在组织流水施工中，有时遇到某一施工过程的工程量小，需要时间短，另一施工过程工程量大，需要时间长。这就出现了各施工过程流水节拍不能相等的现象。为了加快施工进度，保证各施工过程的连续、均衡施工，可将工程量小的施工过程做成最小节拍，而工程量大的施工过程取最小节拍的倍数。这种流水节拍不等于流水步距，而是流水步距倍数的流水施工方法，称为成倍节拍流水（图2-5）。

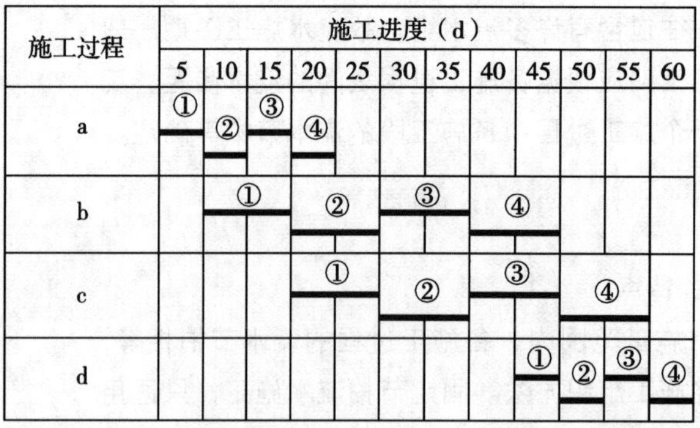

施工过程	施工进度（d）											
	5	10	15	20	25	30	35	40	45	50	55	60
a	①	②	③	④								
b		①		②		③		④				
c				①		②		③		④		
d									①	②	③	④

图2-5 成倍节拍流水施工

成倍节拍流水的特点是，当工期有要求时，可增加施工机械和施工班组，让施工机械和班组以交叉作业的方式，在不同施工段上施工。这样可加快施工速度，缩短工期。

加快的成倍节拍流水施工的特点如下：

（1）同一施工过程在其各个施工段上的流水节拍均相等；不同施工过程的流水节拍不等，但其值为倍数关系。

（2）相邻施工过程的流水步距相等，且等于流水节拍的最大公约数。

（3）专业工作队数大于施工过程数，即有的施工过程只成立一个专业工作队，而对于流水节拍大的施工过程，可按其倍数增加相应专业工作队数目。

（4）各个专业工作队在施工段上能够连续作业，施工段之间没有空闲时间（图2-6）。

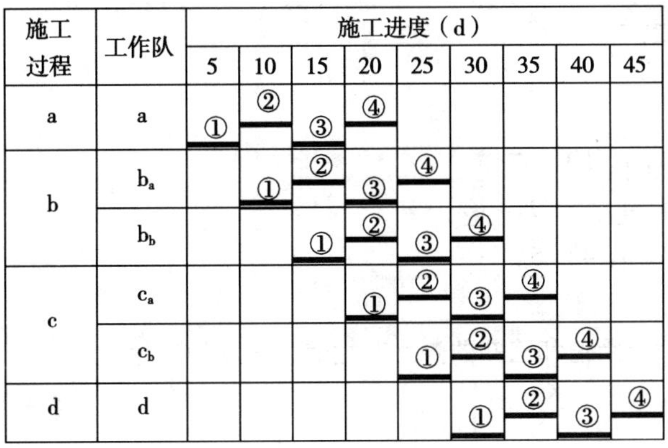

图2-6 加快的成倍节拍流水施工

施工过程	工作队	施工进度（d）								
		5	10	15	20	25	30	35	40	45
a	a	①	②	③	④					
b	b_a		①	②	③	④				
	b_b			①	②	③	④			
c	c_a				①	②	③	④		
	c_b					①	②	③	④	
d	d						①	②	③	④

2.1.4.3 非节奏流水施工

非节奏流水施工方式是建设工程流水施工的普遍方式。非节奏流水施工具有以下特点。

（1）各施工过程在各施工段的流水节拍不全相等。

（2）相邻施工过程的流水步距不尽相等。

（3）专业工作队数等于施工过程数。

（4）各专业工作队能够在施工段上连续作业，但有的施工段之间可能有空闲时间。

在非节奏流水施工中，通常采用累加数列错位相减取大差法计算流水步距。

例如：某工程有四个施工过程 A、B、C、D，划分四个施工段，各施工过程在各施工段上的流水节拍见表2-1。试组织其流水作业并绘制施工进度表。

各施工过程在各施工段上的流水节拍 表2-1

施工过程＼施工段	①	②	③	④
A	3	5	7	5
B	2	4	5	3
C	4	3	3	4
D	4	2	3	4

从表2-1可知，这是一个非节奏流水施工。先求出各施工过程的流水步距：

$K_{1,2}$

$$\begin{array}{r} 3,\ 8,\ 15,\ 20 \\ -)\ 2,\ 6,\ 11,\ 14 \\ \hline 3,\ 6,\ 9,\ 9,\ - \end{array}$$

取大差，$K_{1,2}=9d$

$K_{2,3}$

$$\begin{array}{r} 2,\ 6,\ 11,\ 14 \\ -)\ 4,\ 7,\ 10,\ 14 \\ \hline 2,\ 2,\ 4,\ 4,\ - \end{array}$$

取大差，$K_{2,3}=4d$

$K_{3,4}$

$$\begin{array}{r} 4,\ 7,\ 10,\ 14 \\ -)\ 4,\ 6,\ 9,\ 13 \\ \hline 4,\ 3,\ 4,\ 5,\ - \end{array}$$

取大差，$K_{3,4}=5d$

根据求出的各施工过程的流水步距值和已知的流水节拍值，绘制的工程施工进度表如图2-7所示。

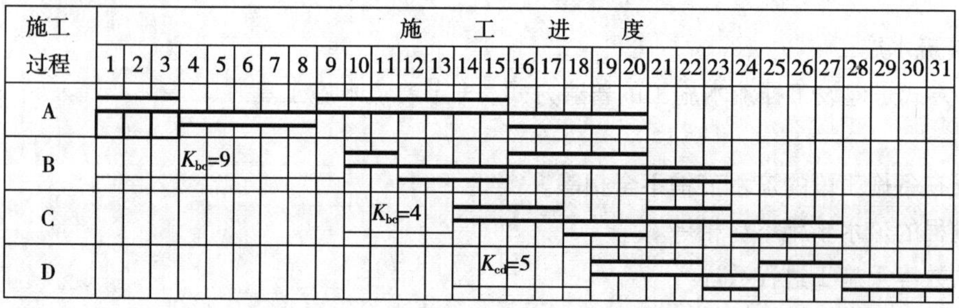

图2-7 流水施工进度表

施工过程	施工进度																														
	1	2	3	4	5	6	7	8	9	10	11	12	13	14	15	16	17	18	19	20	21	22	23	24	25	26	27	28	29	30	31
A																															
B				K_{bc}=9																											
C											K_{bc}=4																				
D															K_{cd}=5																

2.1.4.4　其他流水施工方法

(1) 流水线法

施工过程中，经常遇到沿长度方向延长的工程。如管沟、道路、湖池驳岸等，其长度可达几千米，对这类工程可称线性工程。

在组织线性工程流水施工时，可不划分流水段，而是将线形工程划分成若干施工过程，并对各过程进行分析，找出起决定作用的主导施工过程。以主导施工过程为主确定其他施工过程的移动速度，使各施工过程按工序进行，使各施工班组以相同速度向前移动，每天完成各自的工作内容。这种施工方法，称为流水线法。流水线法仅适用于线性工程。流水线法与流水段法的区别是：流水线法没有明确施工段，只有每班移动速度。如流水段改成一个台班向前进展的长度时，流水线法与流水段法相同。

(2) 分别流水法

流水段法、流水线法在流水参数不变的条件下才能使用。而建筑安装工程、园林绿化工程，种类多、情况复杂，工艺结构及施工条件经常变化，有时很难在一项拟建工程中，选出各施工过程相同的流水参数。在这种情况下，可采用分别流水的施工方法。

在组织分别流水施工时，先将工艺上相互联系的分部工程，各自组成一个独立的流水组，流水组的流水参数可以不相等，但必须保证每个施工过程不能间断。然后再将各分部工程的流水组按施工顺序和工艺要求，组成依次搭接、先后平行作业的工程流水或建设项目的流水。

例如：某拟建工程，按施工顺序可划分基础工程、砌筑工程、卫生设备工程、设备安装工程、电气安装工程、装饰工程等若干个分部工程，每个分部工程可单独组成一个流水组。各流水组的步距不可能相等，这就出现了一个流水组已结束与相连的另一个流水组的开始，时间间隔要长的现象。在组织流水施工时，两个相邻的流水组之间，允许在工作面上出现空间，但各流水组中的施工过程要连续。这种综合性的流水施工，称为分别流水法。

分别流水的特点：由于分别流水没有节拍、步距、段数的约束与限制，故组织施工的方法可自由、灵活，可根据施工条件来调整施工项目，所以它的适应性、应用性广泛。

2.2 网络计划技术

2.2.1 横道图计划与网络图计划

横道图计划是根据工程项目的施工过程和起讫时间、工序的先后顺序、作业持续时间，结合时间坐标用一系列横道线表示各施工过程的进度。而网络图计划则是由一系列“节点”用圆圈所组成的网状图形，来表示各施工过程的进度。

2.2.1.1 横道图计划

横道图也称甘特图，是美国人甘特在第一次世界大战前研究的，第一次大战后才推广使用。横道图计划的优点如下：

(1) 编制计划较简单、容易，各施工过程进度形象直观、明了、易懂。

(2) 结合时间坐标，各项工作的起止时间、作业延续时间、工作进度、总工期等都能一目了然。

(3) 能将计划项目排列得整齐有序，流水情况表示较清楚。

横道图计划的缺点如下：

(1) 当计划项目较复杂时，不容易表示计划内部各项工作的相互联系、相互制约及协作关系。

(2) 只给出计划的结论，没有说明结论的优劣，不能对计划进行决策和控制；当计划项目多，工序搭接、工种配合关系较复杂时，很难暴露矛盾、突出工作重点，不能反映计划的内在矛盾和关键。

(3) 不能利用电子计算机对复杂的计划进行电算调整及优化；计划的效果和质量，仅取决于编制人水平，对改进和加强施工管理不利。

2.2.1.2　网络图计划

20世纪50年代以来，随着工业生产的发展和计算机的使用，希望出现一种新的生产与管理方法替代横道图（不适应复杂项目及发展需要）的组织管理方法。于是20世纪50年代中后期，在美国发展起来两种进度计划管理方法，即关键线路方法（简称CPM）和计划评审法（简称PERT），网络计划法就是由两种方法综合发展而来的。它是编制工程进度计划的有效方法，并很快在世界各国的工业、农业、国防和科研计划中推广及应用。

我国使用网络图计划是在1965年，由华罗庚教授将网络图技术介绍、引进我国，并称为统筹法。

2.2.2　网络图的基本知识

网络图是指一种表示整个计划中各道工序的先后次序及所用时间的网状图，又称工艺流线图。

2.2.2.1　工作

工作是指按需要的粗细程度将计划任务划分而成的、消耗时间或同时也消耗资源的一个子项目或子任务。工作可以是单位工程，也可以是分部工程、分项工程；一个施工过程也可以作为一项工作。工作是指施工过程中的一项活动，因此它的范围可大可小，应根据具体情况和需要来定。

在施工中占用一定时间的过程，都应作为一项工作来对待。在一般情况下，完成一项工作既需要消耗时间，也需要消耗劳动力、原材料、施工机具等资源及一定的成本。值得注意的是，有时某些工作并不需要消耗资源及费用，但要使用一定的时间，如墙面抹灰后的干燥过程等。

2.2.2.2　组成网络图的基本符号

(1) 箭线

箭线也叫箭杆，表示工作、工序、活动或施工过程。它主要表达以下几方面的内容：

1) 在双代号网络图中，箭线上写工作名称表示一项施工过程或工序，箭线下写完成该工作所需的持续时间。标注方法，如图2-8所示。

2) 箭头的方向表示工作进行的方向和前进的路线。箭尾表示工作的开始，箭头表示工作的结束。

3) 在无时间坐标的图络图中，箭线不是矢量，箭线的长短并不反映该项工作所用时间的长短，所用时间的多少是由箭线下标注的数字表示。因此箭线的长度不需按比例绘制，箭线可以是水平线、垂直线、折线或斜线，为了图面整洁，应尽量避免曲线，箭线不允许中断。

(2) 节点

节点也就是圆圈，也称为事项或事件。它的含义有以下几个方面：

1) 每一道箭线的箭头和箭尾都有一个圆圈，也称节点。位于箭尾的节点称为箭尾节点，也是该项工作的开始节点。位于箭头的节点，称为箭头节点，也是该项工作的结束节点。如图2-8的 i 为开始节点，j 为结束节点。

2) 节点是网络图中前后两项工作的交接之点，是工作开始或完成的“瞬间”，它既不消耗时间，也不消耗资源。

3) 任何一项工作都可以用它的前后两个节点编号来表示。

4) 当两道箭线连接时，它们当中的节点即表示前面工作的结束节点，也表示后面工作的开始节点。

5) 在网络图中，对一个节点来讲，可以有许多箭线通向该节点，这些箭线称为“内向箭线”或“内向工作”。同样也可以有许多箭线从同一节点出发，这些箭线称为“外向箭线”或“外向工作”。

6) 节点的完成，取决于通向它的一项或若干项工作的全部完成。

7) 网络图中的第一个节点，即没有“内向箭线”的节点，叫做起点节点，它意味着工程的开工。网络图中最后一个节点，即没有“外向箭线”的节点，叫做终点节点，它意味着一项工程的完工。网络图中除起点节点和终点节点外，其余节点都称为中间节点，中间节点既有“内向箭线”又有“外向箭线”。

2.2.2.3 双代号网络图和单代号网络图

网络图有双代号网络图和单代号网络图两种。双代号网络图又称箭线式网络图，它是以箭线及其两端节点的编号表示工作，以节点（圆圈）表示工作的开始或结束以及工作之间的连接状态。单代号网络图又称节点式网络图，它是以节点及其编号表示工作，箭线表示工作之间的逻辑关系。

工作的表示方法如图2-8、图2-9所示。

图2-8 双代号网络图中工作的表示方法(左 a、b)

图2-9 单代号网络图中工作的表示方法(右 a、b)

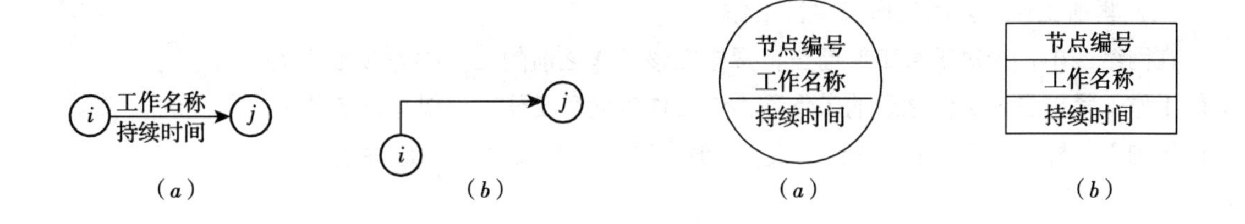

2.2.2.4 虚工作

在双代号网络图中，有时存在虚箭线，虚箭线不代表实际工作称为虚工作，也称虚工序或虚箭线。正确运用虚工作是双代号网络图的一项十分重要环节。

虚工作并非表示某一项具体工作，而是虚设的工作，虚工作既不消耗时间，也不消耗资源，工程中并不存在。因此它没有工作名称，既不占用时间

(计算时它的持续时间为零)，也不消耗资源和费用。在双代号网络图中，虚工作决不是可有可无的，引入虚箭线的目的，是为了确切表示网络图中工作之间的相互依存和相互制约的逻辑关系。虚工作的表示方法，如图 2-10 中"③…→④"所示。

虚工作的作用有三方面：联系、区分、断路。联系是指用虚工作来表示相邻两项工作之间的关系。区分是指用虚工作来避免两项同时开始、同时进行的工作具有相同的开始节点和完成节点。断路是指用虚工作来避免两个工作之间不应有的联系。

在单代号网络图中，虚拟工作只能出现在网络图的起点节点或终点节点处。

2.2.2.5 逻辑关系

逻辑关系是指工作之间的先后顺序关系，按顺序的性质分为工艺关系和组织关系；按工作间相对位置不同分为紧前工作、紧后工作、平行工作，以及先行工作和后续工作。

(1) 工艺关系和组织关系

生产性工作之间由工艺过程决定的、非生产性工作之间由工作程序决定的先后顺序关系称为工艺关系。工作之间由于组织安排需要或资源（劳动力、原材料、施工机具等）调配需要而规定的先后顺序关系称为组织关系。在图 2-10中，支模 1—扎筋 1—混凝土 1 为工艺关系；支模 1 一支模 2、扎筋 1—扎筋 2 等为组织关系。

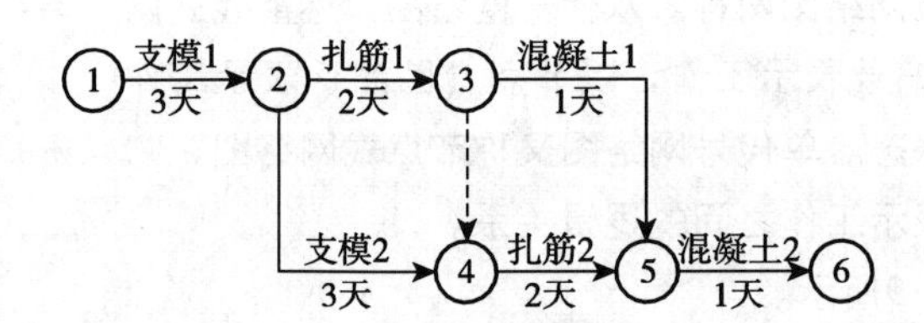

图 2-10 某混凝土工程双代号网络计划

(2) 紧前工作、紧后工作和平行工作

在网络图中，相对于某工作而言，紧排在该工作之前的工作称为该工作的紧前工作；紧排在该工作之后的工作称为该工作的紧后工作；可以与该工作同时进行的工作即为该工作的平行工作。在确定紧前紧后工作时，应注意以下两点：

1) 在前后相连的两项工作中，前项工作的结束节点也是后项工作的开始节点，这种前后相连的两项工作为"互为紧前紧后"关系。如果在两项工作中间有虚工作，无论间隔多少虚工作，这两项工作都是紧前紧后的关系。

2) 紧前紧后工作是相对于某一项工作而言。

紧前紧后工作关系，在施工中可按以下三种情况决定：

①由工艺上的要求而决定。比如，栽树先挖穴、后栽植，这种关系不能颠倒。

②由劳动力或设备的流水来决定。比如挖沟槽、下管道、回填土，三项工作分两段流水施工时，第二段的挖沟槽紧接第一段的挖沟槽工作之后。三项工作前后紧密衔接，这是劳动力流水的需要。

③工作关系灵活的由安排决定。施工中有的工作可前可后，但一经决定下来，在编制网络计划时，就按已有决定来安排紧前紧后的关系。

在图2-10中，支模1是支模2在组织关系上的紧前工作；扎筋1和扎筋2之间虽然存在虚工作，但扎筋1仍然是扎筋2组织关系上的紧前工作。支模1则是扎筋1在工艺关系上的紧前工作。扎筋2是扎筋1在组织关系上的紧后工作；混凝土1是扎筋1在工艺关系上的紧后工作。扎筋1和支模2互为平行工作。注意在网络图中，相对于某工作而言，工作与其紧前工作之间可能有虚工作存在，与其紧后工作之间也可能有虚工作存在，不能因虚工作的存在弄错他们之间的逻辑关系。

紧前工作、紧后工作及平行工作是工作之间逻辑关系的具体表现，只要能根据工作之间的工艺关系和组织关系明确其紧前或紧后关系，即可据此绘出网络图。它是正确绘制网络图的前提条件。

(3) 先行工作和后续工作

相对于某工作而言，从网络图的第一个节点（起点节点）开始，顺箭头方向经过一系列箭线与节点到达该工作为止的各条通路上的所有工作，都称为该工作的先行工作。从该工作之后开始，顺箭头方向经过一系列箭线与节点到网络图最后一个节点（终点节点）的各条通路上的所有工作，都称为该工作的后续工作。

在建设工程进度控制中，后续工作是一个非常重要的概念。因为在工程网络计划的实施过程中，如果发现某项工作进度出现拖延，受到影响的工作必然是该工作的后续工作。

2.2.2.6 线路、关键线路和关键工作

(1) 线路

在网络图中，按箭线方向从起点节点到终点节点的一系列节点和箭线组成的通路，称为线路。线路可依次用该线路上的节点编号来表示，图2-10中的三条线路可分别表示为：①—②—③—⑤—⑥、①—②—③—④—⑤—⑥和①—②—④—⑤—⑥，也可依次用该线路上的工作名称来表示：支模1—扎筋1—混凝土1—混凝土2、支模1—扎筋1—扎筋2—混凝土2和支模1—支模2—扎筋2—混凝土2。

一个网络图中，一般都存在着一条或多条线路。每条线路都包含若干项工作，这些工作的持续时间之和就是这条线路的长度，也称线路的总持续时间。

(2) 关键线路和关键工作

任何一个网络计划中至少有一条最长的线路，线路上所有工作的持续时间总和称为该线路的总持续时间。这条线路的总持续时间决定了此网络计划的总工期，是如期完成工程计划的关键所在，因此称为关键线路。在图2-10中，

线路①—②—④—⑤—⑥为关键线路。

在关键线路上没有任何机动的余地，线路上的任何工作拖延时间都会导致总工期的后延。在网络计划中，关键线路可能不止一条。并且在网络计划执行过程中，关键线路还会发生转移。

关键线路上的各项工作称为关键工作。在网络计划图中，关键工作的比重往往不易过大。愈复杂的网络图，工作节点就愈多，而关键工作的比重则越小。这样有助于工地指挥者集中力量抓好主要矛盾。在网络计划的实施过程中，关键工作的实际进度提前或拖后，均会对总工期产生影响，因此，关键工作的实际进度是建设工程进度控制工作中的重点。

（3）非关键线路

网络计划中，关键线路之外的线路都称为非关键线路。非关键线路的长度比关键线路要短，即存在可以利用的时差，非关键线路并非全由非关键工作组成。在一条线路上只要有一道非关键工作存在，这条线路长度就一定小于关键线路的长度，这种线路就是非关键线路。

2.2.2.7　网络图计划的特点

（1）网络计划的优点

1）网络计划使整个施工过程形成一个有机整体，能全面、明确地反映出各项工作之间的相互依赖、相互制约的关系。

2）通过时间参数计算，可反映出整个工程任务的全貌，指出对全局有影响的关键所在，使我们在施工中能集中力量抓好主要矛盾，避免盲目施工，以利工程建设。

3）在计划执行过程中，当某一项工作因故提前或拖后时，能从网络计划中预见它对后续工作及总工期的影响程度，以便采取措施，确保工程按期完成。

4）对计划能进行计算、调整与优化（能选出最优方案）。从根本上改变了以往编制计划缺乏科学性的状况，对加强企业管理，以最小消耗取得最大经济效果有利。

5）能利用电子计算机，为计划应用现代化手段，为发展和建立计划管理的自动化创造条件。

（2）网络计划的缺点

网络图很难清晰地反映出流水作业的情况，计算劳动力、物资需用量不如横道图方便。现在网络计划也在发展和完整，如采用带时间坐标的网络图，可弥补其不足。

网络图不仅是一种编制计划用的方法，还是一种科学的施工管理方法。通过网络计划，就可能在现有条件下合理调整计划，对加快施工进度、节约人力物力、降低工程成本和及早采取措施预防未来变化等方面，都起着重要作用。

2.2.3 双代号网络计划

2.2.3.1 双代号网络图的绘制规则

网络图是运用图解理论，来表示各项工作之间相互依赖和相互制约的关系。只有掌握网络图的正确画法，才能合理表达网络的衔接关系，得到正确的计算结果。在绘制双代号网络图时，一般应遵循以下基本规则（表2-2）。

网络图中各工作逻辑关系表示方法　　表2-2

序号	工作之间的逻辑关系	网络图中表示方法	说明
1	有 A、B 两项工作，按照依次施工方式进行	A B	B 工作依赖着 A 工作，A 工作约束着 B 工作的开始
2	有 A、B、C 三项工作，同时开始工作	A B C	A、B、C 三项工作称为平行工作
3	有 A、B、C 三项工作，同时结束	A B C	A、B、C 三项工作称为平行工作
4	有 A、B、C 三项工作，只有在 A 完成后，B、C 才能开始	B A C	A 工作制约着 B、C 工作的开始。B、C 为平行工作
5	有 A、B、C 三项工作，C 工作只有在 A、B 完成后才能开始	A C B	C 工作依赖着 A、B 工作，A、B 为平行工作
6	有 A、B、C、D 四项工作，只有当 A、B 完成后，C、D 才能开始	A C j B D	通过中间事件 j 正确地表达了 A、B、C、D 之间的关系
7	有 A、B、C、D 四项工作，A 完成后 C 才能开始，A、B 完成后 D 才开始	A C B D	D 与 A 之间引发了逻辑连接（虚工作），只有这样才能正确表达它们之间的约束关系
8	有 A、B、C、D、E 五项工作，A、B 完成后 C 开始，B、D 完成后 E 开始	A j C B i k E D	虚工作 ij 反映出 C 工作受到 B 工作的约束；虚工作 ik 反映出 E 工作受到 B 工作的约束
9	有 A、B、C、D、E 五项工作，A、B、C 完成后 D 才能开始，B、C 完成后 E 才能开始	A D B E C	这是前面序号 1、5 情况通过虚工作连接起来，虚工作表示 D 工作受到 B、C 工作的制约
10	A、B 两项工作，分三个施工段，平行施工	A_1 A_2 A_3 B_1 B_2 B_3	每个工种工程建立专业工作队，在每个施工段上进行流水作业，不同工种之间用逻辑搭接关系表示

(1) 在一个网络图中只允许有一个起始节点和一个终止节点

在每个网络图中，只能出现唯一的起始和唯一的终止节点。除网络图的起点和终点之外，不得再出现没有外向工作的节点，也不得出现没有内向工作的节点（多目标网络除外）。

在工作不可能出现相同编号的情况下，可直接把没有内向箭线的各节点、没有外向箭线的各节点分别合并为一个节点，以减少虚箭线重复计算的工作量。

(2) 网络图中不允许出现循环线路

在网络图中从某一节点出发，沿某条线路前进，最后又回到此节点，出现循环现象，就是循环线路，也称封闭线路。

(3) 网络图中不允许出现无头箭和双头箭

网络图反映的施工进度计划是有方向的，是沿箭头方向进行施工的。因此只能用两个节点一条箭线来表示一项工作，否则会使逻辑关系含糊不清。

(4) 网络图中每条箭线的首尾都必须有节点

任何一条箭线，都必须从一个节点开始到另一个节点结束。

(5) 网络图中两节点之间的、直接连接的箭线不得超过一条

网络图中，任何两节点之间只允许有一条唯一的箭线，即不得用同样的两个节点符号表示两个或两个以上的工作名称。

(6) 网络图中不得让没有逻辑关系的工作之间发生联系

没有直接的逻辑关系的工作在图中发生了直接关系就是网络图中的原则性错误。为了避免这类情况发生，需采用"断路方法"，去掉多余的联系。

总之，在画网络图前，首先要弄清各项工作之间的顺序，然后列出工作顺序表，最后根据工作顺序来绘制各项工作的逻辑关系图或整体网络图（图2-11）。

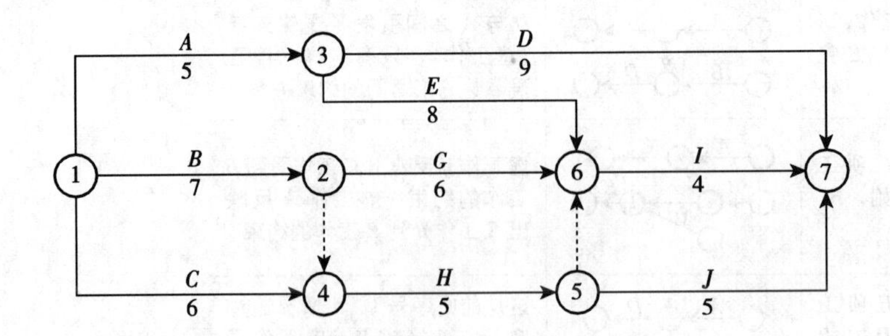

图2-11 双代号网络图

2.2.3.2 绘图方法

当已知每一项工作的紧前工作时，可按下述步骤绘制双代号网络图。

(1) 绘制没有紧前工作的工作箭线，使它们具有相同的开始节点，以保证网络图只有一个起点节点。

(2) 依次绘制其他工作箭线。这些工作箭线的绘制条件是其所有紧前工作箭线都已经绘制出来。在绘制这些工作箭线时，应按下列原则进行。

1）绘制的工作只有一项紧前工作时，则将该工作箭线直接画在其紧前工作箭线之后即可。

2）要绘制的工作有多项紧前工作时，应按以下四种情况分别予以考虑。

第一种，对于所要绘制的工作，如果在紧前工作栏目中，该紧前工作只出现一次，则应将本工作箭线直接画在该紧前工作箭线之后，然后用虚箭线将其他紧前工作箭线的箭头节点与本工作箭线的箭尾节点分别相连，以表达它们之间的逻辑关系。

第二种，对于所要绘制的工作，如果在其紧前工作之中存在多项只作为本工作紧前工作的工作，应先将这些紧前工作箭线的箭头节点合并，再从合并后的节点开始，画出本工作箭线，最后用虚箭线将其他紧前工作箭线的箭头节点与本工作箭线的箭尾节点分别相连，以表达它们之间的逻辑关系。

第三种，对于所要绘制的工作，如果不存在第一、二种情况时，应判断本工作的所有紧前工作是否都同时作为其他工作的紧前工作（在紧前工作栏目中，这几项紧前工作是否均同时出现若干次）。如果上述条件成立，应先将这些紧前工作箭线的箭头节点合并，再从合并后的节点开始画出本工作箭线。

第四种，对于所要绘制的工作，如果既不存在第一、二种情况，也不存在第三种情况时，则应将本工作箭线单独画在其紧前工作箭线之后的中部，然后用虚箭线将其各紧前工作箭线的箭头节点与本工作箭线的箭尾节点分别相连，以表达它们之间的逻辑关系。

（3）当各项工作箭线都绘制出来之后，应合并那些没有紧后工作之工作箭线的箭头节点，以保证网络图只有一个终点节点（多目标网络计划除外）。

（4）当确认所绘制的网络图正确后，即可进行节点编号。网络图的节点编号在满足前述要求的前提下，既可采用连续的编号方法，也可采用不连续的编号方法，如："1，3，5，…"或"5，10，15，…"等，以避免以后增加工作时而改动整个网络图的节点编号。

以上所述是已知每一项工作的紧前工作时的绘图方法，当已知每一项工作的紧后工作时，也可按类似的方法进行网络图的绘制，只是其绘图顺序由前述的从左向右改为从右向左。

2.2.3.3 网络计划时间参数

所谓时间参数，是指网络计划、工作及节点所具有的各种时间值。网络计划的主要时间参数如下。

（1）工作持续时间和工期

1）工作持续时间。工作持续时间是指一项工作从开始到完成的时间。工作 i-j 的持续时间用 $D_{i\text{-}j}$ 表示。

2）工期。工期泛指完成一项任务所需要的时间。在网络计划中，工期一般有以下三种。

①计算工期。计算工期是根据网络计划时间参数计算而得到的工期，用 T_c 表示。

②要求工期。要求工期是任务委托人所提出的指令性工期，用 T_r 表示。

③计划工期。计划工期是指根据要求工期和计算工期所确定的作为实施目标的工期，用 T_p 表示。

当已规定了要求工期时，计划工期不应超过要求工期，即：

$$T_p \leqslant T_r \tag{2-4}$$

当未规定要求工期时，可令计划工期等于计算工期，即：

$$T_p = T_c \tag{2-5}$$

(2) 工作的6个时间参数

除工作持续时间外，网络计划中工作的6个时间参数是：最早开始时间、最早完成时间、最迟完成时间、最迟开始时间、总时差和自由时差。

1) 最早开始时间和最早完成时间。工作的最早开始时间是指在其所有紧前工作全部完成后，本工作有可能开始的最早时刻。工作的最早完成时间是指在其所有紧前工作全部完成后，本工作有可能完成的最早时刻。工作的最早完成时间等于本工作的最早开始时间与其持续时间之和。

在双代号网络计划中，工作 $i-j$ 的最早开始时间和最早完成时间分别用 ES_{i-j} 和 EF_{i-j} 表示。

$$EF_{i-j} = ES_{i-j} + D_{i-j} \tag{2-6}$$

2) 最迟完成时间和最迟开始时间。工作的最迟完成时间是指在不影响整个任务按期完成的前提下，本工作必须完成的最迟时刻。工作的最迟开始时间是指在不影响整个任务按期完成的前提下，本工作必须开始的最迟时刻。工作的最迟开始时间等于本工作的最迟完成时间与其持续时间之差。

在双代号网络计划中，工作 $i-j$ 的最迟完成时间和最迟开始时间分别用 LF_{i-j} 和 LS_{i-j} 表示。

$$LS_{i-j} = LF_{i-j} - D_{i-j} \tag{2-7}$$

3) 总时差和自由时差。工作的总时差是指在不影响总工期的前提下，本工作可以利用的机动时间。工作 $i-j$ 的总时差用 TF_{i-j} 表示。

$$TF_{i-j} = LS_{i-j} - ES_{i-j} \quad \text{或} \quad TF_{i-j} = LF_{i-j} - EF_{i-j} \tag{2-8}$$

工作的自由时差是指在不影响其紧后工作最早开始时间的前提下，本工作可以利用的机动时间。工作 $i-j$ 的自由时差用 FF_{i-j} 表示。

$$FF_{i-j} = ES_{j-k} - ES_{i-j} - D_{i-j} \quad \text{或} \quad FF_{i-j} = ES_{j-k} - EF_{i-j} \tag{2-9}$$

从总时差和自由时差的定义可知，对于同一项工作而言，自由时差不会超过总时差。当工作的总时差为零时，其自由时差必然为零。

在网络计划的执行过程中，工作的自由时差是该工作可以自由使用的时间。但是，如果利用某项工作的总时差，则有可能使该工作后续工作的总时差减小。

(3) 节点最早时间和最迟时间

1) 节点最早时间：指在双代号网络计划中，以该节点为开始节点的各项工作的最早开始时间。节点 j 的最早时间用 ET_j 表示。

$$ET_j = \max\{ES_{i-j} + D_{i-j}\} \tag{2-10}$$

2）节点最迟时间：指在双代号网络计划中，以该节点为完成节点的各项工作的最迟完成时间。节点 i 的最迟时间用 LT_i 表示。

$$LT_i = \min\{LT_j - D_{i-j}\} \tag{2-11}$$

在建筑安装工程和园林工程中，用网络图编制施工计划的目的是在保证质量与安全，节约人力、物力和降低工程成本的前提下，尽量缩短工期。通过时间参数的计算，可求得有关工期方面的主要数据。如各节点工作的最早可能开工和最迟必须开工时间，以便对各工作的起止时间限制；关键线路、非关键线路上的富余时差，找出各工作对整个计划总工期影响等。掌握这些数据，可对计划进行调整优化，用以指导施工。

2.2.3.4 网络图编制的基本方法

编制网络图计划的基本方法、步骤如下。

(1) 熟悉图纸、调查研究、分析情况

计划编制前要全面熟悉和审查图纸，了解设计意图，摸清工程有关的自然、技术、经济条件；充分估计劳动力、材料及机械设备使用和供应情况；了解上级单位的指示及协作单位情况；做好资料收集工作。

(2) 确定施工方案

网络图是表达计划安排的一种方法，是由施工方法所决定的。因此，只有某项工程在一定的自然条件、物资条件、技术条件下用什么方法施工确定后，才可着手编制网络计划。

(3) 确定工作项目

网络图的繁简程度，主要取决于工程项目的性质与作用。一般来讲，控制性计划的网络图，工作项目可划分粗些，以便图面简洁清晰、一目了然。而实施性计划的网络图，工作项目划分要细些，便于指导施工。

对于比较复杂的或工期较长的工程，网络图应分阶段绘制，由粗到细、逐步发展。先编制一个粗的网络图（总网络图）作为控制性计划，随着工程进展，再按分部或分项工程编制较细的网络图（分网络图）以便技术人员指导施工时使用。

(4) 确定施工顺序

施工顺序是编制施工进度计划的关键，通常是根据工艺特点、施工方法来确定工程施工中全部项目的先后次序，为项目排队打基础。

(5) 计算各项目的劳动量和机械使用量

根据施工图纸和确定的项目，计算各工作项目的工程量，然后查劳动定额或机械台班使用定额，可确定出各项目的劳动量（工日）和机械使用量（台班数量）。

(6) 计算各项目工作的持续时间

根据各项目所需工日数或台班数以及确定投入的劳动力或机具数量，可计算出各项工作的持续时间，并使计算出的持续时间满足工期要求。

（7）绘制网络计划的初始方案

在具备上述条件下，可绘制网络图。一般是先绘制草图，重点应放在工作之间的逻辑关系上，要求必须全面、正确反映各项工作之间的顺序关系。然后再绘制正式的初始方案，要求网络布局合理、清晰、美观，最后在图上填入节点编号，工作名称及持续时间。

（8）计算时差并确定关键线路和总工期

（9）检查、调整网络图计划

当施工网络计划初步完成后，应检查计划是否符合各项指标要求，如不符合要进行必要的修改和调整。检查内容有以下几方面：

①总工期是否符合要求；

②各项目安排的次序、时间能否保证施工质量与安全要求；

③劳动力是否均衡；

④材料、半成品及构件的供应与运输能否满足要求等。

（10）绘制正式网络图计划

经过对初始方案的检查，各项工作均满足要求时，可绘制正式网络图计划。

2.2.4 双代号时标网络计划

双代号时标网络计划（简称时标网络计划）是以水平时间坐标为尺度编制的网络计划（图2-12）。

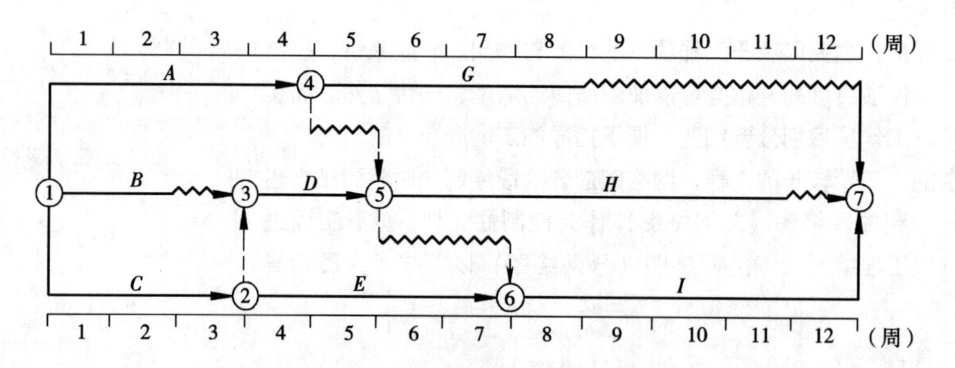

图2-12 双代号时标网络计划图

2.2.4.1 时标网络计划的基本要素

（1）坐标体系

此要素使时标网络计划具有横道计划直观易懂的优点，并将网络计划的时间参数直观地表达出来，分为计算坐标体系、工作日坐标体系和日历坐标体系三种。坐标体系的时间单位应根据需要在编制网络计划之前确定，可以是小时、天、周、月或季度等。

（2）实箭线

表示实际工作，实箭线的水平投影长度表示该工作的持续时间。

(3) 虚箭线

表示虚工作，由于虚工作的持续时间为零，故虚箭线只能垂直画。

(4) 波形线

表示工作与其紧后工作之间的时间间隔（以终点节点为完成节点的工作除外，当计划工期等于计算工期时，这些工作箭线中波形线的水平投影长度表示其自由时差）。

2.2.4.2 时标网络计划的编制

(1) 编制原则

时标网络计划宜按各项工作的最早开始时间编制。为此，在编制时标网络计划时应使每一个节点和每一项工作（包括虚工作）尽量向左靠，直至不出现从右向左的逆向箭线。

(2) 编制方法

1) 间接绘制法：先根据无时标的网络计划草图计算其时间参数并确定关键线路，然后在时标网络计划表中进行绘制。在绘制时应先将所有节点按其最早时间定位在时标网络计划表中的相应位置，然后再用规定线型（实箭线和虚箭线）按比例绘出工作和虚工作。当某些工作箭线的长度不足以到达该工作的完成节点时，须用波形线补足，箭头应画在与该工作完成节点的连接处。

2) 直接绘制法：不计算时间参数而直接按无时标的网络计划草图绘制时标网络计划。

(3) 编制步骤

1) 将网络计划的起点节点定位在时标网络计划表的起始刻度线上。

2) 按工作的持续时间绘制以网络计划起点节点为开始节点的工作箭线。

3) 除网络计划的起点节点外，其他节点必须在所有以该节点为完成节点的工作箭线均绘出后，定位在这些工作箭线中最迟的箭线末端。当某些工作箭线的长度不足以到达该节点时，须用波形线补足，箭头画在与该节点的连接处。

4) 当某个节点的位置确定之后，即可绘制以该节点为开始节点的工作箭线。

5) 利用上述方法从左至右依次确定其他各个节点的位置，直至绘出网络计划的终点节点。

在绘制时标网络计划时，特别需要注意的问题是处理好虚箭线。首先应将虚箭线与实箭线等同看待，只是其对应工作的持续时间为零；其次，尽管它本身没有持续时间，但可能存在波形线，因此，要按规定画出波形线。在画波形线时，其垂直部分仍应画为虚线。

2.2.4.3 时标网络计划中时间参数的判定

(1) 关键线路和计算工期的判定

1) 关键线路的判定。时标网络计划中的关键线路可从网络计划的终点节点开始；逆着箭线方向进行判定。凡自始至终不出现波形线的线路即为关键线路。因为不出现波形线，就说明在这条线路上相邻两项工作之间的时间间隔全部为零，也就是在计算工期等于计划工期的前提下，这些工作的总时差和自由时差全部为零。

2）计算工期的判定。网络计划的计算工期应等于终点节点所对应的时标值与起点节点所对应的时标值之差。

（2）相邻两项工作之间时间间隔的判定

除以终点节点为完成节点的工作外，工作箭线中波形线的水平投影长度表示该工作与其紧后工作之间的时间间隔。

（3）工作时间参数的判定

1）工作最早开始时间和最早完成时间。工作箭线左端节点中心所对应的时标值为该工作的最早开始时间。当工作箭线中不存在波形线时，其右端节点中心所对应的时标值为该工作的最早完成时间；当工作箭线中存在波形线时，工作箭线实线部分右端点所对应的时标值为该工作的最早完成时间。

2）工作总时差。工作总时差的判定应从网络计划的终点节点开始，逆着箭线方向依次进行。

以终点节点为完成节点的工作，其总时差应等于计划工期与本工作最早完成时间之差；其他工作的总时差等于其紧后工作的总时差加本工作与该紧后工作之间的时间间隔所得之和的最小值。

3）工作自由时差。以终点节点为完成节点的工作，其自由时差应等于计划工期与本工作最早完成时间之差；其他工作的自由时差就是该工作箭线中波形线的水平投影长度。但当工作之后只紧接虚工作时，则该工作箭线上一定不存在波形线，而其紧接的虚箭线中波形线水平投影长度的最短者为该工作的自由时差。

4）工作最迟开始时间和最迟完成时间。工作的最迟开始时间等于本工作的最早开始时间与其总时差之和。工作的最迟完成时间等于本工作的最早完成时间与其总时差之和。

2.2.5 单代号网络计划

2.2.5.1 单代号网络图绘制

（1）绘图规则

单代号网络图的绘图规则与双代号网络图的绘图规则基本相同，而在单代号网络图中，一项工作必须有唯一的一个节点及相应的一个代号，该工作的名称可以用其节点编号来表示。主要区别在于：当网络图中有多项开始工作时，应增设一项虚拟的工作，作为该网络图的起点节点；当网络图中有多项结束工作时，应增设一项虚拟的工作，作为该网络图的终点节点。

（2）绘图示例

试绘制符合表2-3所示逻辑关系的单代号网络图。

工作逻辑关系表 表 2-3

工作	A	B	C	D	E	G	H	I	J	K
紧前工作	—	A	A	A	C	C、D	B、C	E、G	G	H、I、J

绘制单代号网络图比绘制双代号网络图容易得多，这里仅举一例说明单代号网络图的绘制。已知各工作之间的逻辑关系如上表所示，绘制单代号网络图如图 2-13 所示。

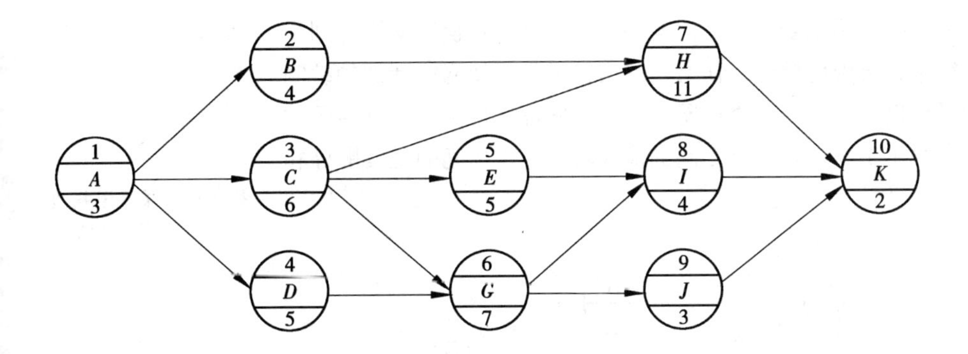

图 2-13 单代号网络图

2.2.5.2 单代号网络计划时间参数

(1) 工作时间参数

1) 工作持续时间。工作持续时间是指一项工作从开始到完成的时间，工作 i 的持续时间用 D_i 表示。

2) 最早开始时间和最早完成时间。工作的最早开始时间是指在其所有紧前工作全部完成后，本工作有可能开始的最早时刻。工作的最早完成时间是指在其所有紧前工作全部完成后，本工作有可能完成的最早时刻。工作的最早完成时间等于本工作的最早开始时间与其持续时间之和。工作 i 的最早开始时间和最早完成时间分别用 ES_i 和 EF_i 表示。

3) 最迟完成时间和最迟开始时间。工作的最迟完成时间是指在不影响整个任务按期完成的前提下，本工作必须完成的最迟时刻。工作的最迟开始时间是指在不影响整个任务按期完成的前提下，本工作必须开始的最迟时刻。工作的最迟开始时间等于本工作的最迟完成时间与其持续时间之差。工作 i 的最迟完成时间和最迟开始时间分别用 LF_i 和 LS_i 表示。

4) 总时差和自由时差。工作的总时差是指在不影响总工期的前提下，本工作可以利用的机动时间，工作 i 的总时差用 TF_i 表示。工作的自由时差是指在不影响其紧后工作最早开始时间的前提下，本工作可以利用的机动时间，工作 i 的自由时差用 FF_i 表示。

(2) 相邻两项工作之间的时间间隔

相邻两项工作之间的时间间隔是指本工作的最早完成时间与其紧后工作最早开始时间之间可能存在的差值。工作 i 与工作 j 之间的时间间隔用 LAG_{i-j} 表示。

2.2.6 单代号搭接网络计划

在前述双代号和单代号网络计划中，所表达的工作之间的逻辑关系是一种衔接关系，即只有当其紧前工作全部完成之后，本工作才能开始。紧前工作的完成为本工作的开始创造条件。但是在工程建设实践中，有许多工作的开始并不是以其紧前工作的完成为条件。只要其紧前工作开始一段时间后，即可进行本工作，而不需要等其紧前工作全部完成之后再开始。工作之间的这种关系称之为搭接关系。

如果用前述简单的网络图来表达工作之间的搭接关系，将使得网络计划变得更加复杂。为了简单、直接地表达工作之间的搭接关系，使网络计划的编制得到简化，便出现了搭接网络计划。搭接网络计划一般都采用单代号网络图的表示方法，即以节点表示工作，以节点之间的箭线表示工作之间的逻辑顺序和搭接关系（图2-14）。

图2-14 单代号搭接网络计划图

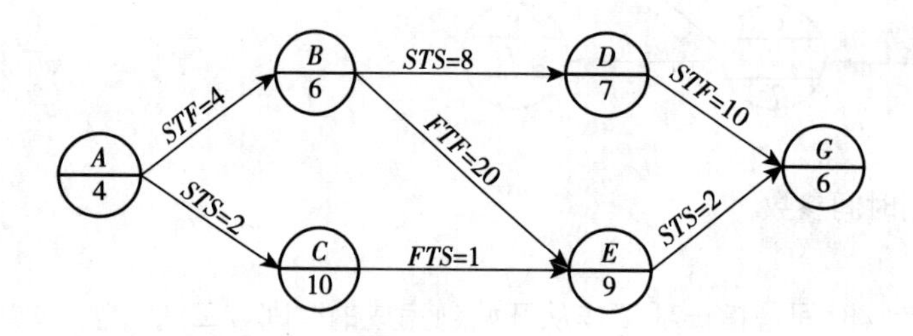

2.2.6.1 搭接关系的种类及表达方式

在搭接网络计划中，工作之间的搭接关系是由相邻两项工作之间的不同时距决定的。所谓时距，就是在搭接网络计划中相邻两项工作之间的时间差值。

（1）结束到开始的搭接关系

表示前面工作的结束到后面工作开始之间的时间间隔。一般用符号“*FTS*”表示。用横道图和单代号网络图表示如图2-15所示。

当*FTS*时距为零时，就说明本工作与其紧后工作之间紧密衔接。当网络计划中所有相邻工作只有*FTS*一种搭接关系且其时距均为零时，整个搭接网络计划就成为前述的单代号网络计划。

图2-15 *FTS*型时间参数示意图

（*a*）横道图；

（*b*）单代号网络图

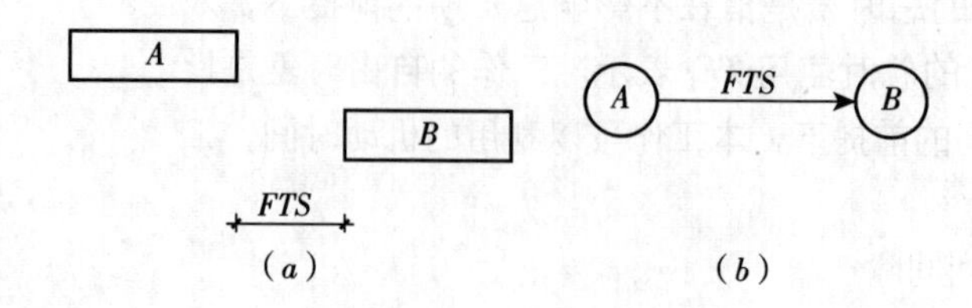

（2）开始到开始的搭接关系

表示前面工作的开始到后面工作开始之间的时间间隔，一般用符号

“*STS*”表示，用横道图和单代号网络图表示见图2-16。

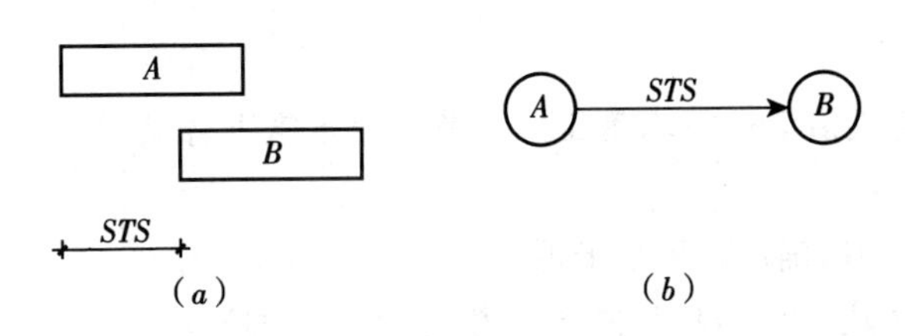

图2-16 *STS*型时间参数示意图
(a) 横道图；
(b) 单代号网络图

(3) 开始到结束的搭接关系

表示前面工作的开始时间到后面工作的完成时间的时间间隔。用“*STF*”表示。横道图和单代号网络图表示见图2-17。

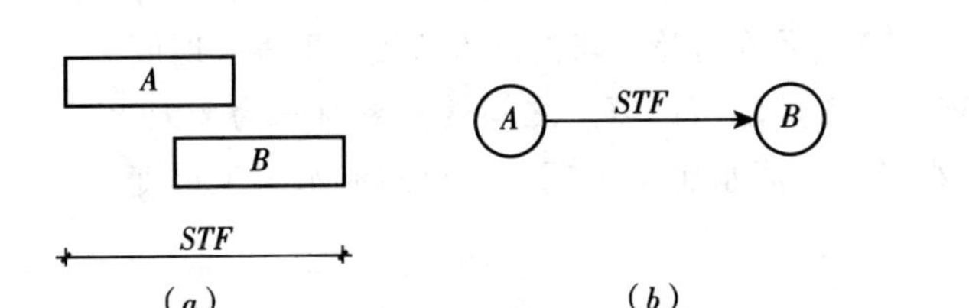

图2-17 *STF*型时间参数示意图
(a) 横道图；
(b) 单代号网络图

(4) 结束到结束的搭接关系

前面工作的结束时间到后面工作结束时间之间的时间间隔，用“*FTF*”表示。横道图和单代号网络图表示见图2-18。

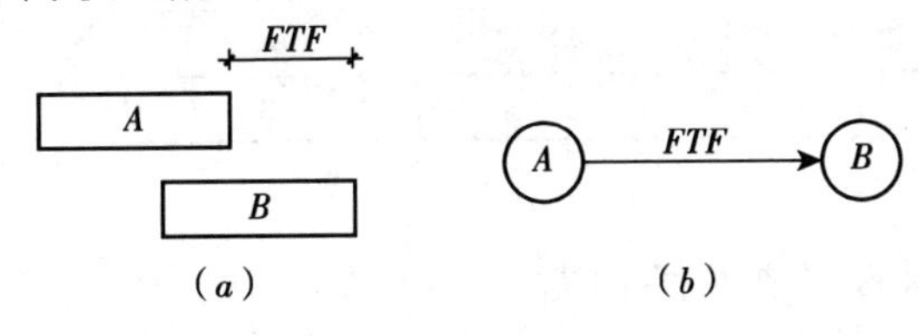

图2-18 *FTF*型时间参数示意图
(a) 横道图；
(b) 单代号网络图

2.2.6.2 搭接网络计划时间参数的计算

单代号搭接网络计划时间参数的计算与前述单代号网络计划和双代号网络计划时间参数的计算原理基本相同。一般按下列步骤进行。

(1) 计算工作的最早开始时间和最早完成时间；

工作最早开始时间和最早完成时间的计算应从网络计划的起点节点开始，顺着箭线方向依次进行。

(2) 计算相邻两项工作之间的时间间隔。

(3) 计算工作总时差。

(4) 计算工作自由时差。

(5) 计算工作最迟完成时间和最迟开始时间。

复习思考题

1. 工程项目组织施工的方式有哪些？各有何特点？

2. 流水施工的技术经济效果有哪些?

3. 流水施工参数包括哪些内容?

4. 流水施工的基本方式有哪些?

5. 固定节拍流水施工、加快的成倍节拍流水施工、非节奏流水施工各具哪些特点?

6. 当组织非节奏流水施工时，如何确定其流水步距?

7. 某公路工程需在某一路段修建4个结构形式与规模完全相同的涵洞，施工过程包括基础开挖、预制涵管、安装涵管和回填压实。如果合同规定，工期不超过50天，则组织固定节拍流水施工时，流水节拍和流水步距是多少?试绘制流水施工进度计划。

8. 某基础工程包括挖基槽、作垫层、砖基础和回填土4个施工过程，分为4个施工段组织流水施工，各施工过程在各施工段的流水节拍见下表（时间单位：天）。根据施工工艺要求，在砖基础与回填土之间的间歇时间为2天。试确定相邻施工过程之间的流水步距及流水施工工期，并绘制流水施工进度计划。

施工过程	施工段			
	①	②	③	④
挖基槽	2	2	3	3
作垫层	1	1	2	2
砌基础	3	3	4	4
回填土	1	1	2	2

9. 何谓网络图?何谓工作?工作和虚工作有何不同?

10. 简述网络图的绘制规则。

11. 何谓工作的总时差和自由时差?关键线路和关键工作的确定方法有哪些?

12. 双代号时标网络计划的特点有哪些?

13. 已知工作之间的逻辑关系如下列各表所示，试分别绘制双代号网络图和单代号网络图。

(1)

工作	A	B	C	D	E	G	H
紧前工作	C、D	E、H	—	—	—	D、H	—

(2)

工作	A	B	C	D	E	G
紧前工作	—	—	—	—	B、C、D	A、B、C

(3)

工作	*A*	*B*	*C*	*D*	*E*	*G*	*H*	*I*	*J*
紧前工作	*E*	*H*、*A*	*J*、*G*	*H*、*I*、*A*	—	*H*、*A*	—	—	*E*

14. 某网络计划的有关资料如下表所示，试绘制双代号网络计划，在图中标出各个节点的最早时间和最迟时间，并据此判定各项工作的6个主要时间参数。最后，用双箭线标明关键线路。

工作	*A*	*B*	*C*	*D*	*E*	*G*	*H*	*I*	*J*	*K*
持续时间	2	3	4	5	6	3	4	7	2	3
紧前工作	—	*A*	*A*	*A*	*B*	*C*、*D*	*D*	*B*	*E*、*H*、*G*	*G*

第3章　园林工程施工组织设计

本章主要介绍了施工组织设计的分类、内容、原则及编制程序，以及施工组织总设计和单位工程施工组织设计编制的内容与方法。重点阐述了施工组织总设计和单位工程施工组织设计的作用、编制依据、施工部署和施工方案的编制、施工进度计划和资源需要量计划的编制、单位工程施工平面图设计和技术经济指标等方面内容。

3.1 概述

园林工程施工组织设计是以贯彻国家规范标准，推广采用新工艺、新技术，制订切实可行的施工方案和技术组织措施，以尽量节约人力、物力、财力消耗，缩短工期，增加企业经济效益和社会效果为目的，指导施工全过程的技术经济文件。因此，在正式开工前编好施工组织设计，是园林工程施工管理中的重要工作。

3.1.1 编制施工组织设计的意义与作用

3.1.1.1 园林工程施工组织设计能科学地表达施工过程的空间、时间关系及各施工单位、各部门及各施工阶段之间的关系

园林工程项目产品及其生产，不同的建筑物或构筑物、植物种植的施工方法不同，就是相同的建筑物或构筑物、植物种植的施工方法也不尽相同，其地点不同，施工方法也不可能完全相同。因此，根本没有完全统一的、固定不变的施工方法可供选择，应该根据不同的施工项目，编制不同的施工组织设计。详细研究工程特点、地区环境和施工条件，在园林工程施工项目开工之前，通过施工组织设计科学地表达施工过程的空间布置和时间排列，组织物资供应和消耗，把施工中的各单位、各部门及各施工阶段之间的关系更好地协调起来。

3.1.1.2 编制好施工组织设计能保证施工阶段的顺利进行、实现预期的效果

一般工程建设分计划、设计和施工三个阶段。计划阶段是确定施工项目的性质、规模和建设期限；设计阶段是根据计划的内容编制实施建设项目的技术经济文件，把建设项目的内容、建设方法和使用后的效果具体化；施工阶段是根据计划和设计文件的规定制定实施方案，把人们主观设想变成客观现实，在施工阶段中的投资远高于决策和设计阶段投资的总和，是工程建设中最重要的一个阶段。因此，认真地编制好施工组织设计，为保证施工阶段的顺利进行、实现预期的效果，其意义非常重要。

3.1.1.3 施工组织设计与园林绿化企业的经营管理关系密切

(1) 园林绿化企业的施工计划与施工组织设计的关系

园林绿化企业的施工计划是根据国家或地区工程建设计划的要求，以及企业对园林绿化市场所进行科学预测和中标的结果，结合本企业的具体情况，制定出企业不同时期的施工计划和各项技术经济指标。而施工组织设计是按具体

的施工项目的开竣工时间编制的指导施工的文件。对于园林绿化施工企业来说，企业的施工计划与施工组织设计是一致的，并且施工组织设计是企业施工计划的基础。对于大型企业来说，当项目属于重点工程时，为了保证其按期交付使用，企业的施工计划要服从重点工程、有工期要求的工程和续建工程的施工组织设计要求，施工组织设计对企业的施工计划起决定和控制性的作用；当施工项目属于非重点工程时，尽管施工组织设计要服从企业的施工计划，但其施工组织设计本身对施工仍然起决定性的作用。由此可见施工组织设计与园林绿化企业的施工计划两者之间有着极为密切的，不可分割的关系。

（2）园林绿化企业的经营管理与施工组织设计的关系

园林绿化企业的经营管理主要体现在经营管理素质和经营管理水平两个方面。经营管理素质主要表现在竞争能力、应变能力、盈利能力、技术开发能力和扩大再生产能力等方面；经营管理水平是计划与决策、组织与指挥、控制与协调和教育与激励等职能。无论是企业经营管理素质和水平的提高，还是企业经营管理目标的实现，都必须通过施工组织管理和施工组织设计的编制、贯彻、检查和调整来实现。由此可见，施工组织设计对园林绿化企业的经营管理非常重要。

3.1.1.4　施工组织设计的作用是对施工项目的全过程实行科学管理的重要手段

通过施工组织设计的编制，可以预计施工过程中可能发生的各种情况，事先作好准备、预防，为园林绿化企业实施施工准备工作计划提供依据；把施工项目的设计与施工、技术与经济、前方与后方和企业的全部施工安排与具体的施工组织工作更紧密地结合起来；在施工项目的全过程管理中，从人力、物力和空间三个要素着手，全面考虑施工项目的各种具体施工条件，扬长避短，拟定合理的施工方案，确定施工顺序、施工方法、劳动组织和技术经济的组织措施，合理地统筹安排拟定施工进度计划，保证施工项目按期交付使用；可以提前掌握人力、材料和机具使用上的先后顺序，全面安排资源的供应与消耗；可以合理确定临时设施的数量、规模和用途，以及临时设施、材料和机具在施工场地上的布置方案。因此，施工组织设计的作用是对施工项目的全过程实行科学管理的重要手段。

根据实践经验，对于一个施工项目来说，如果施工组织设计编制得合理，能正确反映客观实际，符合建设单位和设计单位的要求，并且在施工过程中认真地贯彻执行，就可以保证工程项目施工的顺利进行，取得好、快、省和安全的效果，早日发挥建设投资的生态环境效益、经济效益和社会效益。

3.1.2　施工组织设计的分类

3.1.2.1　按设计阶段的不同分类

（1）设计按两个阶段进行时，施工组织设计分为施工组织总设计（扩大初步施工组织设计）和单位工程施工组织设计两种。

(2) 设计按三个阶段进行时，施工组织设计分为施工组织设计大纲（初步施工组织条件设计）、施工组织总设计和单位工程施工组织设计三种。

3.1.2.2 按编制时间不同分类

施工组织设计按编制时间不同可分为投标前编制的施工组织设计（简称标前设计）和签订工程承包合同后编制的施工组织设计（简称标后设计）两种。

3.1.2.3 按编制对象范围的不同分类

(1) 施工组织总设计

施工组织总设计是以一个园林绿化建设项目为编制对象，用以指导建设项目施工全过程的各项施工活动的技术、经济和组织的综合性文件。施工组织总设计一般在初步设计或扩大初步设计被批准之后，由总承包企业的总工程师领导下进行编制。

(2) 单位工程施工组织设计

单位工程施工组织设计是以一个单位工程（一个建筑物或构筑物，一个交工系统）为编制对象，用以指导其施工全过程的各项施工活动的技术、经济和组织的综合性文件。单位工程施工组织设计一般在施工图设计完成后，在施工项目开工之前，由项目经理组织，在技术负责人领导下进行编制。

(3) 分部分项工程施工组织设计

分部分项工程施工组织设计是以分部分项工程为编制对象，用以具体实施其施工全过程的各项施工活动的技术、经济和组织的综合性文件。分部分项工程施工组织设计一般是同单位工程施工组织设计的编制同时进行，并由单位工程的技术人员负责编制。

施工组织总设计、单位工程施工组织设计和分部分项工程施工组织设计之间有以下关系：施工组织总设计是对整个建设项目的全局性战略部署，其内容和范围较为概括；单位工程施工组织设计是在施工组织总设计的控制下，以施工组织总设计和企业施工计划为依据编制的，针对具体的单位工程，把施工组织总设计的内容具体化；分部分项工程施工组织设计是以施工组织总设计、单位工程施工组织设计和企业施工计划为依据编制的，针对具体的分部分项工程，把单位工程施工组织设计进一步具体化，它是专业工程具体的组织施工的设计。

3.1.2.4 按编制内容的繁简程度不同分类

(1) 完整的施工组织设计

对于工程规模大、结构复杂、技术要求高，采用新结构、新技术、新材料和新工艺的施工项目，必须编制内容详尽的完整的施工组织设计。

(2) 简单的施工组织设计

对于工程规模小、结构简单、技术要求和工艺方法不复杂的施工项目，可以编制一个仅包括施工方案、施工进度计划和施工平面布置图等内容的粗略、简单的施工组织设计。

3.1.2.5　按使用时间长短不同分类

施工组织设计按使用时间长短不同分为长期施工组织设计、年度施工组织设计和季度施工组织设计等三种。

3.1.3　园林工程施工组织设计的内容

园林施工组织设计一般是由园林工程项目的范围、性质、特点及施工条件、景观艺术、建筑艺术的需要来确定的。尽管在编制过程中有深度上的不同，内容上也有所差异，但施工组织设计都应包括工程概况、施工方案、施工进度计划和施工现场平面布置等。

3.1.3.1　工程概况

工程概况是对拟建工程的基本性描述，通过对工程的简要说明了解工程的基本情况，明确任务量、难易程度、质量要求等，便于合理制定施工方法、施工措施、施工进度计划和施工现场布置图。工程概况内容包括以下几方面：

（1）说明工程的性质、规模、服务对象、建设地点、建设工期、承包方式、投资额及投资方式。

（2）施工和设计单位名称、上级要求、图纸状况、施工现场的工程地质、土壤、水文、地貌、气象等因子。

（3）园林景观、园林建筑数量及结构特征。

（4）特殊施工措施以及施工力量和施工条件。

（5）材料的来源与供应情况、“四通一平”条件、运输能力和运输条件。

（6）机具设备供应、临时设施解决方法、劳动力组织及技术协作水平等。

3.1.3.2　施工方案

施工方案是简化的施工组织设计，主要以中、小型的单一专业工程或分部工程为对象而编制的。是对单一专业工程和分部工程的施工进行安排部署，主要由施工方法和施工措施组成，指导单一工程和分部工程施工的技术经济文件。施工方案通常由施工的基层单位编制。编制时，应根据工程特点、规模大小，在内容上可扩大或简化。施工方案优选是施工组织设计的重要环节之一。

（1）拟定施工方法的原则

施工方案的编制原则，以“安排与实施”为主。在拟定施工方法时，应坚持以下基本原则：

1）内容要重点突出，简明扼要，做到施工方法在技术上先进，在经济上合理，在生产上实用有效。

2）要特别注意结合施工单位的现有技术力量，施工习惯，劳动组织特点等。

3）必须依据园林工程工作面大的特点，制定出灵活易操作的施工方法，充分发挥机械作业的多样性和先进性。

4）对关键工程的重要工序或分项工程（如基础工程），比较先进的复杂技术，特殊结构工程（如园林古建）及专业性强的工程（如自控喷泉安装）

等均应制定详细、具体的施工方法。

（2）施工措施的拟定

在确定施工方法时不仅要拟定分项工程的操作过程、方法和施工注意事项，而且还要提出质量要求及其应采取的技术措施。这些技术措施主要包括：施工技术规范、操作规程的施工注意事项、质量控制指标及相关检查标准；季节性施工措施；降低施工成本措施；施工安全措施及消防措施等。同时应预料可能出现的问题及应采取的防范措施。

例如卵石路面铺地工程，应说明土方工程的施工方法，路基夯实方式及要求，卵石镶嵌方法（干栽法或湿栽法）及操作要求，卵石表面的清洗方法和要求等。驳岸施工中则要制定出土方开槽、砌筑、排水孔、变形缝等施工方法和技术措施。

（3）施工方案技术经济分析

由于园林工程的复杂性和多样性，每项分工程或某一施工工序可能有几种施工方法，产生多种施工方案。为了选择一个合理的施工方案，提高施工经济效益，降低成本，提高施工质量，在选择施工方案时，进行施工方案的技术经济分析是十分必要的。

施工方案的技术经济分析方法有定性分析和定量分析两种。前者是结合经验进行一般的优缺点比较，例如是否符合工期要求；是否满足成本低，经济效益高的要求；是否切合实际，操作性是否强；是否达到一定的先进技术水平；材料、设备是否满足要求；是否有利于保证工程质量和施工安全等。定量的技术经济分析是通过计算出劳动力、材料消耗、工期长短及成本费用等诸多经济指标后再比较，从而得出好的施工方案。在比较分析时应坚持实事求是的原则，力求数据确凿，不得变相润色后再进行比较。

3.1.3.3　施工计划

园林工程施工计划涉及的项目较多，内容庞杂，制订科学合理的施工计划的关键是施工进度计划。工程施工进度计划应依据总工期、施工预算、预算定额（如劳动定额，单位估价）以及各分项工程的具体施工方案、施工单位现有技术装备等进行编制。

（1）施工进度计划编制的步骤

1）工程项目分类及确定工程量；

2）计算劳动量和机械台班数；

3）确定工期；

4）解决工程间的相互搭接问题；

5）编制施工进度；

6）按施工进度提出劳动力、材料及机具的需要计划。

（2）施工进度计划的编制

1）工程项目分类。将工程按施工顺序列出，园林工程的分部工程项目常趋于简单，通常分为：土方、基础工程、砌筑工程、混凝土及钢筋混凝土工程、地面工程、抹灰工程、园林路灯工程、假山及塑山工程、水景工程、园路及园桥工程、园林小品工程、给水排水工程及管线工程、垂直绿化工程、屋顶绿化工程、室内绿化装饰工程等。分类时视实际情况需要而定，宜简则简，但不得疏漏，着重于关键工序。

2）计算工程量，按施工图和工程计算方法逐项计算求得，应注意工程量单位的一致。

3）计算劳动量和机械台班量。

4）确定工期（即工作日）。

5）编制进度计划。编制施工进度计划应分清主次，抓住关键工序，使各施工段紧密搭接并考虑缩短工程总工期。为此，首先分析消耗劳动力和工时最多的工序，其次做到作业的连续性、均衡性、衔接性。编好进度计划初稿后应认真检查调整，看看是否满足总工期，接搭是否合理，劳动力、机械及材料能否满足要求。如计划需要调整时，可通过改变工程工期或各工序开始和结束的时间等方法调整。

6）落实劳动力、材料、机具的需要量计划。施工计划编制后即可落实劳动资源的配置，组织劳动力，调配各种材料和机具并确定劳动力、材料、机械进场时间。

3.1.3.4 施工现场平面布置图

施工现场平面布置图是用以指导工程现场施工的平面图，它主要解决施工现场的合理工作问题。施工现场平面图的设计主要依据工程施工图、本工程施工方案和施工进度计划。布置图比例一般采用1:500～1:200。

（1）施工现场平面布置图的内容

1）工程临时范围和相邻的部位；

2）建造临时性建筑的位置、范围；

3）各种已有的确定建筑物和地下管道；

4）施工道路、进出口位置；

5）测量基线、监测监控点；

6）材料、设备和机具堆放场地、机械安置点；

7）供水供电线路、加压泵房和临时排水设备；

8）一切安全和消防设施的位置等。

（2）施工现场平面布置图设计的原则

1）在满足现场施工的前提下应布置紧凑，使平面空间合理有序，尽量减少临时用地。

2）在保证顺利施工的条件下，节约资金，减少施工成本，尽可能减少临时设施和临时管线。要有效利用工地周边可利用的原有建筑物作临时用房；供水供电等系统管网应最短；临时道路土方量不宜过大，路面铺装应简单，合理布置进出口；为了便于施工管理和日常生产，新建临时房应视现场情况多作周边式布置，且不得影响正常施工。

3）最大限度减少现场运输，尤其避免场内多次搬运。避免场内多次搬运的方法是将道路做环形设计，合理安排工序、机械安装位置及材料堆放地点；选择适宜的运输方式和运距；按施工进度组织生产材料等。

4）要符合劳动保护、技术安全和消防的要求。场内的各种设施不得有碍于现场施工，各种易燃物品和危险品存放应满足消防安全要求，严格管理制度，配置足够的消防设备并制作明显识别的标记。某些特殊地段，如易塌方的陡坡要有标注并提出防范意见和措施。

（3）现场施工布置图设计方法

一个合理的现场施工布置图有利于现场顺利均衡地施工。其布置不仅要遵循上述基本原则，同时还要采取有效的设计方法，按照适当的步骤才能设计出切合实际的施工平面图。

1）现场踏察，认真分析施工图、施工进度和施工方法。

2）布置道路出入口，临时道路采用设计图中的主环道。

3）选择大型机械安装点、材料堆放等。园林工程山石吊装与大树移植需要起重机械，应据置石和大树栽植位置作好停靠地点选择。各种材料应就近堆放，以利于运输和使用。混凝土配料，如砂石、水泥等应靠近搅拌站。植物材料可直接按计划送到种植点；需假植时，就地、就近假植，以减少搬运次数，提高成活率。

4）设置施工管理和生活临时用房。施工业务管理用房应靠近施工现场，并注意考虑全天候管理的需要；生活临时用房可利用原有建筑，如需新建，应与施工现场明显分开，园林工程中可沿工地周边布置，以减少对景观的影响。

5）供水供电管网布置。施工现场的给水排水是施工的重要保障。给水应满足正常施工、生活和消防需要，合理确定管网。如自来水无法满足工程需要时，则要布置泵房抽水。管网宜沿路埋设。施工场地应修筑排水沟或利用原有地形满足工程需要，雨期施工时还要考虑洪水的排除问题。现场供电一般由当地电网接入，应设临时配电箱，保证动力设备所需容量。供电线路必须架设牢固、安全，不影响交通运输和正常施工。

实际工作中，可制订几个现场平面布置方案，经过分析比较，最后选择布置合理、技术可行、方便施工、经济安全的方案。

3.1.4 施工组织设计的原则

根据我国建筑业和园林绿化行业多年积累的经验，在编制园林工程施工组织设计时应遵循以下几项原则：

（1）严格执行工程建设程序和施工程序，按国家建设计划或施工合同要求，结合施工条件、确保重点，分期分批施工。使建设项目尽量按期或提前交付使用，以便早日发挥工程效益和建设项目的投资效果。

（2）施工单位、建设单位、设计单位应密切配合，搞好调查研究工作，充分掌握编制施工组织设计的依据和资料。

(3) 分析工艺特点，合理安排施工顺序。在保证工程质量，连续、均衡施工的条件下，采用平行交叉流水施工法，充分发挥人力、物力作用，缩短工期，加快施工进度。

(4) 在园林工程施工过程中努力提高施工机械化和预制装配化程度，充分利用机械化设备，减轻劳动强度，提高劳动生产率。

(5) 搞好土建、安装以及绿化种植工程配合关系，安排好冬期、雨期施工项目，确保全年连续施工，降低冬期、雨期施工费用。

(6) 坚持质量第一，重视安全施工，贯彻施工技术规范、操作规程，制订保证施工质量和安全生产的必要措施。

(7) 贯彻勤俭节约原则，因地制宜，就地取材，制定革新改造、挖潜措施，节约基建投资、降低工程造价。

(8) 施工期间的临时用房，尽量利用永久性或原有建筑物，减少临时设施，合理规划施工平面图，节约施工用地，做到现场文明施工。

施工组织设计，经审查后形成正式文件。在施工准备和组织施工过程中，参与施工的单位，必须按施工组织设计规定的内容与要求进行。如果施工条件发生变化与施工技术方案出入较大时，应及时修改或补充施工技术方案，并经原审批单位核实批准后，按修改后的施工技术方案进行施工。

在贯彻执行施工组织设计过程中，各级施工技术负责人，要随时检查和监督各项工作的落实情况。发现问题，应及时解决。对不执行施工组织设计者，应批评教育，对造成事故者，应追究责任。

3.1.5 施工组织设计的编制程序

3.1.5.1 施工组织设计的编制

(1) 当施工项目中标后，施工单位必须编制施工组织设计。施工项目实行总包和分包的，由总包单位负责编制施工组织设计或者分阶段施工组织设计。分包单位在总包单位的总体部署下，负责编制分包工程的施工组织设计。施工组织设计应根据合同工期及有关的规定进行编制，并且要广泛征求各协作施工单位的意见。

(2) 对结构复杂、施工难度大以及采用新工艺和新技术的施工项目，要进行专业性的研究，必要时组织专门会议，邀请有经验的专业工程技术人员参加，集中群众智慧，为施工组织设计的编制和实施打下坚定的群众基础。

(3) 在施工组织设计编制过程中，要充分发挥各职能部门的作用，吸收他们参加编制和审定；充分利用施工企业的技术素质和管理素质，统筹安排、扬长避短，发挥企业的优势，合理地进行工序交叉配合的程序设计。

(4) 当比较完整的施工组织设计方案提出之后，要组织参加编制的人员及单位进行讨论，逐项逐条地研究，修改后确定，最终形成正式文件，送主管部门审批。

3.1.5.2 编制施工组织设计的程序

在编制施工组织设计时，除了要采用正确合理的编制方法外，还要采用科学的编制程序，同时必须注意有关信息的反馈。施工组织设计的编制过程是由粗到细，反复协调进行的，最终达到优化施工组织设计的目的。

3.2 施工组织总设计的编制

施工组织总设计是以建设项目为对象，根据批准的初步设计或扩大初步设计图纸和有关文件资料编制的，用以指导施工单位进行全场性的施工准备和有计划地运用各种物资资源，安排工程综合施工活动的技术经济文件。施工组织总设计的主要内容包括工程概况、施工部署和主要园林景观施工方案、施工总进度计划、资源需要量计划、施工总平面图、技术经济指标等。

3.2.1 施工组织总设计的作用和编制依据

3.2.1.1 施工组织总设计的作用

(1) 为施工企业编制施工计划和单位工程施工组织设计提供依据。

(2) 为组织劳动力、技术和物资资源提供依据。

(3) 对整个建设项目的施工作出全面的安排部署。

(4) 为施工准备工作提供条件。

(5) 为建设单位主管机关或施工单位主管机关编制基本建设计划提供依据。

(6) 为施工企业实现企业科学管理、保证最优完成施工任务提供条件。

3.2.1.2 编制施工组织总设计的依据

编制施工组织总设计的依据需要下列资料。

(1) 初步设计或扩大初步设计，设计说明书，可行性研究报告。

(2) 国家或上级的指示和工程合同等文件，如要求交付使用的期限，推广新结构、新技术以及有关的先进技术经济指标等。

(3) 有关定额和指标，如概算指标、扩大结构定额、万元指标或类似园林绿地所需消耗的劳动力、材料和工期等指标。

(4) 施工中可能配备的人力、机具装备，以及施工准备工作中所取得的有关建设地区的自然条件和技术经济条件等资料，如有关气象、地质、水文、资源供应、运输能力等。

(5) 有关规范、建设政策法令、类似工程项目建设的经验资料。

3.2.2 施工组织总设计的内容

3.2.2.1 工程概况

工程概况是对建设项目的总说明、总分析，是对拟建建设项目所作的一个简单扼要、突出重点的文字介绍。包括下列内容：

（1）建设项目内容：包括工程项目、工程性质、建设地点、建设规模、总期限、分期分批投入使用的工程项目和工期、总占地面积、建筑面积、主要工种工程量；设备安装及其吨数；总投资、建筑安装工作量、园林绿化种植工作量；园林建筑结构类型、新技术的复杂程度等。

（2）建设地区特征：包括建设地区的自然条件和技术经济条件。如气象、水文、地质情况；能为该建设项目服务的施工单位、人力、机具、设备情况；工程的材料来源、供应情况；建筑构件的生产能力、交通情况，及当地能提供给工程施工用的人力、水、电、建筑物情况。

（3）施工条件：施工项目对施工企业的要求，选定施工企业时，对其施工能力、技术装备水平、管理水平、主要材料、特殊物资供应情况、市场竞争能力和各项技术经济指标的完成情况等进行分析。

3.2.2.2 施工部署和施工方案的编制

施工部署是对整个建设项目的施工全局作出统筹规划和全局安排。主要解决影响建设项目全局的重大战略问题。施工部署和施工方案是施工组织设计的核心，直接影响建设项目的进度、质量和成本三大目标的顺利实现。一般应考虑的主要内容有工程开展程序的确定、主要施工方案的拟订、施工任务的划分与组织安排。

（1）确定工程开展程序

1）在保证工期的前提下，实行分期分批施工。实行分期分批建设，应统筹安排各类项目施工，保证重点，在全局上实现施工的连续性和均衡性，降低工程成本，确保工程项目尽早投入使用，发挥投资效益。

2）要考虑季节对施工的影响。如大规模土方工程施工最好避开雨季。

3）在安排施工程序时应注意使已完工程的使用与在建工程的施工互不妨碍。如安排住宅区绿化的施工程序时，考虑住房、幼儿园、学校、商店和其他生活、公共设施的建设，已入住居民的住宅区绿化，要保证居民的正常生活。

4）规划好为全工地施工服务的工程项目，有利于顺利完成园林绿化施工任务。要规划好施工现场的水、电、道路和场地平整的施工；在尽量利用当地条件和永久性建筑物为施工服务的情况下，合理安排施工和生活用的临时建筑物的建设；科学地规划预制构件场地和苗木场地的数量和规模。

5）在安排工程顺序时，应按先地下后地上、先深后浅、先干线后支线的原则进行安排。如地下管线与筑路工程的开展程序，应先铺管线后修筑道路。

（2）施工方案的拟订

施工方案主要包括施工方法、施工顺序、机械设备选用和技术组织措施等内容。在施工组织总设计中的施工方案的拟订与其要求的内容和深度只需原则性地提出方案性的问题，如采用何种施工方法；大树移植、构件吊装采用何种机械等。

对施工方法的确定要兼顾工艺技术的先进性和经济上的合理性；对施工机械的选择，应使主导机械的性能既能满足工程的需要，又能发挥其效能，在各个工程上能够实现综合流水作业，减少其拆、装、运的次数；对于辅助配套机械，其性能应与主导施工机械相适应，以充分发挥主导施工机械的工作效率。

（3）施工任务的划分与组织安排

实现建设顺序的规划，必须明确划分参与这个建设项目的各施工单位和职能部门的任务，确定综合和专业化组织的相互配合；划分施工阶段，明确各单位分期分批的主攻项目和穿插项目，作出施工组织的决定。

3.2.2.3　施工总进度计划

施工总进度计划是根据建设项目的综合计划要求和施工条件，以拟建工程的交付使用时间为目标，按照合理的施工顺序和日程安排的工程施工计划。施工进度计划是施工组织设计中的主要内容，也是现场施工管理的中心内容。如果施工进度计划编制得不合理，将导致人力、物力运用的不均衡，延误工期，甚至还会影响工程质量和施工安全。因此，正确的编制施工总进度计划是保证各项工程以及整个建设项目按期交付使用、充分发挥投资效果、降低建筑工程成本的重要条件。

施工总进度计划的编制是根据施工部署对各项工程的施工作出时间上的安排。施工总进度计划的作用在于确定各单位工程、准备工程和全工地性工程的施工期限及其开竣工日期；确定各项工程施工的衔接关系。从而确定建设工地上的劳动力、材料、物资的需要量和调配情况；仓库和堆场的面积；供水、供电和其他动力的数量等。根据合理安排施工顺序，保证劳动力、物资、资金消耗量最少的情况下，并且采用合理施工组织方法，使建设项目施工连续、均衡，保证按期完成施工任务。施工总进度计划的编制步骤如下。

（1）计算各单位工程以及全工地性工程的工程量

按初步设计（或扩大初步设计）图纸并根据定额手册或有关资料计算工程量。并将计算出的工程量填入统一的工程量汇总表中。

（2）确定各单位工程的施工期限

各施工单位的机械化程度、施工技术和施工管理的水平、劳动力和材料供应情况等有很大差别。因此，应根据各施工单位的具体条件，考虑绿地的类型和特征、土壤条件、面积大小和现场环境等因素加以确定。

此外，也可参考有关的工期定额来确定各单位工程的施工期限。工期定额是根据我国有关部门多年来的建设经验，在调查统计的基础上，经分析对比后制定的，是签订承发包合同和确定工期目标的依据。

（3）确定各单位工程的开、竣工时间和相互衔接关系

一般施工部署中已确定了总的施工程序、各生产系统的控制期限与搭接时间，但对每一单位工程具体在何时开工、何时完工，尚未具体确定。安排各单位工程的开竣工时间和衔接关系时，应考虑下列因素：

1）根据施工总体方案的要求分期分批安排施工项目，保证重点，兼顾一般。在安排进度时，要分清主次，抓住重点，同一时期开工的项目不宜过多，以免分散有限的人力、物力。

2）避免施工出现突出的高峰和低谷，力求做到连续、均衡的施工要求。

安排进度时，应考虑在工程项目之间组织大流水施工，使各工种施工人员、施工机械在全工地内连续施工，同时使劳动力、施工机具和物资消耗量在全工地上达到均衡，以利于劳动力的调度和原材料供应。另外，宜确定适量的调剂工程项目，穿插在主要项目的流水中，以便在保证重点工程项目的前提下更好地实现均衡施工。

3）在确定各工程项目的施工顺序时，全面考虑各种条件限制。如施工企业的施工力量，各种原材料、构件、设备的到货情况，设计单位提供图纸的时间，各年度建设投资数量等。充分估计这些情况，以使每个施工项目的施工准备、土建施工、种植工程的时间能合理衔接。同时，由于园林绿化工程施工受季节、环境影响较大，因此经常会对某些项目的施工时间提出具体要求，从而对施工的时间和顺序安排产生影响。

（4）编制施工总进度计划

施工总进度计划的主要作用是控制各单位工程工期的范围，因此，计划不宜划分得过细。首先根据各施工项目的工期与搭接时间，编制初步进度计划；其次按照流水施工与综合平衡的要求，调整进度计划；最后绘制施工总进度计划（表3-1）。

施工总进度计划 **表3-1**

序号	工程名称	建筑指标		设备安装指标	工程造价	施工天数	进度计划							
		单位	数量				第一年（季）				第二年（季）			

3.2.2.4 资源需要量计划

以编制好的施工总进度计划为依据编制各种资源需要量计划。

（1）劳动力需要量计划

劳动力需要量计划是规划临时设施和组织劳动力进场的基本依据。按照总进度计划确定的各项工程主要工种工程量，先查概（预）算定额或有关资料求出各项工程主要工种的劳动力需要量，再将各项工程所需的主要工种的劳动力汇总，即可得出整个园林绿化工程劳动力需要量计划，见表3-2。

劳动力需要量计划 **表3-2**

序号	工程名称	施工高峰需要人数	××年				××年				现有人数	多余（+）不足（-）
			一季	二季	三季	四季	一季	二季	三季	四季		

注：1. 工种名称除生产工人外，应包括附属辅助用工（如机修、运输、构件加工、材料保管等）以及服务和管理用工。

2. 表下应附以分季度的劳动力动态曲线（纵轴表示人数，横轴表示时间）。

（2）植物、主要建筑材料及构件、半成品需要量计划

根据各工种工程量汇总表所列各单位工程的工程量，查万元定额或概算指标等有关资料，便可得出各单位工程所需的植物、建筑材料、半成品和构件的需要量。然后再根据总进度计划表，大致估计出这些材料在某季度内的需要量，从而编制出植物、建筑材料、半成品和构件的需要量计划。表3-3所示为建设项目土建工程所需构件、半成品及主要建筑材料汇总，有了各种物资需要量计划，材料部门及有关加工厂便可据此准备所需的建筑材料、半成品和构件，并及时组织供应。

主要材料需要量计划 **表3-3**

材料名称 / 工程名称	主要材料																
单位																	

（3）主要机具需要量计划

主要施工机械需要量可按照施工部署和施工方案的要求，根据工程量和机械产量定额计算得出。至于辅助机械，可根据万元定额或概算指标求得。施工机具、需要量计划除为组织机械供应需要外，还可作为施工用电量、选择变压器容量等的计算依据。表3-4所示为施工机具需要量汇总。

主要机具需要量计划 **表3-4**

序号	机具设备名称	规格型号	电机功率	数量				购置价值（万元）	使用时间	备注
				单位	需用	现有	不足			

3.2.2.5　临时设施工程

在工程开工之前，对施工现场各种生产条件的组织和筹划是施工组织设计的基本任务，其涉及面非常广泛，需要解决的问题也是十分复杂的。主要有办公及福利设施组织、工地仓库组织、工地供水组织和工地供电组织。

（1）办公及生活临时设施的组织

办公及生活临时设施的组织尽量利用建设单位的生活基地和施工现场及其附近已有的建筑物，或提前修建可以利用的其他永久性建筑物为施工服务。对不足的部分再考虑修建一些临时建筑物。临时建筑物要按节约、适用、装拆方便的原则进行设计与建造。

1）工程建设期间，必须为施工人员修建一定数量供行政管理与生活福利

用的临时建筑。这类建筑有以下几种：

①行政管理和辅助生产用房。其中包括办公室、传达室、消防站、汽车库以及修理车间等。

②居住用房。其中包括职工宿舍、招待所等。

2）对行政管理与生活福利用临时建筑物的组织工作，一般有以下几个方面的内容：

①计算施工期间使用这些临时建筑物的人数。

②确定临时建筑物的修建项目及其建筑面积。

③选择临时建筑物的结构类型。

④临时建筑物位置的布置。

（2）工地仓库的面积

园林绿化工程工地仓库都是储备建筑材料的仓库。确定仓库面积时，必须将有效面积和辅助面积同时加以考虑。有效面积是材料本身占有的净面积，它是根据每平方米仓库面积的存放定额来决定的。辅助面积是考虑仓库中的走道以及装卸作业所必需的面积。同时，应结合具体情况确定最经济的仓库面积。

1）确定建筑材料储备量。应结合具体情况确定适当的材料储备量。使仓库中材料储备的数量，既保证工程连续施工需要，又避免储备量过大，造成材料积压，而使仓库面积扩大，投资增加。因此，一般对于施工场地狭小、运输方便的工地可少储存一些；对于加工周期长、运输不便、受季节影响的材料可多储存些。

2）仓库面积的确定。确定某一种建筑材料的仓库面积，与该种建筑材料需储备的天数、材料的需要量以及仓库每平方米能储存的定额等因素有关。而储备天数又与材料的供应情况、运输能力以及气候等条件有关。

（3）工地临时供水组织

工地供水组织一般包括，计算整个工地及各个地段的用水量；选择供水水源；选择临时供水系统的配置方案；设计临时供水管网；设计各种供水构筑物和机械设备。

为了满足工地在生产上、生活上及消防上的用水需要，工地内应设置临时供水系统。为了减少临时供水设施消耗较多的投资，在考虑工地供水系统时，必须充分利用永久性供水设施为施工服务。如永久性供水设施不能满足工地要求时，才设置临时供水设施。

（4）工地供电业务组织

工地临时供电组织包括计算用电总量、选择电源、确定变压器、确定导线截面面积并布置配电线路。

3.2.2.6 施工总平面图

施工总平面图是园林绿化施工场地总布置图，是施工部署在空间上的反映，主要解决绿化工程施工所需各项设施和建成后的园林景观相互间的合理布局。

施工总平面图的范围除包括建设项目所占有的地段外，还应包括施工时所必须使用的工地附近的某些地区。施工总平面图是将已建的和拟建的永久性景观建筑和构筑物，以及施工时所需设置的仓库、生活福利与行政管理用临时建筑物、临时给水排水系统、电力网、通信网、临时运输道路等在平面图上进行规划和布置。

对大的园林绿化建设项目，其建设工期往往很长，随着工程的进展，工地的面貌将不断地发生变化。这时，应根据工地的变化情况，及时对施工总平面图进行调整和修整，以便符合不同时期的要求。

（1）设计施工总平面图时应注意的基本原则

1）在保证施工顺利进行的前提下，尽量不占、少占或缓占土地。

2）在满足施工要求的条件下，最大限度地降低工地的运输费，材料和半成品等仓库尽量靠近使用地点，保证运输方便，减少二次搬运。

3）尽量降低临时工程的修建费用。为此，要充分利用各种永久性建筑物为施工服务。对需要拆除的原有建筑物也应酌情加以利用，暂缓拆除。此外，要注意尽量缩短各种临时管线的长度。

4）要满足防火与技术安全的要求。合理布置各种临时设施，设置必要的消防设施。

5）要便于工人生产与生活，临时设施布置要不影响正式工程的施工，使工人在工地的往返时间短，要正确合理地布置生活福利方面的临时设施。

6）图幅大小和绘图比例应根据工地大小及布置内容来确定。图幅一般可选用1~2号图纸，比例一般采用1:1000或1:2000。

（2）施工总平面图的设计资料

施工总平面图的设计资料包括下列内容：

1）位置图、区域规划图、地形图、测量报告、总平面图、竖向布置图及场地主要地下设施布置图等。

2）施工总进度计划、建设总工期、工程分期情况与要求。

3）施工部署和主要景观建筑、植物种植施工方案。

4）大宗材料、半成品、构件和设备的供应计划及其现场储备周期，材料、半成品、构件和设备的供货与运输方式。

5）各类临时设施的项目、数量和外廓尺寸等。

3.3 单位工程施工组织设计的编制

单位工程施工组织设计，是指导单位工程现场施工活动的技术经济文件。目前，我国的单位工程施工设计制度正在不断完善，在工程招标阶段，承包商根据原始资料，结合实际情况精心编制施工设计大纲，根据工程的具体特点、建设要求、施工条件和企业的管理水平，拟订初步设计方案、施工进度计划、施工平面图，以及技术物资的供应、技术、安全质量等措施。确定分部工程间的科学合理的搭接与配合关系，从而达到工期短、质量好、成本低的目标。

3.3.1 单位工程施工组织设计的编制依据

编制单位工程施工组织设计的主要依据如下。

(1) 工程合同对该工程项目的要求。主要是开、竣工日期，建设单位对工期和工程使用要求。

(2) 设计文件。主要是该工程的全部施工图纸及各种有关的标准图。

(3) 施工组织总设计。主要是对该工程的施工规划和有关规定及要求，年度施工计划安排及完成的各项指标。

(4) 施工现场条件。主要是现场地形、障碍物的拆除、水电供应和道路交通运输情况。

(5) 建设单位提供条件。主要是施工时所需占用的场地，水、电的来源及供应，临时房屋等情况。

(6) 施工单位具备条件。施工单位对本工程可提供的条件如劳动力、主要施工机械设备、各专业工人数以及年度计划。

(7) 国家和地区的有关规程、规范、规定。主要是施工验收规范、工程质量与安全要求及各种有关的技术定额。

(8) 有关新技术成果和类似工程的经验资料等。

3.3.2 单位工程施工组织设计的编制方法

单位工程施工组织设计的内容为：工程概况，施工技术方案，施工进度计划，劳动力及其他物资需用量计划，施工准备工作计划，施工技术组织措施，施工平面图，主要技术经济指标等。其编制方法、要点如下。

3.3.2.1 工程概况

对工程内容应进行分析，找出施工中的关键问题，为做好施工准备、物资供应工作和选择施工技术方案创造条件。

(1) 工程概述

主要说明工程名称、地点，建设单位、设计单位、施工单位名称；工程规模或投资额；施工日期；合同内容等。

(2) 工程特点

阐述工程的性质；主要建筑物、假山、水池和施工工艺要求，特别是对采用新材料、新工艺或施工技术要求高、难度大的项目应突出说明。

(3) 工程地区特征

说明工程地点的位置、地形和主导风向、风力；地下水位、水质及气温；雨季时间、冰冻期时间与冻结层深度等有关资料。

(4) 施工条件

说明施工现场供水供电、道路交通、场地平整和障碍物迁移情况；主要材料、设备的供应情况；施工单位的劳动力、机械设备情况和施工技术、管理水平，现场临时设施的解决方法等。

3.3.2.2 施工技术方案的编制

确定施工技术方案是单位工程施工组织设计的核心。施工技术方案的主要内容：施工流向、施工顺序、流水段划分、施工方法和施工机械选择等。

(1) 确定施工流向

确定施工流向（流水方向），主要解决施工项目在平面上、空间上的施工顺序、施工过程的开展和进程问题，是指导现场如何进行的主要环节。确定单位工程施工流向时，主要考虑下面几个问题：

1）根据建设单位的要求，对使用上要求急的工程项目，应先安排施工。

2）根据分部分项工程施工的繁简程度，对技术复杂或施工进度慢、工期长的工程项目，应先安排施工。

3）满足选用的施工方法、施工机械和施工技术的要求。

4）施工流水在平面或空间开展时，要符合工程质量与安全的要求。

5）确定的施工流向不能与材料、构件的运输方向发生冲突。

(2) 确定施工顺序

施工顺序是指单位工程中，各分项工程或工序之间进行施工的先后次序。它主要解决工序间在时间上的搭接问题，以充分利用空间、争取时间、缩短工期为主要目的。单位工程的施工顺序如下。

1）先地下，后地上。地下埋设的管道、电缆等工程应首先完成，以免影响地上工程施工。

2）先主体，后围护，先土建，后安装与种植。如土建的主体施工后，水暖电才正式施工，最后装饰施工。

3）应尽量采用交叉作业施工顺序，当土建施工为设备安装创造必要条件时，设备安装应与土建同时交叉施工。

分部、分项工程施工顺序应满足以下要求：

第一，符合各施工过程间存在的一定的工艺顺序关系。在确定施工顺序时，使施工顺序满足工艺要求。

第二，符合施工方法和所用施工机械的要求。确定的施工顺序必须与采用的施工方法、选择的施工机械一致，充分利用机械效率提高施工速度。

第三，符合施工组织的要求。当施工顺序有几种方案时，应从施工组织上进行分析、比较，选出便于组织施工和开展工作的方案。

第四，符合施工质量、安全技术的要求。在确定施工顺序时，以确保工程质量、施工安全为主。当影响工程质量安全时，应重新安排施工顺序或采取必要技术措施，保证工程顺利进行。

(3) 流水段的划分

流水施工段的划分，必须满足施工顺序、施工方法和流水施工条件的要求。

(4) 选择施工方法与施工机械

选择正确的施工方法、合理选用施工机械，能加快施工速度，提高工程质量，保证施工安全，降低工程成本。因此，拟定施工方法、选择施工机械是施工技术方案中应解决的主要问题。

1) 施工方法与机械选择应根据施工内容、条件综合确定。每个施工过程总有不同的施工方法和使用机械，而每种施工方法、施工机械都有各自的优缺点。施工方法、施工机械选择的基本要求是，符合施工组织总设计的规划要求；技术上可行、经济上合理；符合工期、质量与安全的要求。

2) 施工方法的选择。施工方法是根据工程类别特点，对分部、分项工程施工而提出的操作要求。对技术上复杂或采用新技术、新工艺的工程项目，多采用限定的施工方法，所以提出的操作方法及施工要点应详细。而对常见的工程项目，由于采用常规施工方法，所以提出的操作方法及施工要点可简化。

3) 施工机械的选择。施工机械是根据工程类别、工期要求、现场施工条件、施工单位技术水平等，以主导工程项目为主进行选择。如大型土方工程或直埋管路挖管沟项目，选择挖土机类型、型号时，应根据土壤类别、现场施工条件或管沟宽度、深度等要求来确定。

(5) 施工方案的技术经济分析

施工方案的技术经济分析有定性和定量两种比较方式。一般常用定量技术分析进行施工方案的比较。

评价施工方案优劣的常用指标有以下几个：

1) 单位产品的成本。单位产品的成本是指园林绿化各种产品一次性的综合造价。在计算产品造价时，不能采用预算造价，而要采用实际工程造价，它是评价施工方案经济性的指标之一。

$$\text{单位产品成本} = \frac{\text{完成该工程的费用}}{\text{工程总量}}$$

2) 单位产品的劳动消耗量。单位产品劳动消耗量是指完成某一产品所消耗的劳动工日数。它包括主要工种用工、辅助用工和准备工作用工等。

$$\text{单位产品劳动消耗量} = \frac{\text{完成该工程的全部劳动工日数}}{\text{工程总量}}$$

3) 施工过程的持续时间。施工过程的持续时间是指施工项目从开工到竣工所用的时间。为提高工效、降低工程造价，在保质、保量前提下，应尽量缩短工期。

$$\text{持续时间} = \frac{\text{工程总量}}{\text{单位时间内完成的工程量}}$$

4) 施工机械化程度。机械化施工是改善劳动条件、提高劳动生产率的主要措施。因此，机械化施工程度的高低也是评价施工方案的指标之一。

$$\text{施工机械化程度} = \frac{\text{机械完成的实物量}}{\text{全部实物量}} \times 100\%$$

对于不同的施工方案进行比较时，会出现某一方案有几个好指标，另一方案有另一些指标好的现象。施工方案比较，应根据工程特点、施工单位条件，按规定指标综合评定，选出经济上最合理的方案作为确定的施工方案。

3.3.2.3 编制施工进度计划

单位工程施工进度计划是控制施工进度、工程项目竣工期限，指导各项施工活动的计划。它的作用是确定施工过程的施工顺序、施工持续时间，处理施工项目之间的衔接、穿插协作关系，以最少的劳动力、物资资源，在保证工期下完成合格工程为主要目的。

单位工程施工进度计划是编制月、旬施工作业计划，平衡劳动力、调配各种材料及施工机械，编制施工准备工作计划、劳动力与物资供应计划的基础。是明确工程任务、工期要求，强调工序之间配合关系，指导施工活动顺利进行的首要条件。

（1）编制施工进度计划的依据

1）单位工程全套施工图纸和标准图等技术资料。

2）施工工期要求及开工、竣工日期。

3）施工条件、材料、机械供应与土建、安装、种植配合。

4）确定的施工方案，主要是施工顺序、流水段划分、施工方法和施工机械、质量与安全要求。

5）劳动定额、机械台班使用定额、预算定额及预算文件。

（2）编制施工进度计划的主要内容和程序

1）编制单位工程施工进度计划的主要内容：熟悉图纸、了解施工条件、研究有关资料，提出编制依据；确定施工项目；计算工程量；套用施工定额计算劳动量、机械台班需用量；确定施工项目的持续时间；初排施工进度计划；按工期、劳动力与施工机械和材料供应量要求，调整施工进度计划；绘制正式施工进度计划。

2）编制单位工程施工进度计划的程序，如图3-1所示。

（3）划分施工种植、安装项目

1）划分施工种植、安装项目的依据和要求。施工种植、安装项目应根据工程特性、施工方法、工艺顺序为依据划分。施工安装项目划分的粗细程度，主要取决计划的性质。编制控制性施工进度计划时，项目划分可粗些，一般只列分部工程名称，以达到控制施工进度为主；编制实施性施工进度计划时，项目划分应细些，要求列出各分项工程的名称，做到详细、具体、不漏项，以便掌握施工进度，指导施工作用。

2）施工种植、安装项目划分的原则。施工种植、安装项目划分原则是尽量减少施工过程数，能合并项目要合并，以保证施工进度计划的简明、清晰要求。施工项目多少应根据具体施工方法来定，一般可将同一时期由同一个施工队（组）完成的施工项目可合并列项，对零星工程或劳动量不大项目，可合并为“其他工程项目”，在计算劳动力时，应适当增量。

3）划分的施工种植、安装项目数要符合流水段和施工方案要求。采用流水施工时，应根据组织流水施工方法、原则及要求来确定施工项目名称，一般要求施工过程数大于或等于流水段数，以保证流水施工的展开。不同的施工方案，其施工项目与数量、施工顺序是不同的，因此划分的施工项目必须符合确定的施工方案要求，以保证施工进度计划的实施。

4）施工种植、安装项目应按施工顺序排列。将确定的各分部、分项工程名称，按施工工艺顺序填入施工进度计划表中。使施工进度计划图表能清晰反映施工先后顺序，以便安排各项施工活动。

（4）工程量计算

施工安装项目确定后，可根据施工图纸、工程量计算规则，按施工顺序分别计算各施工项目的工程量。工程量的计算单位应与施工定额或劳动定额单位一致。

编制施工进度计划前，如已编制施工图预算，可取预算中的工程量按一定系数换成劳动定额的工程量。如未编施工图预算时，可根据划分的施工安装项目按劳动定额或预算定额计算工程量。

（5）劳动力和施工机械

各施工安装项目工程量确定后，可计算各施工项目的劳动力需用量、机械台班需用量。劳动力和机械台班用量，可根据确定的工程量、劳动定额，结合各地区情况和施工单位技术水平进行计算。

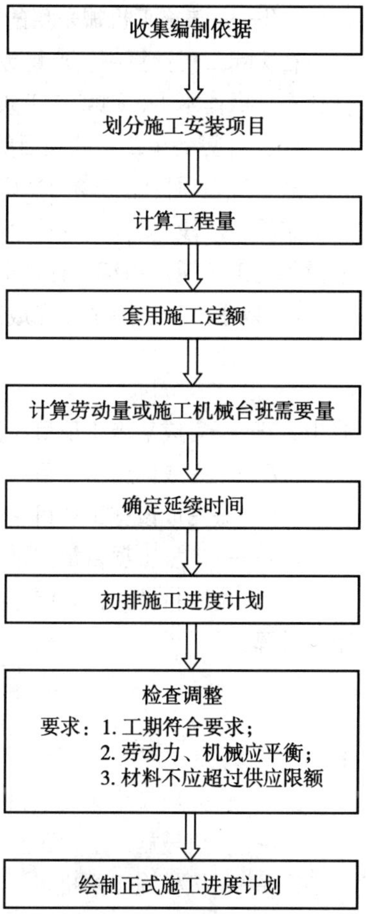

收集编制依据

⇓

划分施工安装项目

⇓

计算工程量

⇓

套用施工定额

⇓

计算劳动量或施工机械台班需要量

⇓

确定延续时间

⇓

初排施工进度计划

⇓

检查调整
要求：1. 工期符合要求；
2. 劳动力、机械应平衡；
3. 材料不应超过供应限额

⇓

绘制正式施工进度计划

图 3-1 单位工程施工进度计划编制程序

1）计算劳动工日数。施工项目采用手工操作完成时，其劳动工日数可按下式计算：

$$P = \frac{Q}{S} = QH \qquad (3\text{-}1)$$

式中 P——某施工项目需要的劳动工日数（工日）；

Q——该施工项目的工程量（m^3、m^2、m、t 等）；

S——该施工项目采用的产量定额（m^3、m^2、m、T/日）；

H——该施工项目采用的时间定额（工日/m^3、m^2、m、t）。

在实际工程计算中，产量（或时间）定额按国家或地区的现行劳动定额或预算定额乘系数折算成劳动定额，单位按半天或整天计取。

2）计算机械台班数。施工安装项目采用机械施工时，其机械及配套机械所需的台班数量，可按下式计算：

$$D = \frac{Q'}{S'} = Q'H' \qquad (3\text{-}2)$$

式中 D——某施工项目需要的机械台班数（台班）；

Q'——机械完成的工程量（m^3、m^2、t、件等）；

S'——该施工机械采用的产量定额（m^3、m^2、m、t、件/台班）；

H'——该施工机械采用的时间定额（台班/m^3、m^2、t、件）。

在实际工程计算中，产量或时间定额应根据定额给定参数，结合本单位机械状况、操作水平、现场施工条件等分析确定，计算结果取整数。

（6）计算各施工安装项目的施工时间

施工安装项目的劳动力、机械台班需用量确定后，可根据组织的流水施工所确定的流水段、流水节拍，分别计算完成某施工项目（或一个流水施工段）所需的施工工期（持续、延续时间）。

1）以手工操作为主，完成某施工项目所需的施工时间，可按下式计算：

$$T=\frac{P}{R\cdot b} \tag{3-3}$$

式中 T——完成某施工项目所需的施工持续时间（d）；

P——完成该施工项目所需的劳动工日数（工日）；

R——完成该施工项目平均每天出勤的班组人数（人）；

b——该施工项目每天采用的工作班组数（1~3班制）。

2）以施工机械为主，完成某施工项目所需的施工时间及流水节拍，可按下式计算：

$$T=\frac{D}{G\cdot b} \tag{3-4}$$

式中 T——完成某施工项目所需的施工持续时间（d）；

D——完成某个施工项目所需的机械台班数（台班）；

G——机械施工的每天机械台数（台）；

b——机械施工的班组（班制）数。

3）计算施工项目的工期和班组人数、机械台数、工作班组数的方法。计算施工安装项目的工期时，常有的方法有两种形式：

第一种形式：先确定班组人数、机械台班、工作班组数，再计算施工工期。

①施工班组人数（R）的确定。某一施工项目所需施工班组人数的多少，主要取决三个方面：即施工单位能配备的主要技术工人数量；施工过程的最小工作面（指每一个工人或小组施工时，能保证质量、安全、发挥高效率所需一定的工作面）；工艺所需最小劳动组合（指各施工项目正常施工时，所必须的最低限度的小组人数及合理组合人数）等要求。

不同施工项目，因工艺要求不同，其最小工作面、最小劳动组合人数是不同的。在实际工程中，应根据上述要求，结合现场施工条件，经分析、研究来确定工程所需的施工班组人数。

②施工机械台数（G）的确定。某施工项目所需施工机械台数，可根据施工单位能配备的机械台数，机械施工的操作面，正常使用机械必要的停歇、维修及保养时间等综合分析确定。

③施工的工作班制（b）的确定。某施工项目所需的工作班制，主要取决于施工工期，工艺技术要求及提高机械化程度等。一般当工期允许，工艺在技

术上不需连续施工，劳动和施工机械周转使用不紧迫时，可采用一班工作制；当工期要求紧迫，工艺在技术上要求不能间断，劳动和施工机械使用受时间限制或充分提高机械利用率时，可采用两班或三班工作制。

当 R、G、b 确定后，可按上述公式计算工期，如某施工项目的持续时间过长超过工期要求，或持续时间过短没必要单独列项时，必须调整 R、G 或 b 中任意值，然后重新计算各施工项目持续时间，直到满足工期要求为止。

第二种形式：根据施工工期要求，先确定某施工项目的持续时间及工作班制数，再计算施工班组人数、机械台数。计算公式如下：

$$R=\frac{P}{T \cdot b} \tag{3-5}$$

$$G=\frac{P}{T \cdot b} \tag{3-6}$$

式中各符号含义与前述的公式相同。

按上两式计算出的施工班组人数、机械台数，也应满足最小工作面或最小劳动组合的要求。当计算出的 R、G 小于最小工作面所容纳的班组人数，机械台数或最小劳动组合时，施工单位可通过增加技术工人的人数、施工机械台数或技术组织上采用平面、立体交叉的流水施工方法，来保证工期要求。当计算出的 R、G 大于最小工作面或劳动组合，而工期要求紧、不能延长施工持续时间时，除通过技术组织方面采取必要措施外，可采用多班组、多班制施工方法，来保证工期要求。

（7）编制施工进度计划

从施工安装项目到施工持续时间确定后，可编制施工进度计划。施工进度计划多用图表形式表示，常用水平图表或网络图。

施工进度计划的编制可分两步进行。

1）初排施工进度计划：

①根据拟定的施工方案、施工流向和工艺顺序，将确定的各施工项目进行排列。各施工项目排列原则为：先施工项先排，后施工项后排，主要施工项先排，次要施工项目后排。

②按施工顺序，将排好的施工项目从第一项起，逐项填入施工进度计划图表中。

初排时，主要的施工项目先排，以确保主要项目能连续流水施工。排施工进度时，要注意子施工项目的起止时间，使各施工项目符合技术间歇、组织间歇的时间要求。

③各施工过程，尽量组织平面、立体交叉流水施工，使各施工项目的持续时间符合工期要求。

2）检查、调整施工进度计划。施工进度计划的初排方案完成后，应对初排施工进度计划进行检查调整，使施工进度计划更完善合理。检查平衡调整进度计划步骤如下。

①从全局出发，检查各分部、分项工程项目的先后顺序是否合理，各项施

工持续时间是否符合上级或建设单位规定的工期要求。

②检查各施工项目的起、止时间是否正确合理，特别是主导施工项目是否考虑必须的技术、组织间歇时间。

③对安排平行搭接、立体交叉的施工项目，是否符合施工工艺、施工质量、安全的要求。

④检查、分析进度计划中，劳动力、材料与施工机械的供应与使用是否均衡，消除劳动力、材料过于集中或机械利用超过机械效率许用范围等不良因素。

经上述检查，如发现问题，应修改、调整进度计划，使整个施工进度计划满足上述条件要求为止。

由于建安工程施工复杂，受客观条件影响较大。在编制计划时，应充分、仔细调查研究，综合平衡，精心设计。使计划既要符合工程施工特点，又留有余地，为适应施工过程条件变化的修改和调整，使施工进度计划确实起到指导现场施工的作用。

3.3.2.4 施工准备工作计划、劳动力及物资需用量计划

单位工程施工进度计划编制后，为确保进度计划的实施，应编制施工准备工作、劳动力及各种物资需用量计划。这些计划编制的主要目的是为劳动力与物资供应，施工单位编制季、月、旬施工作业计划（分项工程施工设计）提供主要参数。其编制内容和基本要求如下。

(1) 施工准备工作计划

单位工程施工准备工作计划是根据施工合同签订的内容，结合现场条件和施工方案，施工进度计划等提出的要求或确定的参数进行编制。编制的主要内容为现场准备（现场障碍物拆除和场地平整，临时供水、供电和施工道路敷设，生活、生产需要的临时设施）；技术准备（施工图纸会审，收集有关施工条件和技术经济资料，编制施工组织设计和施工预算等）；劳动力及物资准备（建立工地组织机构，进行计划与技术交底，组织劳动力、机械设备和材料订货储备工作）。单位工程施工准备工作计划，见表3-5。

施工准备工作计划表 **表3-5**

<table>
<tr><th rowspan="3">序号</th><th rowspan="3">施工准备工作项目</th><th colspan="2">工程量</th><th rowspan="3">负责单位或负责人</th><th colspan="11">准备工作进度</th></tr>
<tr><th rowspan="2">单位</th><th rowspan="2">数量</th><th colspan="6">月</th><th colspan="5">月</th></tr>
<tr><th>5</th><th>10</th><th>15</th><th>20</th><th>25</th><th>30</th><th>5</th><th>10</th><th>15</th><th>20</th><th>…</th></tr>
<tr><td>1</td><td></td><td></td><td></td><td></td><td></td><td></td><td></td><td></td><td></td><td></td><td></td><td></td><td></td><td></td><td></td></tr>
<tr><td>2</td><td></td><td></td><td></td><td></td><td></td><td></td><td></td><td></td><td></td><td></td><td></td><td></td><td></td><td></td><td></td></tr>
<tr><td>3</td><td></td><td></td><td></td><td></td><td></td><td></td><td></td><td></td><td></td><td></td><td></td><td></td><td></td><td></td><td></td></tr>
</table>

(2) 劳动力需要量计划

单位工程施工时所需的各种技术工人、普工人数，主要是根据确定的施工进度计划要求，按月分旬编制的。编制方法是以单位工程施工进度计划为主，将每天施工项目中所需的施工人数，分工种分别统计，得出每天所需工种及其人数，

并按时间进度要求汇总后编出。单位工程劳动力需要量计划，见表3-6。

劳动力需要量计划表　　　　表3-6

序号	工种名称	人数	月			月			月			月			…		
			上	中	下	上	中	下	上	中	下	上	中	下	…		

（3）各种主要材料需要量计划

确定单位工程所需的主要材料用量是为储备、供应材料，拟订现场仓库与堆放场地面积，计算运输量计划提供依据。编制方法是按施工进度计划表中所列的项目，根据工程量计算规则、以定额为依据，经工料分析后，按材料的品种、规格分别统计并汇总后编出。单位工程各种主要材料需要量计划，见表3-7。

各种主要材料需要量计划表　　　　表3-7

序号	主要材料名称	规格	需要量		进场日期	备注
			单位	数量		

（4）施工机械、主要机具需要量计划

单位工程所需施工机械、主要机具用量是根据施工方案确定的施工机械、机具型式，以施工进度计划为依据编制。施工机械是指各种大中型施工机械、主要工艺用的工具，不包括施工班组管理的小型机具。编制方法，以施工进度计划表中每一项目所需的施工机械、机具的名称、型号规格及数量、使用时间等分别统计。单位工程施工机械、机具需要量计划，见表3-8。

施工机械、主要机具需要量计划表　　　　表3-8

序号	机械及机具名称	规格型号	需要量		机械来源	使用起止日期		备注
			单位	数量		月/日	月/日	

（5）加工件、预制件需要量计划

单位工程所需各种加工与预制件用量，是根据施工图纸或标准图，结合施工进度计划编制的。编制方法，是按加工件、预制件的名称、规格、数量及需用时间分别统计，并注明加工时间与产品质量要求。单位工程加工与预制件需用量计划，见表3-9。

预制构件加工需要量计划　　表3-9

使用单位及单位工程	构件名称	型号规格	数量	单位	计划需要日期	平衡供应日期	备注

3.3.2.5　施工现场平面布置图

单位工程施工现场平面布置图是表示在施工期间，对施工现场所需的临时设施，苗木假植用地，材料仓库，施工机械运输道路，临时用水、电、动力管线等作出的周密规划和具体布置。

施工平面图是根据施工方案、施工进度计划的要求，在施工前对施工所需的各种条件进行安排，为施工进度计划、施工方案实施和施工组织管理创造条件。

（1）施工平面图的设计依据

1）施工图纸及设计的有关资料。主要是景区、景观总平面布置图，施工范围内的地形图，已有和拟建景点及地上、地下管网位置等资料。

2）施工地区的技术经济调查资料。主要是交通运输，水源、电源和物资供应情况。

3）施工方案、施工进度计划。主要掌握施工机械、运输工具的型号和数量，以便对各施工阶段进行统筹规划。

4）各种材料、加工或预制件、施工机械、运输工具的一览表及使用时间，为设计仓库、堆放场地面积用。

5）各种生产、生活临时用房一览表，包括建设单位提供的原有房屋及生活设施、现场的加工厂、生产工棚等。

（2）施工平面图设计的主要原则

1）在保证施工条件下，施工现场布置尽量紧凑，减少施工用地及施工用各种管线。

2）材料仓库或成品件堆放场地，尽量靠近使用地点，以便减少场地内运输费用。

3）在施工方便的前提下，尽量减少临时设施及施工用的设施，有条件可利用拟建的永久性建筑或尽量采用拆移式临时房屋设施。

4）临时设施布置，应尽量便于施工、生活和施工管理的需要。

5）临时设施布置应符合劳动保护、技术安全和防火要求。

（3）施工平面图设计的内容及步骤

1）在单位工程施工范围内的总平面图上，应标出已建和拟建景观建筑、构筑物，已有大树、道路、水体等的位置与尺寸。

2）工程建设所需各种施工机械、机具的行驶路线和水平、垂直运输设施的固定位置及主要尺寸。

3）各种材料仓库或堆放场地和施工棚面积、位置的布置。

4）施工、生活与行政管理所用的临时建筑物面积、位置的布置。

5）临时供水、电、热管网的布置和现场水源、排水点、电源的位置的布置。

6）安全、防火设施的布置和施工临时围栏或先建永久性围栏的布置等等。

施工平面图的内容，应根据工程性质、现场施工条件来设置。有些内容不一定在平面图反映出来，具体设计内容应满足工程需要确定。单位工程平面图，一般用1∶500～1∶200的比例，图幅为2～3号图。绘制时，应有风玫瑰、图例和必要的文字说明及一览表等。

3.3.2.6 施工技术组织措施

施工技术组织措施属于施工方案的内容，是指在技术和组织上对施工项目，从保证质量、安全、节约和季节性施工等方面所采用的方法。是编制人员在各施工环节上，围绕质量与安全等方面，提出的具体的有针对性及创造性的一项工作。

（1）保证工程质量措施

为贯彻“百年大计，质量第一”的施工方针，应根据工程特点、施工方法、现场条件，提出必要的保证质量的技术组织措施。保证工程质量的主要措施有以下几点：

1）严格执行国家颁发的有关规定和现行施工验收规范，制定一套完整和具体的确保质量制度，使质量保证措施落到实处。

2）对施工项目经常发生质量通病的方面，应制定防治措施，使措施更有实用性。

3）对采用新工艺、新材料、新技术和新结构的项目，应制定有针对性的技术措施。

4）对各种材料、半成品件、加工件等，应制定检查验收措施，对质量不合格的成品与半成品件，不经验收不能使用。

5）加强施工质量的检查、验收管理制度。做到施工中能自检、互检，隐蔽工程有检查记录，交工前组织验收，质量不合格应返工，确保工程质量。

（2）保证安全施工措施

为确保施工安全，除贯彻安全技术操作规程外，应根据工程特点、施工方法、现场条件，对施工中可能发生的安全事故进行预测，提出预防措施。

一般保证安全施工的主要措施有以下几点：

1）加强安全施工的宣传和教育，特别对新工人应进行安全教育和安全操作的培训工作。

2）对采用新工艺、新材料、新技术和新结构的工程，要制定有针对性的专业安全技术措施。

3）对高空作业或立体交叉施工的项目，应制定防护与保护措施。

4）对从事有毒、有尘、有害气体工艺施工的操作人员，应加强劳动保护及安全作业措施。

5）对从事各种火源、高温作业的项目，要制定现场防火、消防措施。

6）要制定安全用电、各种机械设备使用、吊装工程技术操作等方面的安全措施。

（3）冬期、雨期施工措施

当工程施工跨越冬期和雨期时，应制定冬期施工和雨期施工措施。

1）冬期施工措施。冬期施工措施是根据工程所在地的气温、降雪量、冬期时间，结合工程特点、施工内容、现场条件等，制定防寒、防滑、防冻、改善操作环境条件、保证工程质量与安全的各种措施。

2）雨期施工措施。雨期施工措施是根据工程所在地的雨量、雨期时间，结合工程特点、施工内容、现场条件，制定防淋、防潮、防泡、防淹、防风、防雷、防水、保证排水及道路畅通和雨期连续施工的各项措施。

（4）降低成本措施

降低成本是提高生产利润的主要手段。因此，施工单位编制施工组织设计时，在保质、保量、保工期和保施工安全条件下，要针对工程特点、施工内容，提出一些必要的（如就地取材，降低材料单价；合理布置材料库，减少二次搬运费；合理放坡，减少挖土量；保证工作面均衡利用，缩短工期，提高劳动效率等）方法。

降低成本措施，通常以企业年度技术组织措施为依据来编制，并计算出经济效果和指标，然后与施工预算比较，进行综合评价，提出节约劳动力、节约材料、节约机械设备费、节约工具费、节约间接费、节约临时设施费和节约资金等方面的具体措施。

3.3.2.7 主要技术经济指标

技术经济指标是评价施工组织设计在技术上是否可行，经济上是否合理的尺度。通过各种指标的分析、比较，可选出最佳施工方案，从而提高施工企业的组织设计与施工管理水平。

单位工程施工组织设计的技术经济指标有：工程量指标；工程质量指标；劳动生产率指标；施工机械完好率和利用率指标；安全生产指标；流动资金占用指标；工程成本降低率指标；工期完成指标；材料节约指标等。

施工组织设计基本完成后，应对上述指标进行计算，并附在施工组织设计后面，作为考核的依据。

3.4 园林工程施工组织设计实例

某花园住宅绿化景观工程施工组织设计

工程名称：上海某花园住宅绿化景观工程

工程地点：上海黄浦区某绿化工地

招标单位：上海某公司

代理单位：上海某工程技术发展有限公司

招标范围：绿化景观的施工及两年绿化养护

计划工期：320日历日

3.4.1 工程概况

工程绿化面积2.03万m^2，分三部分，内环以中心广场绿化为主，配植大量景观树，基本以平地、树穴种植为主。内环至建筑物中间以孤植树、景观树及大片草坪为主。基本种植在屋顶的坡地上，坡度较平缓。建筑环以外以自然生态林为主。为常绿落叶混交林，基本种植于土层较深厚的土坡上，外围为半开放式透墙绿化。环外以自然地形为主。环外土坡时缓时陡，地形处理非常关键。因建筑呈环形分布，中间易形成拔风口。建筑周边风力较大对种植苗木的固定绑扎、修剪均有特殊要求。

工程环内以广场绿化为主。此部分土层较薄，工程主体部分均处于建筑物顶部，为一个大型的屋顶花园。工程土建以道路、地坪、零星小品为主。均在土坡上建造。

本工程为高层小区配套绿化，工程位于市中心，施工环境复杂，且周围居民对文明施工、安全施工、环保、市政建设规范等均有较高要求；同时，还需要考虑周边交通压力。对如何控制及做好安全保护工作要求也远远高于其他绿化工程。

开工时间：2005年12月15日

竣工时间：2006年10月31日

3.4.2 施工方案和技术措施

3.4.2.1 施工准备工作

施工前必须仔细读图，对照现场实际情况进行对照踏勘，现场与图纸不符合、不明确处一一列出，做到施工前心中有数。工程工期近一年，在施工前应根据实际情况逐一安排好施工前后准备工作。将部分景观树采购计划上报甲方、设计方，并陪同一起对部分重点景观树进行选定。

3.4.2.2 施工方案

（1）按时间节点分段实施

1）早春前（施工前期准备）：

①先将已完成粗造型的土坡进行局部处理。

②将种植大树的地方做好记号。确定土层是否满足苗木种植的需要。

③在种植前测试、分析土壤理化性质，以便对土壤进行改良。

④土建队伍先确定水准点、基准点；核对有关数据；进行初步放样，用桩基进行固定。

⑤在考虑苗木施工流向的同时，首先对环内区域进行基础施工。

2）早春（施工正式铺开）：

①在进行场地清理的同时逐步完成周边区域落叶乔木的种植。

②2月下旬开始种植常绿大乔木如香樟、广玉兰、大桂花等。落叶乔木必须于2月底前全部种植完毕。

③考虑到较多区域苗木种植的坡度较陡，且部分苗木位于建筑物吊机无法达到位置，需要采用特殊吊运工具“炮头”吊运及种植（相对耗时、耗人工）。但泥球直径不宜超过1.5m。

④部分大树应考虑排水流畅。

⑤土建队伍先考虑外围区域的道路排水，外围挡土墙砌筑。

⑥完成全部小径土路基，碎石铺路。管线安装队伍对大树种植完毕区域进行排管。

⑦环内土建队伍先放样并进行地坪施工，以便树阵内绿化施工。确定所有树坛位置，中心点，完成标高等。

⑧地埋灯及泛光照明，管线的预埋，配合小区给排水管线施工。

3）4月份（大树种植4月中旬结束，然后以土建施工为主。绿化施工在进行大树养护的同时，完成小乔木及高大灌木的种植）：

①对破坏的地形进行修复，土壤翻耕，去除杂质、砖块等；准备后期的小灌木种植。

②在完成排管及土建基础施工的区域内可进行小灌木种植施工，但不影响施工通道，以周边区域为主。

③环内完成竹林及小乔木的种植。

④完成区域内景石布置。

⑤土建部分进入全面铺开的阶段，各工种都需要协调配合。此时土建施工人员达到高峰期。

⑥内环道路完成花岗岩侧石的排设。道路基层钢筋混凝土完成浇筑，同时配合部分广场地坪，建筑小品基础浇捣。

⑦所有小品水池、旱喷广场、木廊架等进行基础施工。

4）5月份到6月份（基本完成所有土建基础部分的施工，开始进入石层装饰施工）：

①水池及集水井在做完防水处理后，对部分小品内隐蔽的喷头（如旱喷、水幕墙等）进行安装并进行外部装饰。

②金属廊架、木廊架、木结构等开始安装。

③所有树阵内树池完成装饰。

④地坪广场开始装饰铺贴。

⑤绿化部分继续完成部分小灌木、地被植物的种植。对靠近土建周围的灌木带仍暂停施工。

5）6月底到7月底：

①基本完成所有土建项目的安装装饰。

②对土建水电部分分别进行调试。

③对部分细节进行调整，完成所有土建资料内容。

④绿化部分依土建部分收尾，顺序逐步进行小灌木种植前对场地进行平整。

⑤此时进入雷雨季节，对大苗木进行加固绑扎及做好排涝抗台工作。做好其他部位及土建道路的排水防涝工作，疏通所有下水管道确保通畅。

⑥雷雨季节进行补种乔、灌木。并适当在建筑周围布置小黄石，使景观更丰富。

⑦铺种草坪。

6）8月份到10月份（主要完成竣工资料、养护调整及竣工验收）：

①对部分定型花钵、雕塑进行安装。

②绿化继续进行养护和补种工作，完成所有草坪铺种。

③对土建需修补处进行修补；加强对细节方面的检查，做好交工前各项工作。

（2）按区域分块交叉施工

以区域划分环内与环外，土建绿化交叉施工。早春中心区域环内以土建为主施工，为基础施工。环外以绿化施工为主，绿化施工又以大树种植为主。4月份后中心区域各景点逐个施工，分散施工，绿化以种植中型乔灌木为主。4月底环外道路进行铺开施工。绿化开始平整场地种植小型灌木（在此之前，种植区域地下管道先要铺设完毕）。5、6月份以土建铺装为主。7、8月份绿化种植以环外为主，土建以环内为主。

3.4.2.3　各工作主要技术措施及特点

（1）土建

1）道路，主要为小区环外道路。以自然坡度道路为主。道路中要使用钢筋混凝土，保证路面不因土方下沉而断裂，造成路面石材有裂痕，应合理设置收缩缝，沉降缝。道路基层，碎石层下素土必须夯实。减少道路沉降可能性。穿越道路下的管道，事先预埋。对水洗石路面，先铺砌两侧侧石，要放得平稳、线形流畅、勾缝均匀，再安置平石。注意作好路面的成品保护。

2）水池，采用钢筋混凝土施工。池壁必须与池底垂直。拉线钢筋需按要求绑扎到位。底层碎石下要夯实，避免局部沉降引起混凝土断裂、水池漏水。混凝土浇捣时要一次性浇捣成功，尽可能减少可能产生的缝隙。拆模后预先用高强度等级水泥进行粉刷，空隙填满、喷涂防水材料，保证水池不渗水。进水、出水循环水泵的水管、电缆必需事先预埋并考虑防止接口处渗水。注意添加水池内外混凝土两侧密封圈。下水溢水口均要考虑管底标高，保证其合理使用。

由于水池集水井置于水池底高度不够，因此集水井大多处于水池外，从水池到集水井要考虑如何既保证水量又保证不会渗水的施工方法进行施工。

水幕墙施工，将水池底钢筋与水幕墙钢筋混凝土相连。同时浇捣，以保证水幕墙牢固稳定。

3）地坪。本工程地坪中有花岗石地坪、卵石地坪、水洗石地坪、儿童乐园弹性橡胶地坪、玻璃地坪及木质地坪和冰裂地坪。因此施工方法各不相同。

除玻璃地坪、木地坪外其余地坪基层基本相似，要求也大致相同。要求底层夯实，碎石层均匀，混凝土层平整，有下水坡及考虑沉降缝、收缩缝。浇捣混凝土达到强度等级要求而且振实，达到基础路面标准；混凝土标高根据面层厚度及结合层厚度确定。结合层要密实，达到密实标准。

面层铺贴要达到平整，缝隙要小，冰裂路面的缝隙通常低于花岗石，均匀勾缝。并在铺贴时尽可能使缝隙均匀。卵石地坪中卵石要按有关标准铺贴。卵石排列要紧密，高低基本一致，卵石大小也要一致。玻璃地坪、木地坪底部基础与面层有一定距离，以保证排水，基础基本相同。面层应平稳，弧形玻璃板须按尺寸放样，缝隙用硅胶均匀镶缝。

所有地坪对外围为非规则形式或弧形曲线的，边沿需完整、平滑、弧形自然，使俯视效果良好。

4）廊架，凉亭。工程共有木质廊架4个：儿童乐园处廊架；2号楼区木质景亭；6号楼域木质廊架、木凉亭及内环旱喷广场金属廊架1个。

①4个木质亭、架各不相同，形式区别较大。基础采用钢筋混凝土浇筑，杉木插入钢筋混凝土内用预埋铁件及钢板螺栓固定。

②杉木方木与木梁、方钢固定。各节点装饰尽可能考虑精美、牢固。应注意每个细节及细微处的外观，及木材表面的处理。

③木质材料所用牢固铁件均要防锈及用黑油漆进行涂刷。木材的油漆则也是一大关键。好坏直接影响整个小品的外观效果。

④旱喷广场金属廊架基本采用方钢焊接完成。注意各焊点的牢固度及焊点的完美度、密封度。曲形方钢应根据弧度弯曲，尽可能解决方钢弯曲的技术问题，是此廊架成功之关键。

5）花坛，树池。主要位于环内，为树阵圆形花坛及广场椭圆树池。花坛基本以砖砌体砌筑。花坛线形要圆滑，大小要一致。花坛树池饰石为花岗岩饰石，侧石需要磨光机进行磨光。边角处要处理完好。

部分大树种植处土层较薄，应采用堆土种植，周边用黄石（或杉木柱）围成树坛。

6）其他。如杉木坐凳、雕塑、定型花钵、喷泉等需根据甲方及设计要求选择合适的材料、样式并进行合理的安装、精细施工。

（2）绿化

1）土方：

①场地清理：对施工范围内的杂物进行清除，排除积水。

②测量、放样：先划分整个场地的方格网，再对各个区域分别进行原地形

标高的测量，对设计标高和等高线进行复核。对坡顶、脊线、谷线等反映地形特征的点线，用施工高程桩加标志物进行控制，以便施工过程中始终把握地形骨架。

③在施工过程中，在定地形标高时应做一定程度的抛高，保证施工结束后土方的沉降量，以达到设计要求。

下雨时，根据现场的情况采取措施以防止水土流失，排水沟中的水要及时排除。

2）土壤改良。土方地形施工结束后，根据要求进行土方改良。在回填土工作完成前后，对种植区范围的种植层土壤进行采样分析，确认是否符合“园林栽植土质量标准”。一旦发现不符合标准及时采取改良措施，改良方案预案如下：

①达不到质量标准的土壤，将采取全面的种植坑人工换土，购置肥力较好和通透性好的山泥进行换土。

②对栽植喜酸性植物的土壤，pH 值必须控制在 6.5 左右，无石灰反应。

③对于种植不同类型（乔木、灌木、草坪等）植株的位置进行翻土。其中，乔木种植区域的有效土层在 1.20m 以上，灌木种植区域的土层在 0.8m 以上，草坪及花卉的翻土深度不少于 20cm。

④对于需要置换穴土的大树种植区域部分，准备好营养土。

⑤为使植物能较快的恢复成长，分别按大型乔木、中等乔木灌木、小灌木地块以及草坪等四个级别分别配合不同量的营养土，以保证今后苗木生长良好。

主要工作顺序：A. 垃圾拆除及外运；B. 场内平整；C. 局部地形整理；D. 回填土；E. 土方改良；F. 整理地形。

3）绿化种植：

①绿化种植前要准备充分，明确设计意图、工程范围及任务量，对图纸中的植物进行研究，以便施工中有的放矢。

②施工现场准备，按照设计图纸进行地形整理，主要使其与四周道路的标高合理衔接，使绿地排水通畅。

③苗木采购。根据工程设计规格和要求做好现场看苗和定苗，在现场定下的苗木须做标记，对于香樟和银杏等树种应做好方位标记。

④苗木挖掘。确保树苗的挖掘质量，常绿树都必须带泥球，胸径 7cm 以上的部分落叶树也须带好泥球，香樟的泥球直径应是胸径的 8~9 倍，挖掘时须派专职的园艺技术人员在现场监督指导。在挖掘前先适当疏枝，起穴后树木集中堆放，并对枝叶和泥球喷水，做好遮荫工作。

⑤苗木装运。晴天阳光直射的天气，须在苗木上加盖遮荫网，减少苗木蒸腾；阴雨天运输苗木时，在苗木泥球上加盖防雨材料，防止泥球松散。从苗木装运到运抵上海整个运输时间不超过 24h。

⑥苗木验收。苗木到达施工现场由质量员查验苗木检疫证后，请监理到场

共同验收。

⑦苗木卸车。苗木运到施工现场后应立即卸车，放在蔽荫处，力争在一天内完成种植。

⑧苗木种植。严格按设计图纸定位放样，作好标记。栽植前对土层有效厚度，树穴的直径、深度、上下口径、土质按相关标准检查，清除有害有毒物质和石砾、砖块等，在树穴底部应施有机肥20cm，再覆土20cm作为土球与肥料的隔离层，防止烧根。同时，苗木栽植前应进行适度修剪处理。栽植定向要选丰满完整的面，树木栽植深度应保证在土壤下沉后，根颈和地表面等高或稍偏高些（不宜过高），可采用在底土上添加隔离层，厚度不超过20cm。定向后方可打开土球包装物（如土球的土质松软，土球底部的包装物可不取出），从坑槽边缘向土球四周培土，分层捣实，培土高度达土球深度的2/3时，做围堰、简单支撑（大树），浇足水，水分渗透后整平，如泥土下沉，应在三天内补种植土，再浇水整平。

⑨支撑绑扎。对于10cm以上的大树采用四脚桩固定，如香樟、广玉兰、银杏、榉树、朴树，在苗木与桩头之间用软衬垫，并用棕绳绑扎固定。成片树木及大规格苗木拉风固定，确保雨季安全，抵抗台风的侵袭。乔木要用草绳绕杆，高度视苗木而定，香樟要求绕至三级分叉。

地被及草坪种植施工，应注意草块间组合和浇水工作。

3.4.3 施工进度计划（图3-2）

图3-2 某园林工程施工进度计划

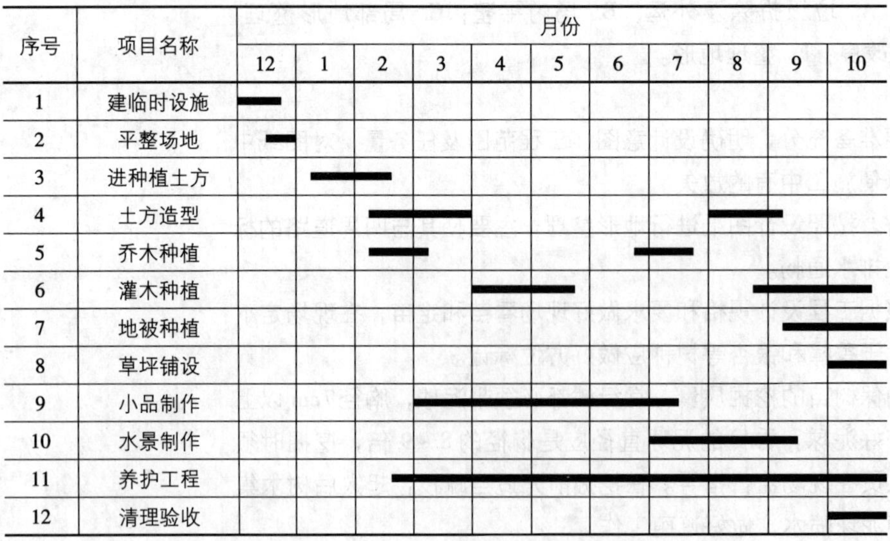

序号	项目名称	月份										
		12	1	2	3	4	5	6	7	8	9	10
1	建临时设施											
2	平整场地											
3	进种植土方											
4	土方造型											
5	乔木种植											
6	灌木种植											
7	地被种植											
8	草坪铺设											
9	小品制作											
10	水景制作											
11	养护工程											
12	清理验收											

为了保证施工进度，在施工进度计划中充分估计到施工中后期可能出现的连续降雨甚至暴雨，做到加紧雨前施工，暴雨期间停止机械施工，集中排涝机械及时排涝，做到雨停地干，不影响雨后机械施工。预设雨后的夜间施工作业计划。

3.4.4 工程施工人员配置、劳动力使用及主要施工机械设备方案

3.4.4.1 施工管理人员配置（表3-10）

某花园绿化景观工程主要施工管理人员表　　表3-10

名称	姓名	职务	职称	主要资历、经验及承担过的项目
一、总部				
1 项目总监				
2 项目主管				
3 其他人员				
二、现场				
1 工程负责				
2 项目经理				
3 项目副经理				
4. 项目协调员				
5 安全管理员				
6 资料员				
7 绿化负责人				
8 绿化施工负责人				
9 土建负责人				
10 土建施工负责人				

3.4.4.2 劳动力使用方案

（1）绿化施工队伍劳动力基本为25人，1~3月高峰时为35人。主要任务为大树及乔、灌木与地被草坪种植，绿化加工、整理与养护。

（2）土建施工队伍任务较多，劳动力基本为40人左右。1~3月以基础施工为主。5~6月除基础施工外开始增加了较多饰石施工、木架施工、水景施工，人员增加可达到60~70人。8月份土建队伍暂时少量收尾人员即可，大部分退场。

（3）9月份绿化、土建基本以养护清洁工作为主，人员基本退场，留有少量养护人员即可（表3-11）。

劳动力安排计划表　　表3-11

工种	按工程施工阶段投入劳动力情况					
	前期工作	平整场地	土方造型	种植	建筑小品	养护
测量员	2	2	2	2	2	
施工员	1	2	2	2	2	
安全员	1	1	1	1	1	1
质量员	1	1	2	2	2	2
资料员	1	1	1	1	1	1

续表

工种	按工程施工阶段投入劳动力情况					
	前期工作	平整场地	土方造型	种植	建筑小品	养护
绿化工	5	20	30	20	20	3
泥瓦工	2				5	2
合计	13	27	38	28	33	9

3.4.4.3 主要施工机械设备（表3-12）

主要施工机械设备表 **表3-12**

序号	设备名称	型号规格	数量	国别产地	制造年份	额定功率（kW）	生产能力
1	经纬仪		1		1995		好
2	水准仪		1		1995		好
3	5t 汽车	东风	3		1998		好
4	滚轴机		1		1999		好
5	挖土机		1		1997		好
6	前翻斗车		10		1997		好
7	药液喷雾机		4		1997		好
8	搅拌机		1		1999		好
9	草坪修剪机		4		1995		好
10	其他工具		齐全				好
11	油锯		1		1999		好

3.4.5 施工现场平面布置

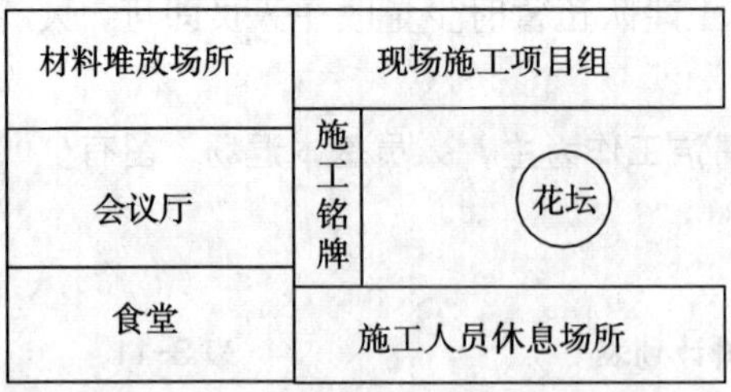

材料堆放场所
现场施工项目组
施工铭牌
会议厅
花坛
食堂
施工人员休息场所

图3-3 某工地施工现场临时工棚平面布置示意图

根据现场实际情况确定一张施工现场流向图。其中包括：施工堆场、机械进出场方位、部分机械（如搅拌机等）临时搭设位置（图3-3）。

（1）因工程位于市中心。小区东西两侧中间各有一个入口，因此将东西侧中间大口作为机械进出场方位最合适。

（2）施工堆场底层也可通过西侧中间到达高架桥底，此可安置一个临时堆场，东侧也是如此。

（3）临时搭设施工机械（搅拌机）也可放置于堆场旁，以便施工。

（4）施工车辆考虑场内不流通。原有施工口进出，而后通过短驳到各施工地点。

3.4.6 质量保障措施

加强各项技术管理制度，严格按设计要求及国家园林绿化技术规范进行施工。

（1）质量目标；

（2）质量保障体系；

（3）制度保证措施；

（4）材料设备质量保障措施。

3.4.7 安全、文明施工措施

（1）安全生产目标：无重大安全事故，事故频率小于1.5‰。

（2）安全生产总体措施：认真执行国家有关部门颁发的各项安全生产法规，自觉接受上级及有关机构的安全生产监督，项目部将建立安全生产小组，由项目经理担任组长，针对本工程的施工特点制定各项安全生产措施。

复习思考题

1. 施工组织设计的任务是什么？
2. 施工组织设计可分几种形式？
3. 施工组织总设计、单位工程施工组织设计有何不同？
4. 编制园林工程施工组织设计时应遵循哪几项原则？
5. 施工组织总设计的作用和编制依据有哪些？
6. 设计施工总平面图时应注意哪些基本原则？
7. 单位工程施工组织设计的依据是什么？
8. 单位工程施工组织设计的工程概况内容有哪些？
9. 单位工程施工组织设计的主要内容有哪些？
10. 施工方案的主要内容有哪些？
11. 如何评价一个施工方案的优劣？

第 4 章　园林工程施工合同管理

园林工程施工组织管理

本章阐述了园林工程施工合同的概念和作用、特点、目的与任务以及施工合同管理的方法和手段，重点介绍了园林工程施工合同的签订、施工准备阶段、施工过程、竣工阶段的合同管理等内容，简要说明了园林工程施工合同的履行、变更、转让和终止等相关行为。

4.1 园林工程施工合同管理概述

4.1.1 园林工程施工合同的概念和作用

园林工程施工合同是指发包人与承包人之间为完成商定的园林工程施工项目，确定双方权利和义务的协议。依据工程施工合同，承包方完成一定的种植、建筑和安装工程任务，发包人应提供必要的施工条件并支付工程价款。

在园林工程施工合同中，发包人和承包人双方应该是平等的民事主体。承包、发包双方签订施工合同时，必须具备相应经济技术资质和履行园林工程施工合同的能力。在对合同范围内的工程实施建设时，发包人必须具备组织能力；承包人必须具备有关部门核定经济技术的资质等级证书和营业执照等证明文件。

园林工程建设的发包人可以是具备法人资格的国家机关、事业单位、国有企业、集体企业、私营企业、经济联合体和其他社会团体，也可以是依法登记的个人合伙企业、个体经营者或个人，经合法完备手续取得甲方资格，承认全部合同条件，能够而且愿意履行合同规定义务（主要是支付工程价款能力）的合同当事人、发包人既可以是建设单位，也可以是取得建设项目总承包资格的项目总承包单位。

园林工程施工的承包人应是具备与工程相应资质和法人资格的，并被发包人接受的合同当事人及其合法继承人。承包人应是施工单位。

园林工程施工合同是园林工程的主要合同，是园林工程建设质量控制、进度控制、投资控制的主要依据。在市场经济条件下，建设市场主体之间相互的权利义务关系主要是通过市场确立的，因此，在建设领域加强对园林工程施工合同的管理具有十分重要的意义。

4.1.2 园林工程施工合同的特点

园林工程施工合同不同于其他合同，其具有以下显著特点。

4.1.2.1 合同标的物的特殊性

园林工程施工合同中的各类景观建筑、植物产品，其基础部分与大地相连，不能移动。每个施工合同中的项目因其环境的特殊性，相互之间不可替代，同时工程的单一性还决定了施工生产的流动性，施工队伍、施工机械必须围绕景观建设不断移动。景观植物、建筑所在地就是施工生产场地。

4.1.2.2 园林工程合同履行期限的长期性

园林工程建设中植物、建筑物的施工，由于材料类型多、工作量大，与所有建设工程一样，不仅施工工期都较长，而且工程建设的施工单位需要在合同签订后、正式开工前有一个较长的施工准备时间，工程全部竣工验收后，办理竣工结算及保修期的也要一定时间，特别是对植物的管护工作还需要更长的时间。此外，在工程的施工过程中，还可能因为不可抗力、工程变更、材料供应不及时等原因而导致工期顺延。所有这些情况，决定了施工合同的履行期限具有长期性。

4.1.2.3　园林工程施工合同关系与内容的复杂性

在施工合同的履行过程中，由于其工作的性质，施工企业除与发包人之间的合同关系外，还涉及与劳务人员的劳动关系、与保险公司的保险关系、与材料设备供应商的买卖关系、与运输企业的运输关系等。因此，园林工程施工合同除了应具备合同的一般内容外，还应对安全施工、专利技术使用、发现地下障碍物和文物、工程分包、不可抗力、工程设计变更、材料设备的供应、运输、验收等内容要考虑周到并作出规定。

4.1.2.4　园林工程合同监管的重要性

施工阶段是整个工程建设项目实施中费用花费最大的一个阶段，园林工程施工合同涉及金额非常大，在施工过程中经常会发生影响合同履行的纠纷，一方面要求发包人一般只能是经过批准进行工程项目建设的法人，保证投资计划的落实，并具备相应的协调能力；承包人也必须具备法人资格，且应当具备相应的从事园林工程施工的经济、技术等资质。另一方面需要合同当事人及其主管机构对合同进行严格的管理，并且合同的主管机关（工商行政管理机构）、金融机构、建设行政主管机关（管理机构）等，都要对施工合同的履行进行严格的监督。

4.1.3　园林工程施工合同管理的目的与任务

4.1.3.1　园林工程施工合同管理的目的

（1）加强园林工程市场的法制建设，健全法规体系

园林工程施工合同，是项目法人单位与园林工程施工企业进行承包、发包的主要法律形式，是进行工程施工、监理和验收的主要法律依据，是园林工程施工企业走向市场经济的桥梁和纽带。加强对园林工程建设合同的法规调整和管理，首先要加强园林工程市场的法制建设，健全市场法规体系，才能保障园林工程市场的繁荣和园林绿化事业的发达。

牢固树立合同法制观念，加强工程建设合同管理，必须从项目法人、项目经理、项目工程师作起，坚决执行合同法和建设工程合同行政法规以及“合同示范文本”制度，从而保证园林工程建设项目的顺利建成。

（2）考虑市场需求变化，完善现代园林工程施工企业制度

订立和履行园林工程施工合同，直接关系到业主和园林工程施工承包商的根本利益。因此，加强园林工程施工合同的管理，已成为在园林工程施工企业中推行现代企业制度的重要内容。

现代企业制度的建立，对企业提出了新的要求，企业应当依据公司法的规定，遵循“自主经营、自负盈亏、自我发展、自我约束”的原则，这就促使园林工程施工企业必须认真地、更多地考虑市场需求变化，调整企业发展方向和工程承包方式，依据招标投标法的规定，通过工程招标投标签订园林工程施工合同，以求实现与其他企业、经济组织在园林工程建设活动中的协作与竞争。

（3）加强合同管理，规范市场主体、市场价格和市场交易

加强园林工程施工合同的管理，有利于规范园林工程施工的市场主体。市场主体进入市场进行交易，其目的就是为了开展和实现工程承包发包活动，亦即建立工程建设合同法律关系，欲达到此目的，有关各方主体必须具备和符合法定主体资格，亦即具有订立园林工程合同的权利能力和行为能力，方可订立园林工程承包合同。

园林工程市场价格，是一种市场经济中的特殊商品价格。在我国，正在逐步建立“政府宏观指导，企业自主报价，竞争形成价格，加强动态管理”的园林市场价格机制。规范园林工程市场价格，有利于订立合同和交易，而园林产品的交易通过工程建设招标投标的市场竞争活动，最后采用订立园林工程施工合同的法定形式，以形成有效的园林工程施工合同的法律关系，最终使园林工程施工的市场规范化。

（4）加强园林工程施工合同管理，努力开拓国际市场

发展我国园林工程业，努力提高其在国际工程市场中的份额，有利于发挥我国园林工程的技术优势和人力资源优势，推动国民经济的迅速发展。改革开放以来在开拓和开放国际工程承、发包过程中，贯彻“平等互利，形式多样，讲求实效，共同发展”的经济合作方针和“守约、保质、薄利、重义”的经营原则，在世界许多国家营建了中国园林，树立了很好的形象也建立了信誉，在交流过程中了解了外国先进的工程管理方法，加快了我国园林工程施工合同管理与国际园林工程施工惯例接轨的步伐。

园林工程市场是我国社会主义市场经济的一部分，培育园林工程市场，认真做好园林工程施工合同管理工作，有利于进一步解放和发展生产力，增强经济实力，参与国际市场经济活动。

4.1.3.2　园林工程施工合同管理的任务

（1）工程合同管理是园林工程科学管理的重要组成部分和特定的法律形式，它贯穿于园林工程施工市场交易活动的全过程，众多园林工程施工合同的全部履行，是建立一个完善的园林工程施工市场的基本条件。

（2）现代化的园林工程施工市场模式应当是市场的供应、价格、竞争机制健全，市场要素完备，市场保障体系和市场法规完善，市场秩序良好。为了形成高质量的园林工程施工的市场模式，必须培育合格的市场主体，建立市场价格体制，强化市场竞争意识，推动园林工程招标投标，严格履行园林工程施工合同，确保工程质量。

(3) 进一步完善和实施法人责任制、招标投标制、工程监理制和合同管理制。现代园林工程管理中的多种制度，是一个相互促进、相互制约的有机组合体，是实现园林工程施工主体运用现代管理手段、法制手段和经济管理手段，为推动项目法人负责制服务。认真做好上述制度的协调工作，是摆在园林工程建设管理工作面前的重要任务。

(4) 园林工程施工合同管理是控制工程质量、进度和造价的重要依据。园林工程合同管理，是对园林工程建设项目有关的各类合同，从条件的拟定、协商、签署、履行情况的检查和分析等环节进行的科学管理。通过合同管理实现园林工程项目“三大控制”的任务要求，维护双方当事人的合法权益。

全面提高园林工程建设管理水平，培育和发展园林工程经济环境，是一项综合的系统工程，其中合同管理只是一项子工程。因此，加强园林工程施工合同的管理，全面提高工程建设管理水平，必将在建立统一的、开放的、现代化的、机制健全的社会主义园林工程施工市场经济体制中发挥作用。

4.1.4 园林工程施工合同管理的方法和手段

4.1.4.1 园林工程施工合同管理的方法

(1) 健全园林工程合同管理法，建立和发展有形园林工程市场

在园林工程建设管理活动中，要使所有工程建设项目从可行性研究开始，到工程项目报建、工程项目招标投标、工程建设承发包，直至工程建设项目施工和竣工验收等一系列活动全部纳入法制轨道。就必须增强业主和承包商的法制观念，保证园林工程建设的全部活动依据法律和合同办事。

建立完善的社会主义市场经济体制，发展我国园林工程发包承包活动，必须建立和发展有形的园林工程市场。有形的园林工程市场必须具备及时收集、存储和公开发布各类园林工程信息的三个基本功能，为园林工程交易活动包括工程招标、投标、评标、定标和签订合同提供服务，以便于政府有关部门行使调控、监督的职能。

(2) 完善园林工程合同管理评估制度

完善的园林工程合同管理评估制度是保证有形的园林工程市场的重要条件，又是提高我国园林工程管理质量的基础，也是发达国家经验的总结。我国在这一方面，还存在一定的差距。我国的园林工程合同管理评估制度应符合以下几点要求：

1) 合法性，指工程合同管理制度符合国家有关法律、法规的规定。

2) 规范性，指工程合同管理制度具有规范合同行为的作用，对合同管理行为进行评价、指导、预测，对合同行为进行保护奖励，对违约行为进行预测、警示和制裁等。

3) 实用性，指园林工程合同管理制度能适应园林建设工程合同管理的要求，以便于操作和实施。

4) 系统性，指各类工程合同的管理制度是一个有机结合体，互相制约、

互相协调，在园林工程合同管理中，能够发挥整体效应的作用。

5）科学性，指园林工程合同管理制度能够正确反映合同管理的客观经济规律，保证人们运用客观规律进行有效的合同管理，才能实现与国际惯例接轨。

（3）推行园林工程合同管理目标制

园林工程合同管理目标制，就是要使园林工程各项合同管理活动达到预期结果和最终目的。其过程是一个动态过程，具体讲就是指工程项目管理机构和管理人员为实现预期的管理目标和最终目的，运用管理职能和管理方法对工程合同的订立和履行施行管理活动的过程。其过程主要包括：合同订立前的目标制管理、合同订立中的目标制管理、合同履行中的目标制管理和减少合同纠纷的目标制管理等部分。

（4）园林工程合同管理机关必须严肃执法

园林工程现阶段还没有完整的法规体系，采用的是建筑工程合同法律、行政法规，并作为规范园林工程市场主体的行为准则。在培育和发展我国园林工程市场初级阶段，园林工程市场参与者，要学法、懂法、守法，依据法律、法规进入园林工程市场，签订和履行工程建设合同，维护自身的合法权益。而合同管理机关，对违反合同法律、行政法规的应从严查处。特别是园林工程市场因其周期长、流动广、艺术性强、资源配置复杂以及生物性等特点，依法治理园林市场的任务十分艰巨。在工程合同管理活动中，合同管理机关应严肃执法的同时，又要运用动态管理的科学手段，实行必要的“跟踪”监督，可以大大提高工程管理水平。

4.1.4.2 园林工程施工合同管理的手段

园林工程施工合同管理是一项复杂而广泛的系统工程，必须采用综合管理的手段，才能达到预期目的，其常用的手段如下。

（1）普及合同法制教育，培训合同管理人才

认真学习和熟悉必要的合同法律知识，以便合法地参与园林工程市场活动。发包单位和承包单位应当全面履行合同约定的义务，不按照合同约定履行义务的，依法承担违约责任。企业合同管理人员必须学会依据法律的规定，努力做好园林工程合同的管理工作。这就要进行合同法制教育，通过培训等形式，培养合格的合同管理人才。

（2）设立专门合同管理机构并配备专业的合同管理人员

建立切实可行的园林建设工程合同审计工作制度，设立专门合同管理机构，并配备专业的管理人员。强化园林建设工程合同的审计监督，维护园林工程建筑市场秩序，确保园林建设工程合同当事人的合法权益。

（3）积极推行合同示范文本制度

积极推行合同示范文本制度，是贯彻执行《中华人民共和国合同法》，加强建设合同监督，提高合同履约率，维护园林市场秩序的一项重要措施。一方面有助于当事人了解和掌握有关法律、法规，使园林工程合同签订符合规范，

避免缺款少项和当事人意思表达不真实，防止出现显失公平和违约条款；另一方面便于合同管理机关加强监督检查，也有利于仲裁机构或人民法院及时裁判纠纷，维护当事人的合法权益，保障国家和社会公共利益。

（4）开展对合同履行情况的检查评比活动

园林工程建设企业应牢固树立“重合同，守信用”的观念。在发展社会主义市场经济，开拓园林工程建筑市场的活动中，园林工程建设企业为了提高竞争能力，企业家应该认识到“企业的生命在于信誉，企业的信誉高于一切”的原则的重要性。因此，园林工程建设企业各级领导应该经常教育全体员工认真贯彻岗位责任制，使每一名员工都来关心工程项目的合同管理，认识到自己的每一项具体工作都是在履行合同约定的义务，从而保证工作项目合同的全面履行。

（5）建立合同管理的微机信息系统

建立以微机数据库系统为基础的合同管理系统。在数据收集、整理、存储、处理和分析等方面，建立工程项目管理中的合同管理系统，可以满足决策者在合同管理方面的信息需求，提高管理水平。

（6）借鉴和采用国际通用规范和先进经验

现代园林工程建设活动，正处在日新月异的新时期，现阶段我国园林工程承发包活动的国际性更加明显。国际园林工程市场吸引着各国的业主和承包商参与其流转活动。这就要求我国的园林工程建设项目的当事人学习、熟悉国际园林工程市场的运行规范和操作惯例，为进入国际园林工程市场而努力。

4.2 园林工程施工合同的签订

4.2.1 签订施工合同的原则和条件

4.2.1.1 施工合同签订的原则

订立施工合同的原则是指贯穿于订立施工合同的整个过程，对承发包方签订合同起指导和规范作用的、双方应遵循的准则。施工合同签订主要有以下原则：

（1）合法原则。订立施工合同要严格执行《建设工程施工合同（示范文本）》，通过《中华人民共和国合同法》《中华人民共和国建筑法》与《中华人民共和国环境保护法》等法律法规来规范双方的权利义务关系。唯有合法，施工合同才具有法律效力。

（2）平等自愿、协商一致的原则。主体双方均依法享有自愿订立施工合同的权利。在自愿、平等的基础上，承发包方要就协议内容认真商讨，充分发表意见，为合同的全面履行打下基础。

（3）公平、诚实信用的原则。施工合同是双务合同，双方均享有合同确定的权利，也承担相应的义务，不得只注重享有权利而对义务不负责任，这有失公平。在合同签订中，要诚实信用，当事人应实事求是地向对方介绍自己订立合同的条件、要求和履约能力；在拟定合同条款时，要充分考虑对方的合法利益和实际困难，以善意的方式设定合同的权利和义务。

（4）过错责任原则。合同中除规定的权利义务，必须明确违约责任，必要时，还要注明仲裁条款。

4.2.1.2 订立施工合同应具备的条件

（1）工程立项及设计概算已得到批准。

（2）工程项目已列入国家或地方年度建设计划。附属绿地也已纳入单位年度建设计划。

（3）施工需要的设计文件和有关技术资料已准备充分。

（4）建设资料、建设材料、施工设备已经落实。

（5）招标投标的工程，中标文件已经下达。

（6）施工现场条件，即“四通一平”，已准备就绪。

（7）合同主体双方符合法律规定，并均有履行合同的能力。

4.2.2 园林工程施工合同签订的程序

工程合同签订的程序一般分为要约和承诺两个阶段。

要约是希望和他人订立合同的意思表示，提出要约的一方为要约人，接受要约的一方为被要约人。要约方应列出合同的主要条款，并在要约说明中明确承诺方答复的期限。要约具有法律约束力，必须具备合同的一般条款。

承诺是受要约人作出的同意要约的意思表示，必须是在承诺期限内发出。表明受约人完全同意对方的合同条件，如果受要约方对要约方的合同条件不是全部同意，就不算是承诺。

有时要保证一份工程合同的成立，甲乙双方经过多次的要约是常有的，工程承包合同必须签订后才生效。

4.2.3 园林工程施工承包合同的示范文本

合同文本格式是指合同的形式文件，主要有填空式文本、提纲式文本、合同条件式文本和合同条件加协议条款式文本。我国为了加强建设工程施工合同的管理，借鉴国际通用的FIDIC《土木工程施工合同条件》，制定颁布了建设工程施工合同示范文本，该文本采用合同条件式文本。它是由协议书、通用条款、专用条款三部分组成，并附有3个附件：承包人承揽工程一览表、发包人供应材料设备一览表及工程质量保修书。实际工作中必须严格按照这个示范文本执行。

根据合同协议格式，一份标准的施工合同由四部分组成。

4.2.3.1 合同标题

写明合同的名称，如××公园仿古建筑施工合同、××小区绿化工程施工承包合同。

4.2.3.2　合同序文

包括承发包方名称、合同编号和签订本合同的主要法律依据。

4.2.3.3　合同正文

合同正文是合同的重点部分，由以下内容组成。

（1）工程概况：包括工程名称、工程地点、建设目的、立项批文、工程项目一览表。

（2）工程范围：即承包人进行施工的工作范围，它实际上是界定施工合同的标的，是施工合同的必备条款。

（3）建设工期：指承包人完成施工任务的期限，明确开、竣工日期。

（4）工程质量：指工程的等级要求，是施工合同的核心内容。工程质量一般通过设计图纸、施工说明书及施工技术标准加以确定，是施工合同的必备条款。

（5）工程造价：这是当事人根据工程质量要求与工程的概预算确定的工程费用。

（6）各种技术资料交付时间：指设计文件、概预算和相关技术资料。

（7）材料、设备的供应方式。

（8）工程款支付方式与结算方法。

（9）双方相互协作事项与合理化建议。

（10）注明质量保修（养）范围、质量保修（养）期。

（11）工程竣工验收。竣工验收条款常包括验收的范围和内容、验收的标准和依据、验收人员的组成、验收方式和日期等。

（12）违约责任、合同纠纷与仲裁条款。

4.2.3.4　合同结尾

注明合同份数，存留与生效方式；签订日期、地点、法人代表；合同公证单位；合同未尽事项或补充条款；合同应有的附件。

4.2.4　格式条款和缔约过失责任

4.2.4.1　格式条款

格式条款又被称为标准条款，是指当事人为了重复使用而预先拟定，并在订立合同时未与对方协商即采用的条款。在合同中，可以是合同的部分条款为格式条款，也可以是合同的所有条款为格式条款。

值得注意的是合同的格式条款提供人往往利用自己的有利地位，常加入一些不公平、不合理的内容。因此，很多国家立法都对格式条款提供人进行一定的限制。提供格式条款的一方应当遵循公平的原则确定当事人之间的权利义务关系，并采取合理的方式提请对方注意免除或限制其责任的条款，按照对方的要求，对该条款予以说明。提供格式条款一方免除其责任、加重对方责任、排除对方主要权利的，该条款无效。

对格式条款的理解发生争议的，应当按照通常的理解予以解释，对格式条款有两种以上解释的，应当作出不利于提供格式条款的一方的解释。在格式条款与非格式条款不一致时，应当采用非格式条款。

在现代经济生活中，格式条款适应了社会化大生产的需要，提高了交易效率，在日常工作和生活中随处可见。现在园林工程使用格式条款也多了起来。

4.2.4.2 缔约过失责任

缔约过失责任既不同于违约责任，也有别于侵权责任，是一种独立的责任。它是指在合同缔结过程中，当事人一方或双方因自己的过失而致使合同不成立、无效或被撤销，应对信赖其合同为有效成立的相对人赔偿基于此项信赖而发生的损害。在园林绿化工程中确实存在由于过失给当事人造成损失、但合同尚未成立的情况。缔约过失责任的规定能够解决这种情况的责任承担问题。

缔约过失责任是针对合同尚未成立应当承担的责任，其成立必须具备一定的条件。缔约过失责任包括缔约一方受有损失，损害事实是构成民事赔偿责任的首要条件，如果没有损害事实的存在，也就不存在损害赔偿责任；违反先合同义务主要是承担缔约过失责任方应当有过错，包括故意行为和过失行为导致的后果责任；合同尚未成立，这是缔约过失责任有别于违约责任的最重要原因。

合同一旦成立，当事人应当承担的是违约责任或者合同无效的法律责任。

4.3 园林工程施工准备阶段的合同管理

4.3.1 施工前的有关准备工作

4.3.1.1 图纸的准备

我国目前的园林绿化工程项目通常由发包人委托设计单位负责，在工程准备阶段应完成施工图设计文件的审查。发包人应免费按专用条款约定的份数供应承包人图纸。施工图纸的提供只要符合专用条款的约定，不影响承包人按时开工即可。具体来说，施工图纸应在合同约定的日期前发放给承包人，可以一次提供，也可在各单位工程开始施工前分阶段提供，以保证承包人及时编制施工进度计划和组织施工。

有些情况下，如果承包人具有设计资质和能力，享有专利权的施工技术，在承包工作范围内，可以由其完成部分施工图的设计，或由其委托设计分包人完成。但应在合同约定的时间内将按规定的审查程序批准的设计文件提交审核，经过签认后使用，注意不能解除承包人的设计责任。

4.3.1.2 施工进度计划

园林工程的施工组织，一般招标阶段由承包人在投标书内提交的施工方案或施工组织设计的深度相对较浅，签订合同后应对工程的施工作更深入的了解，可通过对现场的进一步考察和工程交底，完善施工组织设计和施工进度计划。有些大型工程采取分阶段施工，承包人可按照合同的要求、发包人提供的图纸及有关资料的时间，按不同标段编制进度计划。施工组织设计和施工进度计划应提交发包人或委托的监理工程师确认，对已认可的施工组织设计和工程进度计划本身的缺陷不免除承包人应承担的责任。

4.3.1.3 其他各项准备工作

开工前，合同双方还应当做好其他各项准备工作。如发包人应当按照专用条款的规定使施工现场具备施工条件、开通施工现场公共道路，承包人应当做好施工人员和设备的调配工作。

4.3.2 延期开工与工程的分包

为了保证在合理工期内及时竣工，承包人应按专用条款约定的时间开工。有时在工程的准备工作不具备开工条件情况下，则不能盲目开工，对于延期开工的责任应按合同的约定区分。如果工程需要分包，也应明确相应的责任。

4.3.2.1 延期开工

因发包人的原因施工现场尚不具备施工的条件，影响了承包人不能按照协议书约定的日期开工时，发包人应以书面形式通知承包人推迟开工日期。发包人应当赔偿承包人因此造成的损失，相应顺延工期。

承包人不能按时开工，应在不迟于协议书约定的开工日期前7天，以书面形式提出延期开工的理由和要求。延期开工申请受理后的48小时内未予答复，视为同意承包人的要求，工期相应顺延；如果不同意延期要求，工期不予顺延。如果承包人未在规定时间内提出延期开工要求，工期也不予顺延。

4.3.2.2 工程的分包

施工合同范本的通用条件规定，未经发包人同意，承包人不得将承包工程的任何部分分包；工程分包不能解除承包人的任何责任和义务。一般发包人在合同管理过程中对工程分包要进行严格控制。

多数情况下，承包人可能出于自身能力考虑，将部分自己没有实施资质的特殊专业工程分包和部分较简单的工作内容分包。有些已在承包人投标书内的分包计划中发包人通过接受投标书表示了认可，有些在施工合同履行过程中承包人又根据实际情况提出分包要求，则需要经过发包人的书面同意。注意主体工程的施工任务，主要工程量发包人是不允许分包的，必须由承包人完成。

对分包的工程，都涉及两个合同，一个是发包人与承包人签订的施工合同，另一个是承包人与分包人签订的分包合同。按合同的有关规定，一方面工程的分包不解除承包人对发包人应承担在该分包工程部位施工的合同义务，另一方面为了保证分包合同的顺利履行，发包人未经承包人同意，不得以任何形式向分包人支付各种工程款，分包人完成施工任务的报酬只能依据分包合同由承包人支付。

4.4 园林工程施工过程的合同管理

4.4.1 对材料和设备的质量控制

在园林工程施工过程中，为了确保工程项目的施工质量，满足施工合同的要求，首先应从使用的材料和设备的质量控制入手。

4.4.1.1 材料设备的到货检验

园林工程项目使用的建筑材料、植物材料和设备按照专用条款约定的采购供应责任，一般由承包人负责，也可以由发包人提供全部或部分材料和设备。

（1）承包人采购的材料设备

1）承包人负责采购的材料设备，应按照合同专用条款约定及设计要求和有关标准采购，并提供产品合格证明，对材料设备质量负责。

2）承包人在材料设备到货前24小时应通知发包方共同进行到货清点。

3）承包人采购的材料设备与设计或标准要求不符时，承包人应在发包方要求的时间内运出施工现场，重新采购符合要求的产品，承担由此发生的费用，延误的工期不予顺延。

（2）发包人供应的材料设备

发包人应按照专用条款的材料设备供应一览表，按时、按质、按量将采购的材料和设备运抵施工现场，发包人在其所供应的材料设备到货前24小时，应以书面形式通知承包人，由承包人派人与发包人共同清点。发包人供应的材料设备与约定不符时，应当由发包人承担有关责任。视具体情况不同，按照以下原则处理：

1）材料设备单价与合同约定不符时，由发包人承担所有差价。

2）材料设备种类、规格、型号、数量、质量等级与合同约定不符时，承包人可以拒绝接收保管，由发包人运出施工场地并重新采购。

3）发包人供应材料的规格、型号与合同约定不符时，承包人可以代为调剂串换，发包方承担相应的费用。

4）到货地点与合同约定不符时，发包人负责运至合同约定的地点。

5）供应数量少于合同约定的数量时，发包人将数量补齐；多于合同约定的数量时，发包人负责将多出部分运出施工场地。

6）到货时间早于合同约定时间，发包人承担因此发生的保管费用；到货时间迟于合同约定的供应时间，由发包人承担相应的追加合同价款。发生延误，相应顺延工期，发包人赔偿由此给承包人造成的损失。

4.4.1.2 材料和设备的使用前检验

为了防止材料和设备在现场储存时间过长或保管不善而导致质量的降低，应在用于永久工程施工前进行必要的检查、试验。关于材料设备方面的合同责任如下。

（1）发包人供应材料设备

按照合同对质量责任的约定，发包人供应的材料设备进入施工现场后需要在使用前检验或者试验的，由承包人负责检查试验，费用由发包人负责。此次检查试验通过后，仍不能解除发包人供应材料设备存在的质量缺陷责任。也就是说承包人在对材料设备检验通过之后，如果又发现有质量问题时，发包人仍应承担重新采购及拆除重建的追加合同价款，并相应顺延由此延误的工期。

（2）承包人负责采购的材料和设备

按合同的有关约定：由承包人采购的材料设备，发包人不得指定生产厂或供应商；采购的材料设备在使用前，承包人应按发包方的要求进行检验或试验，不合格的不得使用，检验或试验费用由承包人承担；发包方发现承包人采购并使用不符合设计或标准要求的材料设备时，应要求由承包人负责修复、拆除或重新采购，并承担发生的费用，由此延误的工期不予顺延；承包人需要使用代用材料时，应经发包方认可后才能使用，由此增减的合同价款双方以书面形式议定。

4.4.2 对施工质量的管理

工程施工的质量应达到合同约定的标准，这是园林工程施工质量管理的最基本要求。在施工过程中加强检查，对不符合质量标准的应及时返工。承包人应认真按照标准、规范和设计要求以及发包方依据合同发出的指令施工，随时接受发包方及其委派人员的检查、检验，并为检查检验提供便利条件。有关施工质量的合同管理责任分述如下。

4.4.2.1 承包人承担的责任

因承包人的原因达不到约定标准，由承包人承担返工费用，工期不予顺延。

（1）工程质量达不到约定标准的部分，发包方一经发现，可要求承包人拆除和重新施工，承包人应按发包方及其委派人员的要求拆除和重新施工，承担由于自身原因导致拆除和重新施工的费用，工期不予顺延。

（2）经过发包方检查检验合格后又发现因承包人原因出现的质量问题，仍由承包人承担责任，赔偿发包人的直接损失，工期不应顺延。

（3）检查检验不合格时，影响正常施工的费用由承包人承担，工期不予顺延。

4.4.2.2 发包人承担的责任

因发包人的原因达不到约定标准，由发包人承担返工的追加合同价款，工期相应顺延。

（1）发包人对部分或者全部工程质量有特殊要求的，应支付由此增加的追加合同价款，对工期有影响的应给予相应顺延。

（2）影响正常施工的追加合同价款由发包人承担，相应顺延工期。因发包人指令失误和其他非承包人原因发生的追加合同价款，由发包人承担。

（3）双方均有责任

双方均有责任的，由双方根据其责任分别承担。因双方原因达不到约定标准，责任由双方分别承担。如果双方对工程质量有争议，由专用条款约定的工程质量监督部门鉴定，所需费用及因此造成的损失，由责任方承担。

4.4.3 对设计变更的管理

工程施工中经常发生设计变更，施工合同范本中对设计变更在通用条款中有较详细的规定。

4.4.3.1　发包人要求的设计变更

施工中发包人需对原工程设计进行变更，应提前14天以书面形式向承包人发出变更通知。变更超过原设计标准或批准的建设规模时，发包人应报规划管理部门和其他有关部门重新审查批准，并由原设计单位提供变更的相应图纸和说明。因设计变更导致合同价款的增减及造成的承包人损失由发包人承担，延误的工期相应顺延。

4.4.3.2　承包人要求的设计变更

施工中承包人不得因施工方便而要求对原工程设计进行变更。承包人在施工中提出的合理建议被发包人采纳，则须有书面手续。同意采用承包人的合理化建议，所发生费用和获得收益的分担或分享，由发包人和承包人另行约定。未经同意承包人擅自更改或换用，承包人应承担由此发生的费用，并赔偿发包人的有关损失，延误的工期不予顺延。

4.4.3.3　确定设计变更后合同价款

确定变更价款时，应维持承包人投标报价单内的竞争性水平。应采用以下原则：

（1）合同中已有适用于变更工程的价格，按合同已有的价格变更合同价款。

（2）合同中只有类似于变更工程的价格，可以参照类似价格变更合同价款。

（3）合同中没有适用或类似于变更工程的价格，由承包人提出适当的变更价格，经发包人确认后执行。

4.4.4　施工进度管理

施工阶段的合同管理，就是确保施工工作按进度计划执行，施工任务在规定的合同工期内完成。实际施工过程中，由于受到外界环境条件、人为条件、现场情况等的限制，经常出现与承包人开工前编制施工进度计划时预计的施工条件有出入的情况，导致实际施工进度与计划进度不符。此时的合同管理就显得特别重要，对暂停施工与工期延误的有关责任应准确把握，并做好修改进度计划和后续施工的协调管理工作。

4.4.4.1　暂停施工

在施工过程中，有些情况会导致暂停施工。停工责任在发包人，由发包人承担所发生的追加合同价款，赔偿承包人由此造成的损失，相应顺延工期；如果停工责任在承包人，由承包人承担发生的费用，工期不予顺延。

由于发包人不能按时支付的暂停施工，施工合同范本通用条款中对以下两种情况，给予了承包人暂时停工的权利。

（1）延误支付预付款。发包人不按时支付预付款，承包人在约定时间7天后向发包人发出预付通知。发包人收到通知后仍不能按要求预付，承包人可在发出通知后7天停止施工。发包人应从约定应付之日起，向承包人支付应付款的贷款利息。

（2）拖欠工程进度款。发包人不按合同规定及时向承包人支付工程进度款且双方又未达成延期付款协议时，导致施工无法进行。承包人可以停止施工，由发包人承担违约责任。

4.4.4.2 工期延误

施工过程中，由于社会环境及自然条件、人为情况和管理水平等因素的影响，工期延误经常发生，可能导致不能按时竣工。这时承包人应依据合同责任来判定是否应要求合理延长工期。按照施工合同范本通用条件的规定，由以下原因造成的工期延误，经确认后工期可相应顺延：

（1）发包人未按专用条款的约定提供开工条件。

（2）发包人未按约定日期支付工程预付款、进度款，致使工程不能正常进行。

（3）发包人未按合同约定提供所需指令、批准等，致使施工不能正常进行。

（4）设计变更和工程量增加。

（5）一周内非承包人原因停水、停电、停气造成停工累计超过8小时。

（6）不可抗力。

（7）专用条款中约定或发包人同意工期顺延的其他情况。

4.4.4.3 发包人要求提前竣工

承包人对工程施工中发包人要求提前竣工时，双方应充分协商，达成一致。对签订的提前竣工协议，应作为合同文件的组成部分。提前竣工协议应包括以下几方面的内容：

（1）提前竣工的时间。

（2）发包人为赶工应提供的方便条件。

（3）承包人在保证工程质量和安全的前提下，可能采取的赶工措施。

（4）提前竣工所需的追加合同价款等。

4.4.5 施工环境管理

施工环境管理是指施工现场的正常施工工作应符合行政法规和合同的要求，做到文明施工。施工环境管理应做到遵守法规对环境的要求，保持现场的整洁，重视施工安全。

施工应遵守政府有关主管部门对施工场地、施工噪声以及环境保护和安全生产等的管理规定。承包人按规定办理有关手续，并以书面形式通知发包人，发包人承担由此发生的费用。承包人应保证施工场地清洁，符合环境卫生管理的有关规定。交工前清理现场，达到专用条款约定的要求。

承包人应遵守安全生产的有关规定，严格按安全标准组织施工，采取必要的安全防护措施，消除事故隐患。因承包人采取安全措施不力造成事故的责任和因此发生的费用，由承包人承担。发包人应对其在施工场地的工作人员进行安全教育，并对他们的安全负责。发包人不得要求承包人违反安全管理规定进行施工。因发包人原因导致的安全事故，由发包人承担相应责任及发生的费用。

承包人在动力设备、输电线路、地下管道、易燃易爆地段以及临街交通要道附近施工时，施工开始前应有安全防护措施。安全防护费用由发包人承担。

4.5 园林工程竣工阶段的合同管理

4.5.1 竣工验收

工程验收是合同履行中的一个重要工作阶段，竣工验收可以是整体工程竣工验收，也可以是分项工程竣工验收，具体应按施工合同约定进行。

4.5.1.1 竣工验收需满足的条件

依据施工合同范本通用条款和法规的规定，竣工工程必须符合下列基本要求：

(1) 完成工程设计和合同约定的各项内容。

(2) 施工单位在工程完工后对工程质量进行了检查，确认工程质量符合有关工程建设强制性标准，符合设计文件及合同要求，并提出工程竣工报告。工程竣工报告应经项目经理和施工单位有关负责人审核签字。

(3) 对于委托监理的工程项目，监理单位对工程进行了质量评价，具有完整的监理资料，并提出工程质量评价报告。工程质量评价报告应经总监理工程师和监理单位有关负责人审核签字。

(4) 勘察、设计单位对勘察、设计文件及施工过程中由设计单位签署的设计变更通知书进行了确认。

(5) 有完整的技术档案和施工管理资料。

(6) 有工程使用的植物检验检疫证明、主要建筑材料、建筑构配件和设备合格证及必要的进场试验报告。

(7) 有施工单位签署的工程质量保修书。

(8) 有公安消防、环保等部门出具的认可文件或准许使用文件。

(9) 建设行政主管部门及其委托的工程质量监督机构等有关部门责令整改的问题全部整改完毕。

4.5.1.2 验收后的管理

按照规定的条款和程序进行工程验收。工程未经竣工验收或竣工验收未通过的，发包人不得使用。发包人强行使用时，由此发生的质量问题及其他问题，由发包人承担责任。

确定竣工的日期非常重要，有利于计算承包人的实际施工期限，与合同约定的工期比较是提前竣工还是延误竣工。工程通过了竣工验收，承包人送交竣工验收报告的日期为实际竣工日期。工程按发包人要求修改后通过竣工验收的，实际竣工日期为承包人修改后提请发包人验收的日期。承包人的实际施工期限，是从开工日起到上述确认为竣工日期之间的日历天数。

发包人在验收后14天内给予认可或提出修改意见。竣工验收合格的工程移交给发包人使用，承包人不再承担工程保管责任。需要修改缺陷的部分，承包人应按要求进行修改，并承担由自身原因造成修改的费用。

发包人收到承包人送交的竣工验收报告后28天内不组织验收，或验收后14天内不提出修改意见，均视为竣工验收报告已被认可。同时，从第29天起，发包人承担工程保管及一切意外责任。

因特殊原因，发包人要求部分单位工程或工程部位甩项竣工的，双方另行签订甩项竣工协议，明确双方责任和工程价款的支付方法。

中间竣工工程的范围和竣工时间，由双方在专用条款内约定。

4.5.2 工程保修养护

承包人应当在工程竣工验收之前，与发包人签订质量保修书，作为合同附件。质量保修书的主要内容包括工程质量保修范围和内容、质量保修期、质量保修责任、保修费用和其他约定五部分。

4.5.2.1 工程质量保修范围和内容

双方按照工程的性质和特点，具体约定保修的相关内容。一般由于园林工程施工单位的施工责任而造成的质量问题都应保修，对大规格苗木、珍贵植物要保活养护。

4.5.2.2 质量保修期

保修期从竣工验收合格之日起计算。在保修书内当事人双方应针对不同的工程部位，约定具体的保修年限。当事人协商约定的保修期限，不得低于法规规定的标准。国务院颁布的《建设工程质量管理条例》明确规定，在正常使用条件下的最低保修期限如下：

（1）基础设施工程、房屋建筑的地基基础工程和主体工程，为设计文件规定的该工程的合理使用年限。

（2）屋面防水工程、有防水要求的卫生间、房间和外墙面的防渗漏，为5年。

（3）供热与供冷系统，为2个采暖期、供冷期。

（4）电气管线、给排水管道、设备安装和装修工程，为2年。

4.5.2.3 质量保修责任与保修费用

（1）属于保修范围、内容的项目，且养护、修理项目确实由于施工单位施工责任或施工质量不良遗留的隐患，应由施工单位承担全部修理费用，并在接到发包人的保修通知起7天内派人保修。承包人不在约定期限内派人保修，发包人可以委托其他人修理。

（2）养护、修理项目是由于建设单位的设备、材料、成品、半成品等不良原因造成的，或由于用户管理使用不当，造成建筑物、构筑物等功能不良或苗木损伤死亡时，均应由建设单位承担全部修理费用。

（3）涉及结构安全的质量问题，应当按照《房屋建筑工程质量保修办法》的规定，立即向当地建设行政主管部门报告，采取相应的安全防范措施。由原设计单位或具有相应资质等级的设计单位提出保修方案，承包人实施保修。发生紧急抢修事故时，承包人接到通知后应当立即到达事故现场抢修。

（4）养护、修理项目是由建设单位和施工单位双方的责任造成的，双方应实事求是地共同商定各自承担的修理费用。

（5）质量保修完成后，由发包人组织验收。

4.5.3 竣工结算

工程竣工验收报告经发包人认可后，承发包双方应当按协议书约定的合同价款及专用条款约定的合同价款调整方式，进行工程竣工结算。

工程竣工验收报告经发包人认可后28天，承包人向发包人递交竣工结算报告及完整的结算资料。

发包人自收到竣工结算报告及结算资料后28天内进行核实，给予确认或提出修改意见。发包人认可竣工结算报告后，及时办理竣工结算价款的支付手续。发包人收到竣工结算报告及结算资料后28天内无正当理由不支付工程竣工结算价款，从第29天起按承包人同期向银行贷款利率支付拖欠工程价款的利息，并承担违约责任。

发包人收到竣工结算报告及结算资料后28天内不支付工程竣工结算价款，承包人可以催告发包人支付结算价款。发包人在收到竣工结算报告及结算资料后56天内仍不支付，承包人可以与发包人协议将该工程折价，也可以由承包人申请人民法院将该工程依法拍卖，承包人就该工程折价或者拍卖的价款优先受偿。

工程竣工验收报告经发包人认可后28天内，承包人未能向发包人递交竣工结算报告及完整的结算资料，造成工程竣工结算不能正常进行或工程竣工结算价款不能及时支付时，如果发包人要求交付工程，承包人应当交付；发包人不要求交付工程，承包人仍应承担保管责任。

承包人收到竣工结算价款后14天内将竣工工程交付发包人，施工合同即告终止。

4.6 园林工程施工合同的履行、变更、转让和终止

4.6.1 园林工程施工合同的履行

园林工程施工合同的履行，是指依法成立的合同各方当事人按照合同规定的内容，全面履行各自的义务，实现各自的权利，使各方的目的得以实现的行为。合同履行是该合同具有法律约束力的首要表现。履行合同就是要按时、按质、按量完成施工任务，保证园林作品的成功。合同的履行是以有效的合同为

前提和依据的，只有通过合同的履行才能取得某种权益。

在履行合同时，双方都应本着诚实守信、公平合理、全面履行的原则。

4.6.1.1　诚实信用原则

在合同履行过程中应信守商业道德，保守商业秘密。当事人应根据合同性质、目的和交易习惯履行通知、协助和保密的义务。应关心合同履行情况，努力为对方履行义务创造必要的条件，发现问题应及时协商解决。

4.6.1.2　全面履行的原则

全面履行就是当事人按合同约定的标的、价款、数量、质量、地点、期限、方式等全面履行各自的义务。合同有明确约定的，应当依约定履行。合同订立后，双方应当严格履行各自的义务，不按期支付预付款、工程款，不按照约定时间开工、竣工，都是违约行为。同时，全面履行还包含合同约定不明确的可以协议补充、按照合同有关条款或者交易习惯以及有关规定进行履行。

4.6.2　园林工程施工合同的变更

《合同法》规定，当事人协商一致可以变更合同。合同变更是指当事人对已经发生法律效力，但尚未履行或者尚未完全履行的合同，进行修改或补充所达成的协议。协商一致是合同变更的必要条件，任何一方都不得擅自变更合同。

由于工程合同签订的特殊性，需要有关部门的批准或登记，变更时需要重新登记或审批。变更工程承包合同应遵循一定的法律程序，做好登记存档。

有效的合同变更必须要有明确的合同内容的变更。合同的变更一般不涉及已履行的内容。如果当事人对合同的变更约定不明确，视为没有变更。

合同变更后，当事人不得再按原合同履行，而须按变更后的合同履行。

4.6.3　园林工程施工合同的转让

合同转让是指合同一方将合同的权利、义务全部或部分转让给第三人的法律行为。《民法通则》规定：“合同一方将合同的权利、义务全部或者部分转让给第三人的，应当取得合同另一方的同意，并不得牟利。依照法律规定应当由国家批准的合同，需经原批准机关批准。但是，法律另有规定或者原合同另有约定的除外。”

合同的权利、义务的转让，除另有约定外，原合同的当事人之间以及转让人与受让人之间应当采用书面形式。转让合同权利、义务约定不明确的，视为未转让。合同的权利义务转让给第三人后，该第三人取代原当事人在合同中的法律地位。注意出现下列情形的债权是不可以转让的：①根据合同性质不得转让；②根据当事人约定不得转让；③依照法律规定不得转让。

4.6.4　园林工程施工合同的终止

合同的终止是指合同当事人完全履行了合同规定的义务，当事人之间根据合同确定的权利义务在客观上不复存在，据此合同不再对双方具有约束力。对于园林工程承包合同而言就是经过工程施工阶段，园林绿化工程成为了实物形态，此时合同已经完全履行，合同关系可以终止。

按照《合同法》的规定，有下列情形之一的，合同的权利义务终止：①债务已经按照约定履行；②合同解除；③债务相互抵销；④债务人依法将标的物提存；⑤债权人免除债务；⑥债权债务同归于一人；⑦法律规定或者当事人约定终止的其他情形。合同终止是随着一定法律事实发生而发生的，与合同中止不同之处在于，合同中止只是在法定的特殊情况下，当事人暂时停止履行合同，当这种特殊情况消失以后，当事人仍然承担继续履行的义务；而合同终止是合同关系的消灭，不可能恢复。

如果在合同履行过程中，因一方或双方等原因，使合同不能继续履行的，依法终止合同，此种情况称为解除合同（提前终止）。

复习思考题

1. 简述园林工程施工合同的特点。
2. 园林工程施工合同管理的方法和手段有哪些？
3. 签订施工合同的原则和条件是什么？
4. 园林工程施工准备阶段有哪些合同管理工作？
5. 在合同管理中有关材料设备方面的合同责任有哪些？
6. 园林工程施工合同的履行有哪些要求？
7. 按园林工程施工合同示范文本的要求模拟签订一份施工合同。

第5章 园林工程施工进度管理

本章阐述了工程施工进度管理的工作内容、影响施工进度计划的因素和施工进度管理的基本原理；介绍了园林工程施工进度管理的程序和园林工程施工进度管理的方法和措施。

5.1 园林工程施工进度管理概述

进度管理是园林工程施工项目管理中的重要内容之一。控制施工进度是保证园林工程施工项目按期完成，合理安排资源供应、节约工程成本的重要措施。

施工项目进度控制是指在既定的工期内，编制出最优的施工进度计划，在执行该计划的过程中，经常检查施工实际情况，并将其与计划进度相比较，若出现偏差，分析产生的原因和对工期的影响程度，制定出必要的调整措施，修改原计划，不断地如此循环，直至工程竣工验收。施工项目进度控制应以实现施工合同约定的交工日期为最终目标。

园林工程施工项目进度管理应建立以项目经理为首的进度控制体系，各子项目负责人、计划人员、调度人员、作业队长和班组长都是该体系的成员。各承担施工任务者和生产管理者都应承担进度控制目标，对进度控制负责。

5.1.1 园林工程施工项目进度管理的工作内容

园林工程施工项目进度管理是根据施工合同确定的开工日期、总工期和竣工日期确定施工进度目标，在保证施工质量、不增加施工实际成本的条件下，确保施工项目的既定目标工期的实现和适当缩短施工工期。

施工项目进度管理的主要内容是编制施工总进度计划并控制其执行，按期完成整个施工项目的任务；编制单位工程施工进度计划并控制其执行，按期完成单位工程的施工任务；编制分部分项工程施工进度计划，并控制其执行，按期完成分部分项工程的施工任务；编制季度、月（旬）作业计划，并控制其执行，完成规定的目标等。

编制施工进度计划，不仅要明确开工日期、计划总工期和计划竣工日期，而且应确定项目分期分批的开、竣工日期。还要具体安排实现进度目标的工艺关系、组织关系、搭接关系、起止时间、劳动力计划、材料计划、机械计划和其他保证性计划。

施工项目进度管理的总目标应进行层层分解，形成实施进度控制、相互制约的目标体系。园林工程施工项目进度管理明确进度计划是关键。对施工进度目标的分解，可按单项工程分解为交工分目标，按承包的专业或按施工阶段分解为完工分目标，按年、季、月计划期分解为时间分目标。

在园林工程施工项目进度管理的过程中，首先，应向发包人或监理工程师提出开工申请报告，按监理工程师开工令指定的日期开工；其次，认真实施施工进度计划，在实施中加强协调和检查，如出现偏差（不必要的提前或延误）

及时进行调整，并不断预测未来进度状况。项目竣工验收前抓紧收尾阶段进度控制；全部任务完成后进行进度控制总结，并编写进度控制报告。

5.1.2 影响施工进度计划的因素

园林工程施工项目特别是较大和复杂的工期较长的工程项目，在编制计划、执行和控制施工进度计划时，要充分认识和考虑其施工特点和影响进度因素。尤其是当施工进度出现偏差时，应重点考虑有关影响因素，分析产生的原因，做到克服其影响，尽可能保证按进度计划进行。其主要影响因素有以下几方面。

5.1.2.1 有关单位的影响

施工项目的主要施工单位对施工进度起决定性作用，但是建设单位、设计单位、银行信贷单位、材料设备供应部门、运输部门、水、电供应部门及政府的有关主管部门等，都可能给施工的某些方面造成困难而影响施工进度。其中设计单位图纸不及时和有错误，以及有关部门对设计方案的变动是经常发生和影响最大的因素；材料和设备不能按期供应，或质量、规格不符合要求，都将使施工停顿；资金不能保证也会使施工进度中断或速度减慢等。

5.1.2.2 施工条件的变化

施工中工程地质条件和水文地质条件与勘查设计的不符，如地质断层、溶洞、地下障碍物、软弱地基，以及恶劣的气候、暴雨、高温和洪水等，都对施工进度产生影响，造成临时停工或破坏。

5.1.2.3 施工技术的失误

施工单位采用技术措施不当，施工中发生技术事故；应用新技术、新材料、新结构缺乏经验，不能保证质量等都要影响施工进度。

5.1.2.4 施工组织管理不利

流水施工组织不合理、施工方案不当、计划不周、管理不善、劳动力和施工机械调配不当、施工平面布置不合理、解决问题不及时等，将影响施工进度计划的执行。

5.1.2.5 意外事件的出现

施工中如果出现意外的事件，如战争、内乱、拒付债务、工人罢工等政治事件；地震、洪水等严重的自然灾害；重大工程事故、试验失败、标准变化等技术事件；拖延工程款、通货膨胀、分包单位违约等经济事件都会影响施工进度计划。

5.1.3 园林工程施工进度管理的作用

园林工程施工管理都有一个进度管理目标。在实现进度目标的过程中，按预定的计划实施，通过不断检查，纠正偏差，达到保证正常施工的目的。以苗木管理来说，进度管理目标有阶段性目标和最终目标，实现阶段性目标是实现最终目标的保证，实现苗木管理的最终目标又是实现整个园林绿化施工项目的保证，因此，要坚持用控制论的原理、理论为指导，进行全过程的控制。

进度管理的实质是施工进度计划的检查和调整，按照“施工任务书”与月（旬）作业计划，做好记录，掌握施工现场的实际情况，排除施工中出现的各种矛盾，克服薄弱环节，作出调度决定。

苗木管理的特殊性与季节有关。为节约成本，通常安排在正常季节进行绿化施工，抓住合理的苗木栽植进度。有时由于工程工期的限制，需要在非正常栽植季节进行绿化施工，安排好栽植进度非常关键，否则，苗木的成活率就会降低。所以，对园林绿化施工来说，进度管理实质上是确保苗木的栽植质量的前提和保证。

苗木的进度目标管理还与苗木采购供应计划的合理性有关。不同的树木花卉，都有不同的适宜栽植时间，苗木供应的及时、合理，需要最优化的苗木采购供应计划。苗木到达施工现场后，苗木栽植的时间安排和劳力分配又是一个关键。只要管理得当，抓紧栽植进度，就可以避免和缩短苗木囤积，防止因苗木供应不及时而出现停工待料的现象。

苗木栽植施工与前一阶段土方施工密切相关。运用好系统管理中的相关管理原理，保证土方工程按期按质完成，苗木栽植才能正常进行。

综上所述，苗木进度管理只有处理好各种因素的影响，制定合理的阶段性进度计划和全过程进度计划，运用科学原理和手段，就能节约工程成本、确保苗木的栽植质量并按工程目标完成，从而提高施工效益。

5.2 园林工程施工进度管理的基本原理

园林工程施工进度管理是一个动态的过程，有一个目标体系，保证工程项目按期建成交付使用，是工程施工阶段进度控制的最终目的。将施工进度总目标从上至下层层分解，形成施工进度控制目标体系，作为实施进度控制的依据。其施工项目进度控制基本原理有动态控制原理、系统控制原理、信息反馈原理、统计学原理、网络计划技术原理。现分述如下。

5.2.1 动态循环控制原理

施工项目进度控制首先是一个动态控制的过程，从项目施工开始，实际施工进度就不断发生变化，在执行计划的过程中，有时实际进度按照计划进度进行，两者则相吻合；由于工程施工的特殊性，实际进度与计划进度常常表现不一致，便会产生超前或落后的偏差。为了保证实际进度按照计划进度进行，只有分析产生偏差的原因，采取相应的措施，调整原来的计划，使两者在新起点上重合，继续进行施工活动，并且充分发挥组织管理的作用，使实际工作按计划进行。其次施工项目进度控制还是一个循环进行的过程，当采取了调整措施克服进度偏差后，在新的干扰因素作用下，又会产生新的偏差，这就需要再次分析和调整，这种动态循环的过程直到施工结束。

项目进度计划控制的全过程是计划、实施、检查、比较分析、确定调整措施、再计划。从编制项目施工进度计划开始，经过实施过程中的跟踪检查，收集有关实际进度的信息，比较和分析实际进度与施工计划进度之间的偏差，找出产生原因和解决办法，确定调整措施，再修改原进度计划，形成一个循环系统。

因此，施工项目进度控制是一个动态循环的控制过程。

5.2.2 系统控制原理

我们知道，施工项目有各种进度计划，既有施工项目总进度计划、单位工程进度计划，又有分部分项工程进度计划、季度和月（旬）作业计划，这些计划从总体计划到局部计划，由大到小，内容从粗到细，每个层面都需要实施和落实，因而采用系统控制非常重要。为了保证施工项目进度实施，必须建立相应的组织系统。

对施工项目实际进度计划控制，首先必须有施工项目计划系统。计划编制时逐层进行控制目标分解，得到施工项目总进度计划、单位工程进度计划、分部分项工程进度计划、季度、月（旬）作业计划，组成一个施工项目进度计划系统。在执行计划时，从月（旬）作业计划开始实施，逐级按目标控制，从而达到对施工项目整体进度目标控制。

其次，施工项目进度管理要有实施的组织系统。施工项目的各职能部门以及项目经理、施工队长、班组长及其所属全体成员组成施工项目实施的完整组织系统。在施工项目实施的全过程中，各职能部门都按照施工进度规定的要求进行严格管理、落实和完成各自的任务；各专业队伍按照计划规定的目标努力完成各自的任务，保证计划控制目标落实。

还应有一个项目进度的检查控制系统。从公司经理、项目经理，一直到作业班组都要设有专门职能部门或人员负责检查，统计、整理实际施工进度的资料，并与计划进度比较分析和进行调整。当然不同层次人员负有不同进度控制职责，分工协作，形成一个纵横连接的施工项目控制组织系统。

采取进度控制措施时，要尽可能选择对投资目标和质量目标产生有利影响的控制措施。当然，采取进度控制措施也可能对投资目标和质量目标产生不利影响。根据工程进展的实际情况和要求以及进度控制措施选择的可能性，有以下三种处理方式：①在保证进度目标的前提下，将对投资目标和质量目标的影响减少到最低程度；②适当调整进度目标，不影响或基本不影响投资目标和质量目标；③介于上述两者之间。

只有实施系统控制，才能保证计划按期实施和落实。

5.2.3 信息反馈原理

信息反馈方式有正式反馈和非正式反馈两种。正式反馈是指书面报告等，非正式反馈是指口头汇报等。施工项目应当把非正式反馈适时转化为正式反馈，才能更好地发挥其对控制的作用。

信息反馈是施工项目进度控制的主要环节，施工的实际进度通过信息反馈给基层施工项目进度控制的工作人员，在分工的职责范围内，经过对其加工，再将信息逐级向上反馈，直到主控制室，主控制室整理统计各方面的信息，经比较分析做出决策，调整进度计划，使其符合预定工期目标。

施工项目进度控制的过程就是信息反馈的过程。

5.2.4 统计学原理

工程项目施工的工期长、影响进度的因素多，根据统计学知识，利用统计资料和经验，就可以估计影响进度的程度，并在确定进度目标时，进行实现目标的风险分析。

在编制施工项目进度计划时，要充分利用过去的实践经验和类似的工程施工项目资料，在以往的基础上留有余地，使施工进度计划具有弹性。在进行施工项目进度控制时，要对施工过程中的相关数据进行统计分析，看是否能缩短有关工作的时间，或者改变它们之间的搭接关系，使检查之前拖延的工期，通过缩短剩余计划工期的方法，达到预期的计划目标。

统计学原理在施工项目进度控制中的应用非常广泛。

5.2.5 网络计划技术原理

在施工项目进度的控制中，利用网络计划技术编制进度计划，根据收集的实际进度信息，比较和分析进度计划，再利用网络计划进行工期优化、成本优化和资源优化，使施工项目进度管理更科学。

使用网络计划技术，首先是利用网络图的形式表达一项工程计划方案中各项工作之间的相互关系和先后顺序关系；其次，通过计算找出影响工期的关键线路和关键工作；接着，通过不断调整网络计划，寻求最优方案并付诸实施；最后，在计划实施过程中采取有效措施对其进行控制，以合理使用资源，高效、优质、低耗地完成预定任务。

由此可见，网络计划技术不仅是一种科学的计划方法，同时也是一种科学的动态控制方法。网络计划技术原理是施工项目进度控制完整的计划管理和分析计算的理论基础。

5.3 园林工程施工进度管理的程序

5.3.1 园林工程施工进度计划的编制

施工进度计划是表示各项工程（单位工程、分部工程或分项工程）的施工顺序、开始和结束时间以及相互衔接关系的计划。它是承包单位进行现场施工管理的核心指导文件。施工进度计划通常是按工程对象编制的。

5.3.1.1 施工总进度计划的编制

施工总进度计划一般是建设工程项目的施工进度计划。它是用来确定建设工程项目中所包含的各单位工程的施工顺序、施工时间及相互衔接关系的计划。编制施工总进度计划的依据有：施工总方案；资源供应条件；各类定额资料；合同文件；工程项目建设总进度计划；工程动用时间目标；建设地区自然条件及有关技术经济资料等。

施工总进度计划的编制步骤和方法如下。

（1）计算工程量

根据批准的工程项目一览表，按单位工程分别计算其主要实物工程量，不仅是为了编制施工总进度计划，而且还为了编制施工方案和选择施工、运输机械，初步规划主要施工过程的流水施工，以及计算人工、施工机械及各种材料、植物的需要量。因此，工程量只需粗略地计算即可。

工程量的计算可按初步设计（或扩大初步设计）图纸和有关定额手册或资料进行。

（2）确定各单位工程的施工期限

各单位工程的施工期限应根据合同工期确定，同时还要考虑建筑类型、结构特征、施工方法、施工管理水平、施工机械化程度及施工现场条件等因素。如果在编制施工总进度计划时没有合同工期，则应保证计划工期不超过工期定额。

（3）确定各单位工程的开竣工时间和相互搭接关系

确定各单位工程的开竣工时间和相互搭接关系主要应考虑以下几点：

1）同一时期施工的项目不宜过多，以避免人力、物力过于分散。

2）尽量做到均衡施工，以使劳动力、施工机械和主要材料的供应在整个工期范围内达到均衡。

3）尽量提前建设可供工程施工使用的永久性工程，以节省临时工程费用。

4）急需和关键的工程先施工，以保证工程项目如期交工。对于某些技术复杂、施工周期较长、施工困难较多的工程，亦应安排提前施工，以利于整个工程项目按期交付使用。

5）施工顺序必须与主要生产系统投入生产的先后次序相吻合。同时还要安排好配套工程的施工时间，以保证建成的工程能迅速投入生产或交付使用。

6）应注意季节对施工顺序的影响，使施工季节不拖延工期，不影响工程质量。

7）安排一部分附属工程或零星项目作为后备项目，用以调整主要项目的施工进度。

8）注意主要工种和主要施工机械能连续施工。

（4）编制初步施工总进度计划

施工总进度计划应安排全工地性的流水作业。全工地性的流水作业安排应以工程量大，工期长的单位工程为主导，组织若干条流水线，并以此带动其他工程。

施工总进度计划既可以用横道图表示，也可以用网络图表示。

(5) 编制正式施工总进度计划

初步施工总进度计划编制完成后，要认真进行检查。主要是检查总工期是否符合要求，资源使用是否均衡且其供应是否能得到保证。如果出现问题，则应进行调整。调整的主要方法是改变某些工程的起止时间或调整主导工程的工期。

正式的施工总进度计划确定后，应据以编制劳动力、材料、大型施工机械等资源的需用量计划，以便组织供应，保证施工总进度计划的实现。

5.3.1.2 单位工程施工进度计划的编制

单位工程施工进度计划是在既定施工方案的基础上，根据规定的工期和各种资源供应条件，对单位工程中的各分部分项工程的施工顺序、施工起止时间及衔接关系进行合理安排的计划。其编制的主要依据有：施工总进度计划、单位工程施工方案、合同工期或定额工期、施工定额、施工图和施工预算、施工现场条件、资源供应条件、气象资料等。

单位工程施工进度计划的编制步骤和方法如下。

(1) 划分工作项目

工作项目是包括一定工作内容的施工过程，它是施工进度计划的基本组成单元。对于大型建设工程，经常需要编制控制性施工进度计划，此时工作项目可以划分得粗一些，一般只明确到分部工程即可。单位工程施工进度计划中的工作项目应明确到分项工程或更具体，以满足指导施工作业、控制施工进度的要求。

(2) 确定施工顺序

确定施工顺序是为了按照施工的技术规律和合理的组织关系，解决各工作项目之间在时间上的先后和搭接问题，以达到保证质量、安全施工、充分利用空间、争取时间、实现合理安排工期的目的。

一般说来，施工顺序受施工工艺和施工组织两方面的制约。当施工方案确定之后，工作项目之间的工艺关系也就随之确定。如果违背这种关系，将不可能施工，或者导致工程质量事故和安全事故的出现，或者造成返工浪费。

工作项目之间的组织关系是由于劳动力、施工机械、材料和构配件等资源的组织和安排需要而形成的。它不是由工程本身决定的，而是一种人为的关系。组织方式不同，组织关系也就不同。不同的组织关系会产生不同的经济效果，应通过调整组织关系，并将工艺关系和组织关系有机地结合起来，形成工作项目之间的合理顺序关系。

(3) 计算工程量

工程量的计算应根据施工图和工程量计算规则，针对所划分的每一个工作项目进行。当编制施工进度计划时已有预算文件，且工作项目的划分与施工进度计划一致时，可以直接套用施工预算的工程量，不必重新计算。若某些项目有出入，但出入不大时，应结合工程的实际情况进行某些必要的调整。计算工程量时应注意以下问题。

1）工程量的计算单位应与现行定额手册中所规定的计量单位相一致，以便计算劳动力、材料和机械数量时直接套用定额，而不必进行换算。

2）要结合具体的施工方法和安全技术要求计算工程量。

3）应结合施工组织的要求，按已划分的施工段分层分段进行计算。

（4）计算劳动量和机械台班数

当某工作项目是由若干个分项工程合并而成时，则应分别根据各分项工程的时间定额（或产量定额）及工程量来计算。

（5）确定工作项目的持续时间

根据工作项目所需要的劳动量或机械台班数，以及该工作项目每天安排的工人数或配备的机械台数，即可按下列公式计算出各工作项目的持续时间。

$$D=\frac{P}{RB} \tag{5-1}$$

式中 D——完成工作项目所需要的时间，即持续时间；

P——劳动量或机械台班数；

R——每班安排的工人数或施工机械台数；

B——每天工作班数。

（6）绘制施工进度计划图

绘制施工进度计划图，首先应选择施工进度计划的表达形式。目前，常用来表达建设工程进度计划的方法有横道图和网络图两种形式。横道图比较简单，而且非常直观，是控制工程进度的主要依据。

（7）施工进度计划的检查与调整

当施工进度计划初始方案编制好后，需要对其进行检查与调整，以便使进度计划更加合理，进度计划检查的主要内容包括以下几方面。

1）各工作项目的施工顺序、平行搭接和技术间歇是否合理。

2）总工期是否满足合同规定。

3）主要工种的工人是否能满足连续、均衡施工的要求。

4）主要机具、材料等的利用是否均衡和充分。

在上述四个方面中，首要的是前两方面的检查，如果不满足要求，必须进行调整。只有在前两个方面均达到要求的前提下，才能进行后两个方面的检查与调整。前者是解决可行与否的问题，而后者则是优化的问题。

5.3.2 园林工程施工进度管理的程序

一般来说，进度控制随着建设的进程而展开，因此进度控制的总程序与建设程序的阶段划分相一致。在具体操作上，每一建设阶段的进度控制又按计划、实施、监测及反复调整的科学程序进行。

进度控制的重点是建设准备和建设实施阶段的进度控制。因为这两个阶段时间最长、影响因素最多、分工协作关系最复杂、变化也最大。但前期工作阶段所进行的进度决策又是实施阶段进度控制的前提和依据，其预见性和科学性对整个进度控制的成败具有决定性的影响。进度控制总程序如下。

5.3.2.1 项目建议书阶段

通过机会研究和初步的可行性研究，在项目建议书报批文件中提出项目进度总安排的建议。它体现了建设单位对项目建设时间方面的预期目标。

5.3.2.2 可行性研究阶段

可行性研究阶段对项目的实施进度进行较详细的研究。通过对项目竣工的时间要求和建设条件可能的相关分析，对不同进度安排的经济效果的比较，在可行性研究报告中提出最优的一个或两、三个备选方案。该报告经评估、审批后确定的建设总进度和分期、分阶段控制进度，就成为实施阶段进度控制的决策目标。

5.3.2.3 设计阶段

设计阶段除进行设计进度控制外，还要对施工进度作进一步预测。设计进度本身也必须与施工进度相协调。

5.3.2.4 建设准备阶段

建设准备阶段要控制征地、拆迁、场地清障和平整的进度，抓紧施工用水、电的施工。道路等建设条件的准备，组织材料、设备的订货，组织施工招标，办理各种协议签订和有关主管部门的审批手续。这一阶段工作头绪繁多，上下左右间关系复杂。每一项疏漏或拖延都将留下建设条件的缺口，造成工程顺利开展的障碍或打乱进度的正常秩序。因此，这一阶段工作及其进度控制极为重要，绝不能掉以轻心。在这一阶段里还应通过编制与审批施工组织设计，确定施工总进度计划、首期或第一年工程的进度计划。

5.3.2.5 建设实施阶段

建设实施阶段进度控制的重点是组织综合施工和进行偏差管理。项目管理者要全面作好进度的事前控制、事中控制和事后控制。除对进度的计划审批、施工条件的提供等预控环节和进度实施过程的跟踪管理外，还要着重协调好总包不能解决的内外界关系问题。当没有总包单位，建设安装的各项专业任务直接由建设单位分别发包时，计划的综合平衡和单位间协调配合的责任就更为重要。对进度的事后控制，就是要及早发现并尽快排除相互脱节和外界干扰，使进度始终处于受控状态，确保进度目标的逐步实现。与此同时，还要抓好项目动用的准备工作，为按期或提早项目动用创造必要而充分的条件。

5.3.2.6 竣工验收阶段

项目管理者要督促和检查施工单位的自验、试运转和预验收；在具备条件后协助业主组织正式验收。

在本阶段中，有关建设与施工方之间的竣工结算和技术资料核查、归档、移交，施工遗留问题的返修、处理等，都会有大量涉及双方利益的问题需要协调解决。此外，还有各验收过程的大量准备工作，必须抓全、抓细、抓紧，才能加快验收的进度。

5.4　园林工程施工进度管理的方法和措施

5.4.1　施工进度控制的方法

5.4.1.1　进度控制的行政方法

用行政方法控制进度，是指上级单位及上级领导人、本单位的领导层及领导人利用其行政地位和权力，通过发布进度指令进行指导、协调、考核，利用激励（奖、罚、表扬、批评）、监督等方式进行进度控制。

使用行政方法进行进度控制，优点是直接、迅速、有效，但应当注意其科学性，防止武断、主观、片面地瞎指挥。

行政方法应结合政府管理开展工作，指令要少些，指导要多些。

行政方法控制进度的重点应是进度控制目标的决策或指导，在实施中应尽量让实施者自己进行控制，尽量少进行行政干预。

国家通过行政手段审批项目建设和可行性研究报告，对重大项目或大中型项目的工期进行决策，批准年度基本建设计划，制定工期定额并督促其贯彻、实施，招投标办公室批准标底文件中的开竣工日期及总工期，等等，都是行之有效的控制进度的行政方法。实施单位应执行正确的行政控制措施。

5.4.1.2　进度控制的经济方法

进度控制的经济方法，是指用经济手段对进度控制进行影响和控制。主要有以下几种：

（1）银行通过对投资的投放速度控制工程项目的实施进度。

（2）承发包合同中写进有关工期和进度的条款。

（3）建设单位通过招标的进度优惠条件鼓励施工单位加快进度。

（4）建设单位通过工期提前奖励和延期罚款实施进度控制。

（5）通过物资的供应数量和进度实施进行控制等。

用经济方法控制进度应在合同中明确，辅之以科学的核算，使进度控制产生的效果大于为此而进行的投入。

5.4.1.3　进度控制的管理技术方法

进度控制的管理技术方法是指通过各种计划的编制、优化、实施、调整而实现进度控制的方法，包括流水作业方法、科学排序方法、网络计划方法、滚动计划方法、电子计算机辅助进度管理等。

5.4.2　施工进度的检查、统计和分析

在施工项目的实施过程中，为了进行进度控制，进度控制人员应经常地、定期地跟踪检查施工实际进度情况，主要是收集施工项目进度材料，进行统计整理和对比分析，确定实际进度与计划进度之间的关系，其主要工作包括以下几方面。

5.4.2.1　跟踪检查施工实际进度

为了对施工进度计划的完成情况进行统计、进行进度分析和调整计划提供信息，应对施工进度计划依据其实施记录进行跟踪检查。

跟踪检查施工实际进度是项目施工进度控制的关键措施。其目的是收集实际施工进度的有关数据。跟踪检查的时间和收集数据的质量，直接影响控制工作的质量和效果。

一般检查的时间间隔与施工项目的类型、规模、施工条件和对进度执行要求程度有关。通常可以确定每月、半月、旬或周进行一次。若在施工中遇到天气、资源供应等不利因素的严重影响，检查的时间间隔可临时缩短，次数应频繁，甚至可以每日进行检查。检查和收集资料的方式一般采用进度报表方式或定期召开进度工作汇报会。为了保证汇报资料的准确性，进度控制的工作人员，要经常到现场察看施工项目的实际进度情况，从而保证经常地、定期地准确掌握施工项目的实际进度。

根据不同需要，进行日查或定期检查的内容包括：

（1）检查期内实际完成和累计完成工程量。

（2）实际参加施工的人力、机械数量和生产效率。

（3）窝工人数、窝工机械台班数及其原因分析。

（4）进度偏差情况。

（5）进度管理情况。

（6）影响进度的特殊原因及分析。

5.4.2.2　整理统计检查数据

收集到的施工项目实际进度数据，要进行必要的整理、按计划控制的工作项目进行统计，形成与计划进度具有可比性的数据，相同的量纲和形象进度。一般可以按实物工程量、工作量和劳动消耗量以及累计百分比整理和统计实际检查的数据，以便与相应的计划完成量相对比。

5.4.2.3　对比实际进度与计划进度

将收集的资料整理和统计成具有与计划进度可比性的数据后，用施工项目实际进度与计划进度的比较方法进行比较。通常用的比较方法有：横道图比较法、S形曲线比较法、“香蕉”形曲线比较法、前锋线比较法和列表比较法等。通过比较得出实际进度与计划进度相一致、超前、拖后三种情况。

5.4.2.4　施工项目进度检查结果的处理

施工项目进度检查的结果，按照检查报告制度的规定，形成进度控制报告向有关主管人员和部门汇报。

进度控制报告是把检查比较的结果，有关施工进度现状和发展趋势，提供给项目经理及各级业务职能负责人的最简单的书面形式报告。

进度控制报告是根据报告的对象不同，确定不同的编制范围和内容而分别编写的。一般分为项目概要级进度控制报告、项目管理级进度控制报告和业务管理级进度控制报告。

项目概要级的进度报告是报给项目经理、企业经理或业务部门以及建设单位或业主的。它是以整个施工项目为对象说明进度计划执行情况的报告。

项目管理级的进度报告是报给项目经理及企业业务部门的。它是以单位工程或项目分区为对象说明进度计划执行情况的报告。

业务管理级的进度报告是就某个重点部位或重点问题为对象编写的报告，供项目管理者及各业务部门为其采取应急措施而使用的。

进度报告由计划负责人或进度管理人员与其他项目管理人员协作编写。报告时间一般与进度检查时间相协调，也可按月、旬、周等间隔时间进行编写上报。

通过检查应向企业提供月度施工进度报告的内容主要包括：项目实施概况、管理概况、进度概要的总说明；项目施工进度、形象进度及简要说明；施工图纸提供进度；材料、物资、构配件供应进度；劳务记录及预测；日历计划；对建设单位、业主和施工者的工程变更指令、价格调整、索赔及工程款收支情况；进度偏差的状况和导致偏差的原因分析；解决问题的措施；计划调整意见等。

5.4.3 施工项目进度计划的比较

施工项目进度计划比较分析与计划调整是施工项目进度控制的主要环节。其中施工项目进度计划比较是调整的基础。这里介绍最常用的横道图比较法。

用横道图编制施工进度计划，指导施工的实施已是人们常用的、很熟悉的方法。它形象简明和直观，编制方法简单，使用方便。

横道图记录比较法，是把在项目施工中检查实际进度收集的信息，经整理后直接用横道线并列标于原计划的横道线一起，进行直观比较的方法。例如某混凝土基础工程的施工实际进度计划与计划进度比较，见表 5-1。其中黑粗实线表示计划进度，涂黑部分则表示工程施工的实际进度。

某钢筋混凝土的施工实际进度与计划进度比较表　　表 5-1

工作编号	工作名称	工作时间(d)	施工进度																
			1	2	3	4	5	6	7	8	9	10	11	12	13	14	15	16	17
1	挖土方	6																	
2	支模板	6																	
3	绑扎钢筋	9																	
4	浇混凝土	6																	
5	回填土	6																	

从比较中可以看出，在第 8 天末进行施工进度检查时，挖土方工作已经完成；支模板的工作按计划进度应当完成，而实际施工进度只完成了 83% 的任务，已经拖后了 17%；绑扎钢筋工作已完成了 44% 的任务，施工实际进度与计划进度一致。

通过上述记录与比较，发现了实际施工进度与计划进度之间的偏差，为采取调整措施提供了明确的任务。这是人们施工中进行施工项目进度控制经常用的一种最简单、熟悉的方法。但是它仅适用于施工中的各项工作都是按均匀的速度进行，即是每项工作在单位时间里完成的任务量都是相等的。

完成任务量可以用实物工程量、劳动消耗量和工作量三种物理量表示。为了比较方便，一般用它们实际完成量的累计百分比与计划的应完成量的累计百分比进行比较。

由于施工项目施工中各项工作的速度不一定相同，以及进度控制要求和提供的进度信息不同，可以采用以下几种方法。

5.4.3.1　匀速施工横道图比较法

匀速施工是指项目施工中，每项工作的施工进展速度都是匀速的，即在单位时间内完成的任务量部是相等的，累计完成的任务量与时间成直线变化，如图5-1所示。作图比较方法的步骤如下：

（1）编制横道图进度计划。

（2）在进度计划上标出检查日期。

（3）将检查收集的实际进度数据，按比例用涂黑的粗线标于计划进度线的下方。

（4）比较分析实际进度与计划进度。

1）涂黑的粗线右端与检查日期相重合，表明实际进度与施工计划进度相一致。

2）涂黑的粗线右端在检查日期的左侧，表明实际进度拖后。

3）涂黑的粗线右端在检查日期的右侧，表明实际进度超前。

必须指出：该方法只适用于工作从开始到完成的整个过程中，其施工速度是不变的，累计完成的任务量与时间成正比，如图5-1所示。若工作的施工速度是变化的，则这种方法不能进行工作的实际进度与计划进度之间的比较。

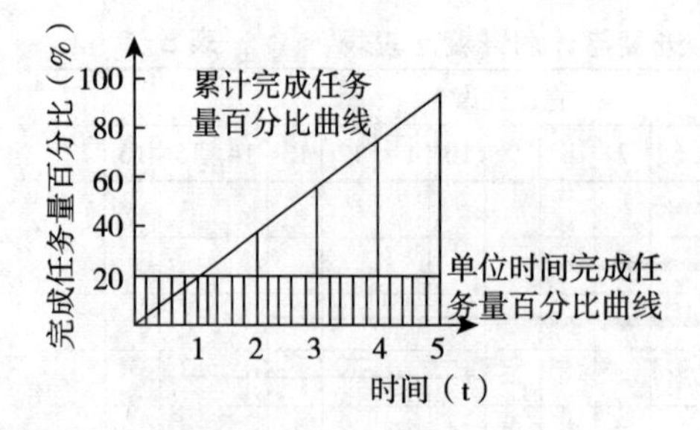

图5-1　匀速施工关系图

5.4.3.2　双比例单侧横道图比较法

匀速施工横道图比较法，只适用施工进展速度是不变的情况下施工实际进度与计划进度之间的比较。当工作在不同的单位时间里的进展速度不同时，累计完成的任务量与时间的关系不是成直线变化的，如图5-2所示，按匀速施工横道图比较法绘制的实际进度涂黑粗线，不能反映实际进度与计划进度完成任务量的比较情况。这种情况的进度比较可以采用双比例单侧横道图比较法。

图5-2 非匀速施工关系图

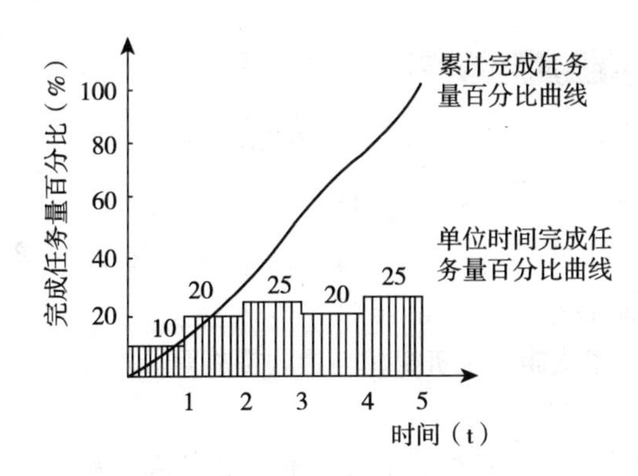

双比例单侧横道图比较法是适用工作的进度按变速进展的情况下，工作实际进度与计划进度进行比较的一种方法。它是在表示工作实际进度的涂黑粗线同时，在表上标出某对应时刻完成任务的累计百分比，将该百分比与其同时刻计划完成任务累计百分比相比较，判断工作的实际进度与计划进度之间的关系的一种方法。其比较方法的步骤如下：

（1）编制横道图进度计划。

（2）在横道线上方标出各工作主要时间的计划完成任务累计百分比。

（3）在计划横道线的下方标出工作的相应日期实际完成的任务累计百分比。

（4）用涂黑粗线标出实际进度线，并从开工日标起，同时反映出施工过程中工作的连续与间断情况。

（5）对照横道线上方计划完成累计量与同时间的下方实际完成累计量，比较出实际进度与计划进度之偏差。

1）当同一时刻上下两个累计百分比相等，表明实际进度与计划进度一致。

2）当同一时刻上面的累计百分比大于下面的累计百分比，表明该时刻实际施工进度拖后，拖后的量为二者之差。

3）当同一时刻上面的累计百分比小于下面的累计百分比，表明该时刻实际施工进度超前，超前的量为二者之差。

这种比较法，不仅适合于施工速度是变化情况下的进度比较，同时除找出检查日期进度比较情况外，还能提供某一指定时间二者比较情况的信息。当然，要求实施部门按规定的时间记录当时的完成情况，如图5-3所示。

值得指出：由于工作的施工速度是变化的，因此横道图中进度横线，不管计划的还是实际的，都是表示工作的开始时间、持续天数和完成时间，并不表示计划完成量和实际完成量，这两个量分别通过标注在横道线上方及下方的累计百分比数量表示。实际进度的涂黑粗线是从实际工程的开始日期画起，若工作实际施工间断，亦可在图中涂黑粗线上作相应的空白。

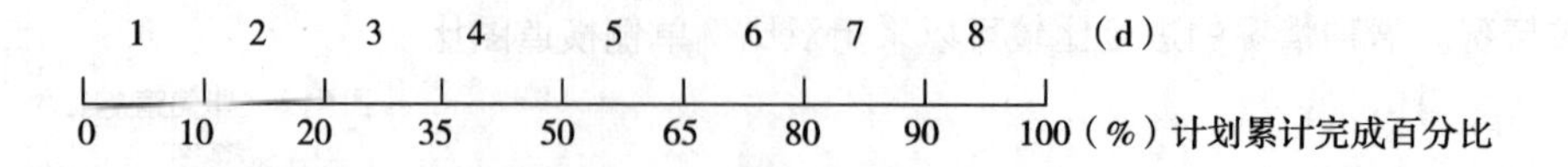

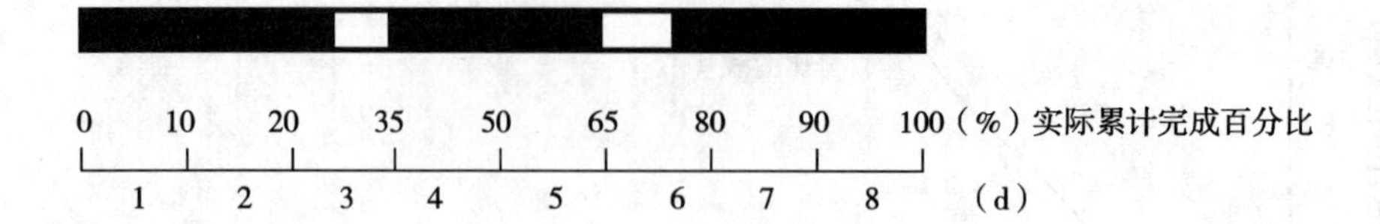

图5-3 双比例单侧横道图比较图

5.4.4 园林工程施工进度管理的措施

进度控制的措施包括组织措施、技术措施、经济措施与合同措施等。

5.4.4.1 组织措施

(1) 建立包括监理单位、建设单位、设计单位、施工单位、供应单位等进度控制体系，明确各方的人员配备、进度控制任务和相互关系。

(2) 建立进度报告制度和进度信息沟通网络。

(3) 建立进度协调会议制度。

(4) 建立进度计划审核制度。

(5) 建立进度控制检查制度和调度制度。

(6) 建立进度控制分析制度。

(7) 建立图纸审查、及时办理工程变更和设计变更手续的措施。

5.4.4.2 技术措施

(1) 采用多级网络计划技术和其他先进适用的计划技术。

(2) 组织流水作业，保证作业连续、均衡、有节奏。

(3) 缩短作业时间、减少技术间歇的技术措施。

(4) 采用电子计算机控制进度的措施。

(5) 采用先进高效的技术和设备。

5.4.4.3 经济措施

(1) 对工期缩短给予奖励。

(2) 对应急赶工给予优厚的赶工费。

(3) 对拖延工期给予罚款、收赔偿金。

(4) 提供资金、设备、材料、加工订货等供应时间保证措施。

(5) 及时办理预付款及工程进度款支付手续。

(6) 加强索赔管理。

5.4.4.4 合同措施

(1) 加强合同管理，加强组织、指挥、协调，以保证合同进度目标的实现。

(2) 控制合同变更，对有关工程变更和设计变更，应通过监理工程师严格审查后补进合同文件中。

(3) 加强风险管理，在合同中充分考虑风险因素及其对进度的影响、处理办法等。

5.4.5 施工进度控制的总结

施工项目经理部应在施工进度计划完成后，及时进行施工进度控制总结，为进度控制提供反馈信息。

5.4.5.1 施工进度控制总结依据的资料

(1) 施工进度计划。

(2) 施工进度计划执行的实际记录。

(3) 施工进度计划检查结果。

(4) 施工进度计划的调整资料。

5.4.5.2 施工进度控制总结应包括:

(1) 合同工期目标和计划工期目标完成情况。

(2) 施工进度控制经验。

(3) 施工进度控制中存在的问题。

(4) 科学的施工进度计划方法的应用情况。

(5) 施工进度控制的改进意见。

复习思考题

1. 园林工程施工项目进度管理的工作内容有哪些?
2. 影响施工进度计划的因素有哪些?
3. 园林工程施工进度管理常用的原理有哪些? 请简要说明。
4. 园林工程施工进度计划是如何编制的?
5. 建设工程进度控制的重点是哪几个阶段? 又是如何进行进度控制的?
6. 简述进度控制的方法。
7. 为什么用横道图编制施工进度计划是最常用的方法?
8. 怎样进行施工进度控制总结?

第6章 园林工程施工质量管理

本章简要叙述了质量的概念和一般工程特点，介绍了园林工程施工质量责任体系与控制程序、园林工程施工质量管理的数理统计方法，重点说明了园林工程施工准备的质量管理，园林工程施工过程的质量管理，园林工程质量问题及质量事故的处理等内容。

6.1 园林工程施工质量管理概述

随着人类社会的发展，现代社会的人们对质量的认识和要求不断提高，质量管理工作已经越来越为人们所重视。我们知道质量对社会的各个方面都有着深远的影响，高质量的产品和服务是市场竞争的有效手段，是争取用户、占领市场和发展企业的根本保证。从发展战略的高度来认识质量问题，质量已关系到国家的命运、民族的未来，质量管理的水平已关系到行业的兴衰、企业的命运。

6.1.1 质量的概念

质量不仅是指产品质量，也可以是某项活动或过程的工作质量，还可以是质量管理体系运行的质量。质量是由一组固有特性组成，这些固有特性是指满足顾客和其他相关方的要求的特性，并由其满足要求的程度加以表征。国际标准化组织为了规范全球范围内的质量管理活动对质量的定义是：反映实体满足明确和隐含需要的能力的特征。

质量的概念有狭义的质量和广义的质量之分。狭义的质量是指产品与特定技术标准符合的程度。这是一个静止的概念，是指活动或过程的结果——产品的特性与固定的质量标准是否相符合及符合的程度，从而将产品划分为合格品与不合格品或者一、二、三等品。广义的质量是相对于全面质量管理阶段而形成的，指产品或服务满足用户需要的程度。这是一个动态的概念，它不仅包括有形的产品，还包括无形的服务，不再是与标准对比，而是用活的用户的要求去衡量，它不仅指结果的质量（产品质量）；而且包括过程质量（工序质量和工作质量）。

对于施工企业和建设项目质量管理活动而言，我们除了全面地理解上述关于质量的概念外，还必须对工程质量的概念有更深入更具体地把握。

6.1.1.1 工程质量

工程质量也称工程实体质量，是指承建工程的使用价值，是工程满足社会需要所必须具备的质量特征。它体现在工程的适用性、寿命、可靠性、安全性、经济性、与环境的协调性六个方面。

（1）适用性，是指工程满足使用目的的各种性能。可从内在的和外观两个方面来区别，包括理化性能，结构性能，使用性能，外观性能等。

（2）寿命，也就是耐久性。是指工程正常使用期限的长短。

（3）可靠性，是指工程在使用寿命期限和规定的条件下完成规定功能的能力。工程不仅要求在交工验收时要达到规定的指标，而且在一定的使用时期内要保持应有的正常功能。

(4) 安全性，建设工程在使用周期内的安全程度，是否对人体和周围环境造成危害。

(5) 经济性，是指工程从规划、勘察、设计、施工到整个产品使用寿命周期内的成本和消耗的费用。工程经济性具体表现为设计成本、施工成本、使用成本三者之和。

(6) 与环境的协调性，是指工程与其周围生态环境协调，与所在地区经济环境协调以及与周围已建工程相协调，以适应可持续发展的要求。

上述质量特性彼此之间是相互依存的，总体而言，适用、耐久、安全、可靠、经济、与环境相适应，都是必须达到的基本要求，缺一不可。在许多情况下，质量特性难以定量，且大多与时间有关，只有通过使用才能最终确定，如可靠性、安全性、经济性等。

其中，工程质量还有一个质量标准问题，就是规定施工产品质量特性必须达到的要求。它把反映工程质量特性的一系列技术参数和指标定量化，形成技术文件，作为衡量工程质量优劣的基本尺度。

6.1.1.2 工序质量

工序亦称“作业”。工序是产品制造过程的基本环节，也是组织生产过程的基本单位。工序是由各分部分项工程分解、方便施工的施工过程。工序质量也称施工过程质量，一般地说，工序质量是指工序的成果符合设计、工艺（技术标准）要求的程序。施工过程中劳力、机械设备、原材料、操作方法和施工环境等五大要素对工程质量有不同程度的直接影响。

在整个施工过程中，任何一个工序的质量存在问题，整个工程的质量都会受到影响，为了保证工程质量达到质量标准，必须对工序质量给予足够注意。必须掌握五大要素的变化与质量波动的内在联系，改善不利因素，及时控制质量波动，调整各要素间的相互关系，保证连续不断地生产合格产品。

工序质量可用工序能力和工序能力指数来表示，所谓工序能力是指工序在一定时间内处于控制状态下的实际加工能力。任何生产过程，产品质量特征值总是分散分布的。工序能力越高，产品质量特征值的分散程度越小；工序能力越低，产品质量特征值的分散程度越大。

6.1.1.3 工作质量

工作质量是指在施工中所必须进行的组织管理、技术运用、后勤保障等工作对产品达到质量标准的保证程度。废品率、返修率、一次交验合格率等都是反映工作质量的指标，工序质量是工作质量的具体体现。工作质量不像工程质量那样直观，难以定量。一般用各项工作对工程施工的保障程度来衡量，并通过工程质量的优劣、不合格产品的多少、生产效率的高低和企业的盈利等经济指标来间接反映。

工程质量、工序质量和工作质量，虽然含义不同，但三者是密切联系的。工程质量是施工活动的最终结果，它取决于工序质量。工作质量则是工序质量的基础和保证，所以工程质量问题往往不是就工程质量而抓工程质量所能解决的，既要抓工程质量又要抓工作质量，必须提高工作质量来保证工序质量，从而保证工程质量。

6.1.2 工程质量的特点

建设工程质量的特点是由建设工程本身和建设生产的特点决定的。建设工程及其生产的特点：一是产品的固定性，生产的流动性；二是产品多样性，生产的单件性；三是产品形体庞大、高投入、生产周期长、具有风险性；四是产品的社会性，生产的外部约束性。正是由于上述建设工程的特点而形成了工程质量本身的以下特点。

6.1.2.1 影响因素多

建设工程质量受到多种因素的影响，如决策、设计、材料、机具设备、施工方法、施工工艺、技术措施、人员素质、工期、工程造价等，这些因素直接或间接地影响工程项目质量。

6.1.2.2 质量波动大

由于园林工程施工不像一般工业产品的生产那样，有固定的生产流水线、有规范化的生产工艺和完善的检测技术、有成套的生产设备和稳定的生产环境，而且工程施工中存在较多的偶然性因素和系统性因素，所以工程质量容易产生波动且波动大。如材料规格品种的使用错误、施工方法不当、操作未按规程进行等，都会发生质量波动。

6.1.2.3 质量隐蔽性

在施工过程中，由于分项工程交接多、隐蔽工程多，如果不及时进行质量检查，只有事后的表面检查，是很难发现内在的质量问题的，工程质量因此存在隐蔽性。在施工中出现判断错误在所难免，把合格判断为不合格即第一类错误，将不合格品误认为合格品即为第二类错误。

6.1.2.4 评价方法特殊

工程项目建成后不可能像一般工业产品那样依靠终检来判断产品质量，也不能将产品拆卸、解体来检查其内在的质量。因此，工程质量的检查评定及验收是按检验批、分项工程、分部工程、单位工程进行的。检验批的质量是分项工程乃至整个工程质量检验的基础，检验批质量主要取决于主控项目和一般项目的抽样检验结果。隐蔽工程在隐蔽前要检查合格后验收，涉及结构安全的试块、试件以及有关材料，应按规定进行见证取样检测，涉及结构安全和使用功能的重要分部工程要进行抽样检测。工程质量的评价方法要体现“验评分离、强化验收、完善手段、过程控制”的指导思想。

6.1.3 工程质量的形成过程与影响因素

6.1.3.1 工程建设各阶段对质量形成的作用与影响

工程建设的不同阶段，对工程项目质量的形成起着不同的作用和影响。

(1) 项目可行性研究

项目可行性研究是在项目建议书和项目策划的基础上，运用经济学原理对投资项目的有关技术、经济、社会、环境及所有方面进行调查研究，对各种可能的拟建方案和建成投产后的经济效益、社会效益和环境效益等进行技术经济分析、预测和论证，确定项目建设的可行性，并在可行的情况下，通过多方案比较从中选择出最佳建设方案，作为项目决策和设计的依据，在此过程中，需要确定工程项目的质量要求，并与投资目标相协调。因此，项目的可行性研究直接影响项目决策质量和设计质量。

（2）项目决策

项目决策阶段是通过项目可行性研究和项目评估，对项目的建设方案作出决策，使项目的建设充分反映业主的意愿，并与地区环境相适应，做到投资、质量、进度三者协调统一。所以，项目决策阶段对工程质量的影响主要是确定工程项目应达到的质量目标和水平。

（3）工程勘察、设计

工程的地质勘察是为建设场地的选择和工程的设计与施工提供地质资料依据。而工程设计是根据建设项目总体需求（包括已确定的质量目标和水平）和地质勘察报告，对工程的外形和内在的实体进行筹划、研究、构思、设计和描绘，形成设计说明书和图纸等相关文件，使得质量目标和水平具体化，为施工提供直接依据。

工程设计质量是决定工程质量的关键环节，工程采用什么样的平面布置和空间形式、选用什么样的结构类型、使用什么样的材料、构配件及设备等等，都直接关系到工程主体结构的安全可靠，关系到建设投资的综合功能是否充分体现规划意图。设计的严密性、合理性，也决定了工程建设的成败，是建设工程的安全、适用、经济与环境保护等措施得以实现的保证。

（4）工程施工

工程施工是指按照设计图纸和相关文件的要求，在建设场地上将设计意图付诸实现的测量、作业、检验，形成工程实体建成最终产品的活动。任何优秀的勘察设计成果，只有通过施工才能变为现实。因此工程施工活动决定了设计意图能否体现，它直接关系到工程的安全可靠、使用功能的保证，以及外表观感能否体现建筑设计的艺术水平。在一定程度上，工程施工是形成实体质量的决定性环节。

（5）工程竣工验收

工程竣工验收就是对项目施工阶段的质量通过检查评定、试车运转，考核项目质量是否达到设计要求；是否符合决策阶段确定的质量目标和水平，并通过验收确保工程项目的质量。所以工程竣工验收对质量的影响是保证最终产品的质量。

6.1.3.2 影响工程质量的因素

（1）人员素质

人员素质是影响工程量的一个重要因素。人是生产经营活动的主体，也是工程项目建设的决策者、管理者、操作者，工程建设的全过程都是通过人来完成的。所谓人员的素质，即人的文化水平、技术水平、决策能力、管理能力、组织能力、作业能力、控制能力、身体素质及职业道德等的综合反映，对施工的质量来说，施工能否满足合同、规范、技术标准的需要等，人员素质的影响非常大。因此，园林绿化行业实行经营资质管理和各类专业从业人员持证上岗制度是保证人员素质的重要管理措施。

（2）工程材料

工程材料泛指构成工程实体的各类建筑材料、构配件、半成品以及园林绿化植物等，它是工程建设的物质条件，是工程质量的基础。工程材料选用是否合理、产品是否合格、材质是否经过检验、植物是否检疫、保管使用是否得当等等，都将间接影响建设工程的使用功能和观感，影响绿化安全。

（3）机械设备

机械设备有两类：一是构成工程实体及配套的工艺设备和各类机具，二是施工过程中使用的各类机具设备，它们是施工的手段。施工机具设备的类型是否符合工程施工特点，性能是否先进稳定，操作是否方便安全等，都将会影响工程项目的质量。

（4）方法

方法是指工艺方法、操作方法和施工方案。在工程施工中，施工方案是否合理，施工工艺是否先进，施工操作是否正确，都将对工程质量产生重大的影响。大力推进采用新技术、新工艺、新方法，不断提高工艺技术水平，是保证工程质量稳定提高的重要因素。

（5）环境条件

环境条件包括工程技术环境、工程作业环境、工程管理环境及周边环境等，对工程质量特性起重要作用和特定的影响。加强环境管理，改进作业条件，把握好技术环境，辅以必要的措施，是控制环境对质量影响的重要保证。

6.1.4 工程质量控制的原则

6.1.4.1 坚持质量第一的原则

“百年大计，质量第一”，在工程建设中始终把“质量第一”作为工程质量控制的基本原则非常重要。因为建设工程质量不仅关系工程的适用性和建设项目投资效果，而且关系到人民群众生命财产的安全。

6.1.4.2 坚持以预防为主的原则

工程质量控制应该是积极主动的，应事先对影响质量的各种因素加以控制，如果等出现质量问题再进行处理，就会造成不必要的损失。所以，工程质量控制要重点做好事前控制和事中控制，以预防为主，保证工程质量。

6.1.4.3 坚持质量标准的原则

质量标准是评价产品质量的尺度，工程质量是否符合合同规定的质量标准要求，应通过质量检验并和质量标准对照，符合质量标准要求的才是合格，不符合质量标准要求的就是不合格，必须返工处理。

6.1.4.4 坚持以人为核心的原则

人是工程建设的决策者、组织者、管理者和操作者。工程建设中各单位、各部门、各岗位人员的工作质量水平和完善程度，都直接和间接地影响工程质量。所以在工程质量控制中，要以人为核心，重点控制人的素质和人的行为，充分发挥人的积极性和创造性，以人的工作质量保证工程质量。

6.1.5 有关苗木的质量要求

6.1.5.1 乔木

总体要求：树干挺直，树冠完整，生长健壮，无病虫害，根系发育良好。其中，阔叶树树冠要茂盛；针叶树叶色苍翠，层次分明；雪松、龙柏等不脱脚。规格在胸径10cm以下，允许偏差-1cm；胸径10~20cm，允许偏差-2cm；胸径20cm以上，允许偏差-3cm。高度允许偏差-20cm；蓬径允许偏差-20cm。

不同栽植种类的规格及其要求如下：

（1）重要绿地栽植（主要干道、广场、绿地中主景等）：胸径8cm以上。

（2）一般绿地栽植：胸径6cm以上。

（3）防护林带和大片绿地栽植：树干弯曲不得超过两处，具有抗风、耐烟尘、抗有害气体等能力；针叶树树冠紧密，分枝较低。

（4）行道树栽植：主干分枝点不低于3.2m，分枝3~5个，分布均匀，斜出45°~60°。

（5）大树移植：快长树胸径25cm以上、慢长树胸径15cm以上，长势中等，根系分布较浅，有二重根，树干上有新梢、新芽。

6.1.5.2 灌木

总体要求：树姿端正优美，树冠圆整，生长健壮，无病虫害，根系茂盛。

其中，发枝力较弱的树种，枝不在多，要有上拙下垂、横欹、回折、盘曲等势，宜于观赏；花灌木树种树龄已进入成熟阶段；常绿树种树冠要丰满。规格上高度允许偏差-20cm；蓬径允许偏差-10cm；地径允许偏差-1cm。

不同栽植种类的规格及其要求如下：

（1）重要绿地栽植：树高150~200cm。

（2）一般绿地栽植：树高150cm。

（3）防护林带和大片绿地栽植：树高150cm，树冠深厚，枝条宜多，具抗风、抗烟尘、抗有害气体能力。

（4）球类：球形圆整，无空缺；蓬径100cm以下，允许偏差-10m；蓬径100~200cm，允许偏差-20cm；蓬径200cm以上，允许偏差-30cm。高度100cm以下，允许偏差-10cm；100~200cm，允许偏差-20cm；200cm以上，允许偏差-30cm。

（5）绿篱：具丛生特性，萌发力强，易发生隐芽、潜伏芽，叶常绿，耐修剪；其中花篱树种茎秆有攀缘性，枝条密，树冠茂盛，能依附他物，随机成形。

6.1.5.3 垂直绿化树种

枝叶丰满，根系发达，生长健壮，无病虫害，具有良种性状；其中用于墙面贴植的树种，应有3～4个主枝，可塑性强。

6.1.5.4　花坛花卉（一、二年生草花）

（1）主干矮，具有粗壮的茎秆，基部分枝强健，分蘖者有3～4个分杈，花蕾露色。

（2）根系发育良好，生长旺盛，无病虫害和机械损伤。

（3）开花及时。

（4）植株类型如株高、花色、花期具标准化，花色、花期一致。

（5）观赏期长，应保持在45d以上。

6.1.5.5　花境花卉（宿根、球根花卉）

（1）以宿根、球根花卉为主，配以一、二年生花卉及其他温室花卉、草本花卉。

（2）宿根花卉根系发育良好，有3～4个芽，绿叶期长；球根花卉应采用休眠期不须挖掘地下部分养护的种类，生长点多。

（3）观叶植物叶色鲜艳，观赏期长。

（4）生长健壮，无病虫害和机械损伤。

6.1.5.6　草坪

（1）密铺草块应切成规格一致的正方形（以33cm×33cm为多），厚度不小于2cm，杂草率5%以下。

（2）散铺草茎杂草率在2%以下。

（3）无明显病虫害，生长良好，过长草应事先修剪。

6.2　园林工程施工质量责任体系与控制程序

6.2.1　工程质量责任体系

在工程项目建设中，参与工程建设的各方，应根据国家颁布的《建设工程质量管理条例》以及合同、协议及有关文件的规定承担相应的质量责任。

6.2.1.1　建设单位的质量责任

（1）按有关规定选择相应资质等级的勘察、设计单位和施工单位，不得将应由一个承包单位完成的建设工程项目肢解成若干部分发包给几个承包单位；建设单位对其自行选择的设计、施工单位发生的质量问题承担相应责任。

（2）在合同中必须有质量条款，明确质量责任，不得迫使承包方以低于成本的价格竞标；不得任意压缩合理工期；不得明示或暗示设计单位或施工单位违反强制性建设标准，降低建设工程质量。

（3）真实、准确、齐全地提供与建设工程有关的原始资料。

（4）根据工程特点，配备相应的质量管理人员。对国家规定强制实行监理的工程项目，必须委托有相应资质等级的工程监理单位进行监理。建设单位应与监理单位签订监理合同，明确双方的责任和义务。

（5）在工程开工前，负责办理有关施工图设计文件审查、工程施工许可证和工程质量监督手续，组织设计和施工单位认真进行设计交底。

（6）在工程施工中，应按国家现行有关工程建设法规、技术标准及合同规定，对工程质量进行检查。

（7）工程项目竣工后，应及时组织设计、施工、工程监理等有关单位进行施工验收，未经验收备案或验收备案不合格的，不得交付使用。

（8）建设单位按合同的约定负责采购供应的建筑材料、建筑构配件和设备，应符合设计文件和合同要求，对发生的质量问题，应承担相应的责任。

6.2.1.2 勘察、设计单位的质量责任

（1）必须在其资质等级许可的范围内承揽相应的勘察设计任务，不许承揽超越其资质等级许可范围以外的任务，不得将承揽工程转包或违法分包，也不得以任何形式用其他单位的名义承揽业务或允许其他单位或个人以本单位的名义承揽业务。

（2）必须按照国家现行的有关规定、工程建设强制性技术标准和合同要求进行勘察、设计工作，并对所编制的勘察、设计文件的质量负责。设计文件中选用的材料、构配件和设备，应当注明规格、型号、性能等技术指标，其质量必须符合国家规定的标准。

（3）勘察单位提供的地质、测量、水文等勘察成果文件必须真实、准确。设计单位提供的设计文件应当符合国家规定的设计深度要求，注明工程合理使用年限。

（4）设计单位应就审查合格的施工图文件向施工单位作出详细说明，解决施工中对设计提出的问题，负责设计变更。

（5）参与工程质量事故分析，并对因设计造成的质量事故，提出相应的技术处理方案。

6.2.1.3 施工单位的质量责任

（1）必须在其资质等级许可的范围内承揽相应的施工任务，不许承揽超越其资质等级业务范围以外的任务，不得将承接的工程转包或违法分包，也不得以任何形式用其他施工单位的名义承揽工程或允许其他单位或个人以本单位的名义承揽工程。

（2）对所承包的工程项目的施工质量负责。应当建立健全质量管理体系，落实质量责任制，确定工程项目的项目经理、技术负责人和施工管理负责人。

（3）实行总承包的工程，总承包单位应对全部建设工程质量负责。实行分包的工程，分包单位应按照分包合同约定对其分包工程的质量向总承包单位负责，总承包单位与分包单位对分包工程的质量承担连带责任。

（4）必须按照工程设计图纸和施工技术规范标准组织施工。未经设计单位同意，不得擅自修改工程设计。在施工中，必须按照工程设计要求、施工技术规范标准和合同约定，对建筑材料、构配件、设备和商品混凝土进行检验，不得偷工减料，不使用不符合设计和强制性技术标准要求的产品，不使用未经检验和试验或检验和试验不合格的产品。

6.2.1.4　工程监理单位的质量责任

(1) 应按其资质等级许可的范围承担工程监理业务，不许超越本单位资质等级许可的范围或以其他工程监理单位的名义承担工程监理业务，不得转让工程监理业务，不许其他单位或个人以本单位的名义承担工程监理业务。

(2) 应依照法律、法规以及有关技术标准、设计文件和建设工程承包合同，与建设单位签订监理合同，代表建设单位对工程质量实施监理，并对工程质量承担监理责任。

6.2.1.5　建筑材料、构配件及设备、苗木生产或供应单位的质量责任

建筑材料、构配件及设备、苗木生产或供应单位对其生产或供应的产品质量负责。生产厂或供应商必须具备相应的生产条件、技术装备和质量管理体系，所生产或供应的建筑材料、构配件及设备、苗木的质量应符合国家和行业现行的技术规定的合格标准和设计要求，并与说明书和包装上的质量标准相符，且应有相应的产品检验、检疫合格证，设备应有详细的使用说明等。

6.2.2　园林工程施工质量控制的程序

工程质量控制是指致力于满足工程质量要求，保证工程质量满足工程合同、规范标准所采取的一系列措施、方法和手段。工程质量要求主要表现为工程合同、设计文件、技术规范标准规定的质量标准。

工程质量控制按其实施主体不同，分为自控主体和监控主体。施工单位属于自控主体，它是以工程合同、设计图纸和技术规范为依据，对施工准备阶段、施工阶段、竣工验收交付阶段等施工全过程的工作质量和工程质量进行的控制，以达到合同文件规定的质量要求。政府、工程监理单位属于监控主体。

工程质量控制按工程质量形成过程，包括全过程各阶段的质量控制。工程施工阶段的质量控制，一是择优选择能保证工程质量的施工单位，二是严格监督承建商按设计图纸进行施工，并形成符合合同文件规定质量要求的最终园林工程产品。

就施工项目质量控制的过程而言，质量控制就是监控项目的实施状态，将实际状态与事先制订的质量标准作对比，分析存在的偏差及产生偏差的原因，并采取相应对策。这是一个循环往复的过程，实质是采用全面质量管理。

6.2.2.1　全面质量管理的基本程序

全面质量管理是美国学者戴明把“系统工程、数学统计、运筹学”等运用到管理中，根据管理工作的客观规律总结出的，通过计划(Plan)、实施(Do)、检查(Check)、处理(Action)的循环过程(PDCA循环)而形成的一种行之有效的管理方法。它将管理分为计划、实施、检查和处理四个阶段及具体化的八个步骤，把生产经营和生产中质量管理有机地联系起来，提高企业的质量管理工作。

全面质量管理(PDCA循环)的基本内容如下。

第一阶段是计划阶段(也称P阶段)，其工作内容包括四个步骤：

（1）调查现状找出问题，通过对本企业产品质量现状的分析，提出质量方面存在的问题。

（2）分析各种影响因素，找原因。在找出影响质量问题的基础上，将各种影响因素加以分析，找出薄弱环节。

（3）找出主要影响因素、主要原因。在影响质量的各种原因中，分清主次，抓住主要原因，进行解剖分析。

（4）制定对策及措施。找出主要原因后，制定切实可行的对策和措施，提出行动计划。

第二阶段是实施阶段（也称D阶段），其工作内容是第五个步骤。

（5）执行措施。在施工过程中，应贯彻、执行确定的措施，把措施落到实处。

第三阶段是检查阶段（也称C阶段），其工作内容是第六个步骤。

（6）检查工作效果。计划措施落实执行后，应及时进行检查和测试，并把实施结果与计划进行分析，总结成绩，找出差距。

第四阶段是处理阶段（也称A阶段），其工作内容是最后两个步骤。

（7）巩固措施，制定标准。通过总结经验，将有效措施巩固，并制定标准，形成规章制度及贯彻执行于施工中。

（8）将遗留问题转入下一循环。在质量管理过程中，不可能一次循环将问题全部解决，对尚未解决或没有解决好的质量问题，找出原因并转入下一个循环去研究解决。

质量管理工作，经过上述四个阶段八个步骤，才完成一个循环过程。而PDCA循环的特点是，周而复始不停顿的循环，即反复进行计划→实施→检查→处理工作，就能不断地解决问题，使企业的生产活动、质量管理及其他工作不断提高。

6.2.2.2 质量检查的方式

质量检验是指按国家标准、规程，采用一定测试手段，对工程质量进行全面检查、验收的工作。质量检验，可避免不合格的原材料、构配件进入工程中，中间工序检验可及时发现质量情况，采取补救或返工措施。因此，质量检验是实行层层把关、通过监督、控制，来保证整个工程的质量。

质量检查是一项专业性、技术性、群众性的工作，通常以专业检查为主与群众性自检、互检、交接检相结合的检查方式。

（1）自检。是指操作者或班组的自我把关，通常采用挂牌施工，分清工作范围，以便检查，确保交付产品符合质量标准。

（2）互检。是指操作者之间或班组之间的相互检查、督促，通过交流经验、找差距，共同保证工程质量。

（3）交接检。是由工长或工地负责人组织前后工序的交接班检查，以确保前道工序质量，为下道工序施工创造条件。

（4）专职质量检查。是由专职质量检查人员对工程进行分期、分批、分阶段的检查与验收。

6.2.2.3 工程质量评定的程序和方法

质量评定是以国家技术标准为统一尺度，正确评定工程质量等级，促进工程质量的不断提高，防止不合格的工程交付使用。

（1）工程质量评定程序。质量评定的程序是先分项工程，再分部工程，最后是单位工程，要求循序进行，不能漏项。每项都应坚持实测，评定的部位、项目、计量单位，允许偏差、检查点数、检查方法及使用的工具仪表，都要按照评定标准的规定进行。

（2）分项工程的质量评定。分项工程质量是从三个方面，即保证项目、检验项目、实测项目进行综合评定。

保证项目：是指合格、优良等级都必须达到的项目，内容是《工程施工及验收规范》中的“必须”条款、主要材料质量性能，使用安全等构成。

检验项目：是指基本要求和规定的项目，内容是《工程施工及验收规范》中的“应、不应”条款及针对工程质量通病而设的有关内容构成，检查项目中每项都规定“合格与优良”标准。

实测项目：是指《工程施工及验收规范》中规定允许有偏差值的项目。

分项工程质量评定标准如下。

1）合格应满足：第一，保证项目必须符合相应质量检验评定标准的规定；第二，检验项目抽样检查处应符合相应质量检验标准的规定；第三，实测项目其抽查点（处，件）中，建筑工程应70%及以上，安装工程应80%及以上，其余实测值基本达到相应质量检验标准的规定。

2）优良应满足：第一，保证项目必须符合相应质量检验评定标准的规定；第二，检验项目中每项抽检的点（处）应符合相应质量检验评定标准规定，其中有50%以上的点（处）符合优良规定，该项为优良，优良项数占检验项数50%以上，该检验项目为优良。第三，实测项目抽检的点（处）数中有90%及其以上实测值达到相应质量评定标准，其余实测值基本达到相应质量评定标准的规定。

分项工程质量评定后，将评定结果填入分项工程质量检验评定表，见表6-1。

分项工程质量检验评定表 **表6-1**

单位工程名称　　　　部位　　　　工程量

<table>
<tr><td colspan="2">序号</td><td colspan="3">检验项目</td><td colspan="8">质量情况</td></tr>
<tr><td colspan="2"></td><td colspan="3"></td><td colspan="8"></td></tr>
<tr><td rowspan="3">序号</td><td rowspan="3">实测项目</td><td rowspan="3">允许偏差</td><td colspan="10">各检查点（处、件）偏差值</td></tr>
<tr><td>1</td><td>2</td><td>3</td><td>4</td><td>5</td><td>6</td><td>7</td><td>8</td><td>9</td><td>10</td></tr>
<tr><td></td><td></td><td></td><td></td><td></td><td></td><td></td><td></td><td></td><td></td></tr>
<tr><td>合计</td><td colspan="12">共检查　　点，其中合格　　点，合格率　　%</td></tr>
<tr><td>检验评定意见</td><td colspan="4"></td><td colspan="3">评定等级</td><td colspan="5"></td></tr>
</table>

施工负责人：　　质量检查员：　　队、组长：　　制表人：

（3）分部工程的质量评定。

1）合格：所含分项工程的质量全部合格。

2）优良：所含分项工程的质量全部合格，其中有50%及其以上为优良。

检验后，将评定结果填入分部工程质量评定表，见表6-2。

分部工程质量评定表 **表6-2**

单位工程名称

序号	分项工程名称	评定等级	备注
合计	分项工程共　　项，其中优良　　项，优良率　　%		
评定意见		评定等级	

施工负责人：　　　　质量检查员：　　　　制表人：

（4）单位工程的质量评定。

1）合格同时满足：第一，所含分部工程的质量全部合格；第二，质量保证资料应符合标准的规定；第三，观感质量的评分率达70%及其以上。

2）优良同时满足：第一，所含分部工程的质量全部合格，其中有50%及其以上的优良；第二，质量保证资料应符合标准的规定；第三，观感质量的评定率达85%及其以上。

检评后，将评定结果填入单位工程质量评定表，见表6-3。

单位工程质量评定表 **表6-3**

单位工程名称　　　　施工单位

建筑面积　　　　开竣工日期

序号	分部工程名称	评定等级	分项工程个数	备注
合计	分部工程共　　项，其中优良　　项，优良率　　%			
评定意见		评定等级	建设单位	
			设计单位	
			施工单位	

制表人：　　　　年　　月　　日

分项、分部工程质量检查评定，由专职质量检查员核定后签字盖章；单位工程质量检查评定，由当地监督站核定后签字盖章。所有质量评定表均列入工程档案。

6.3 园林工程施工质量管理的数理统计方法

6.3.1 质量统计基本知识

6.3.1.1 总体与样本

(1) 总体

总体也称母体，是所研究对象的全体。个体，是组成总体的基本元素。实践中一般把从每件产品检测得到的某一质量数据（强度、几何尺寸、重量等）即质量特性值视为个体，产品的全部质量数据的集合即为总体。在对一批产品质量检验时，一般称之为有限总体。若对生产过程进行检测时，随着生产的进行，总体是无限的，则称之为无限总体。

(2) 样本

样本也称子样，是从总体中随机抽取出来，并根据对其研究结果推断总体质量特征的那部分个体。被抽中的个体称为样品，样品的数目称样本容量。

6.3.1.2 质量数据的收集方法

(1) 全数检验

全数检验是对总体中的全部个体逐一观察、测量、计数、登记，从而获得对总体质量水平评价结论的方法。

(2) 随机抽样检验

抽样检验是按照随机抽样的原则，从总体中抽取部分个体组成样本，根据对样品进行检测的结果，推断总体质量水平的方法。抽样的具体方法如下：

1) 简单随机抽样。简单随机抽样又称纯随机抽样、完全随机抽样，是对总体不进行任何加工，直接进行随机抽样，获取样本的方法。一般的做法是对全部个体编号，然后采用抽签、摇号、随机数字表等方法确定中选号码，相应的个体即为样品。这种方法常用于总体差异不大，或对总体了解甚少的情况。

2) 分层抽样。分层抽样又称分类或分组抽样，是将总体按与研究目的有关的某一特性分为若干组，然后在每组内随机抽取样品组成样本的方法。由于对每组都有抽取，样品在总体中分布均匀，更具代表性，特别适用于总体比较复杂的情况。

3) 等距抽样。等距抽样又称机械抽样、系统抽样，距离在这里可以理解为空间、时间、数量的距离。等距抽样是将个体按某一特性排队编号后均分为 n 组，然后在第一组内随机抽取一件样品，以后每隔一定距离抽选出其余样品组成样本的方法。如在流水作业线上每生产 100 件产品抽出一件产品做样品，直到抽出 n 件产品组成样本。

4) 整群抽样。整群抽样一般是将总体按自然存在的状态分为若干群，并从中抽取样品群组成样本，然后在中选群内进行全数检验的方法。如对原材料质量进行检测，可按原包装的箱、盒为群随机抽取，对中选箱、盒做全数检验；每隔一定时间抽出一批产品进行全数检验等。由于随机性表现在群间，样品集中，分布不均匀，代表性差，产生的抽样误差也大，同时在有周期性变动时，也应注意避免系统偏差。

5）多阶段抽样。多阶段抽样又称多级抽样。上述抽样方法的共同特点是整个过程中只有一次随机抽样，因而统称为单阶段抽样。但是当总体很大时，很难一次抽样完成预定的目标。多阶段抽样是将各种单阶段抽样方法结合使用，通过多次随机抽样来实现的抽样方法。

6.3.1.3 质量数据的特征值

样本数据特征值是由样本数据计算的描述样本质量数据波动规律的指标。统计推断就是根据这些样本数据特征值来分析、判断总体的质量状况。常用的有描述数据分布集中趋势的算术平均数、中位数和描述数据分布离散趋势的极差、标准偏差、变异系数等。

(1) 算术平均数

算术平均数又称均值，是消除了个体之间个别偶然的差异，显示出所有个体共性和数据一般水平的统计指标，它由所有数据计算得到，是数据的分布中心，对数据的代表性好。

(2) 样本中位数

样本中位数是将样本数据按数值大小有序排列后，位置居中的数值。当样本数为奇数时，数列居中的那个数即中位数；当样本数为偶数时，取居中两个数的平均值作为中位数。

(3) 极差

极差是数据中最大值与最小值之差，是用数据变动的幅度来反映其分散状况的特征值。极差计算简单、使用方便，但粗略，数值仅受两个极端值的影响，损失的质量信息多，不能反映中间数据的分布和波动规律，仅适用于小样本。

(4) 标准偏差

标准偏差简称标准差或均方差，是个体数据与均值离差平方和的算术平均数的平方根，是大于0的正数。标准差值小说明分布集中程度高，离散程度小，均值对总体（样本）的代表性好；标准差的平方是方差，有鲜明的数理统计特征，能确切说明数据分布的离散程度和波动规律，是最常用的反映数据变异程度的特征值。

(5) 变异系数

变异系数又称离散系数，是用标准差除以算术平均数得到的相对数。它表示数据的相对离散波动程度。变异系数小，说明分布集中程度高，离散程度小，均值对总体（样本）的代表性好。由于消除了数据平均水平不同的影响，变异系数适用于均值有较大差异的总体之间离散程度的比较，应用更为广泛。

6.3.1.4 质量数据波动的原因

众所周知，影响产品质量主要有五方面因素（4M1E）：①人，包括质量意识、技术水平、精神状态等；②材料，包括材质均匀度、理化性能等；③机械设备，包括其先进性、精度、维护保养状况等；④方法，包括生产工艺、操作方法等；⑤环境，包括时间、季节、现场温湿度、噪声干扰等。同时这些因素自身也在不断变化中。个体产品质量的表现形式的千差万别就是这些因素综合作用的结果，质量数据也因此具有了波动性。

质量特性值的变化在质量标准允许范围内波动称之为正常波动，是由偶然性原因引起的；若是超越了质量标准允许范围的波动则称之为异常波动，是由系统性原因引起的。

（1）偶然性原因

在实际生产中，影响因素的微小变化具有随机发生的特点，是不可避免、难以测量和控制的，或者是在经济上不值得消除，它们大量存在但对质量的影响很小，属于允许偏差、允许位移范畴，引起的是正常波动，一般不会因此造成废品，生产过程正常稳定。通常把4M1E因素的这类微小变化归为影响质量的偶然性原因、不可避免原因或正常原因。

（2）系统性原因

当影响质量的4M1E因素发生了较大变化，如工人未遵守操作规程、机械设备发生故障或过度磨损、原材料质量规格有显著差异等情况发生时，没有及时排除，生产过程则不正常，产品质量数据就会离散过大或与质量标准有较大偏离，表现为异常波动，次品、废品产生。这就是产生质量问题的系统性原因。由于异常波动特征明显，容易识别和避免，特别是对质量的负面影响不可忽视，生产中应该随时监控，及时识别和处理。

6.3.2 调查表法、分层法、排列图法与直方图法

6.3.2.1 统计调查表法

利用专门设计的统计表对质量数据进行收集、整理和粗略分析质量状态的一种方法称为统计调查表法。在质量控制活动中，利用统计调查表收集数据，简便灵活，便于整理，实用有效。统计调查表法没有固定格式，可根据需要和具体情况，设计出不同统计调查表。常用的调查表有以下几种：

（1）分项工程作业质量分布调查表。

（2）不合格项目调查表。

（3）不合格原因调查表。

（4）施工质量检查评定用调查表等。

一般统计调查表往往同分层法结合起来应用，可以更好、更快地找出问题的原因，以便采取改进的措施。

6.3.2.2 分层法

分层法也称分类法，是将调查收集的原始数据，根据不同的目的和要求，按某一性质进行分组、整理的分析方法。分层的结果使数据各层间的差异突出

地显示出来，层内的数据差异减少了。在此基础上再进行层间、层内的比较分析，可以更深入地发现和认识质量问题的原因。由于产品质量是多方面因素共同作用的结果，因而对同一批数据，可以按不同性质分层，使我们能从不同角度来考虑、分析产品存在的质量问题和影响因素。

常用的分层标志有以下几种：

（1）按操作班组或操作者分层。

（2）按使用机械设备型号分层。

（3）按操作方法分层。

（4）按原材料供应单位、供应时间或等级分层。

（5）按施工时间分层。

（6）按检查手段、工作环境等分层。

分层法是质量控制统计分析方法中最基本的一种方法。其他统计方法一般都要与分层法配合使用，如排列图法、直方图法等，常常是首先利用分层法将原始数据分门别类，然后再进行统计分析的。

6.3.2.3　排列图法

排列图法是利用排列图寻找影响质量的主次因素的一种有效方法。排列图又叫帕累托图或主次因素分析图，它是由两个纵坐标、一个横坐标、几个连起来的直方形和一条曲线所组成，如图6-1所示。左侧的纵坐标表示频数，右侧纵坐标表示累计频率，横坐标表示影响质量的各个因素或项目，按影响程度大小从左至右排列，直方形的高度示意某个因素的影响大小。实际应用中，通常按累计频率划分为（0%～80%）、（80%～90%）、（90%～100%）三部分，与其对应的影响因素分别为A、B、C三类。A类为主要因素，B类为次要因素，C类为一般因素。

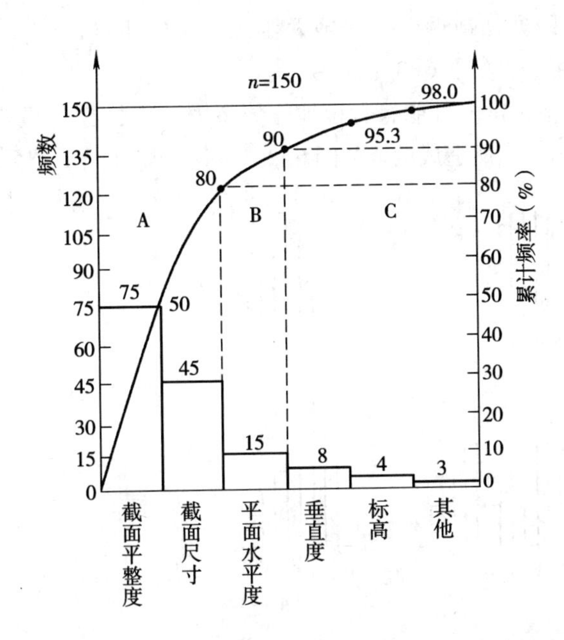

图6-1　混凝土构件尺寸不合格点排列图

排列图可以形象、直观地反映主次因素。其主要应用有以下几方面：

（1）按不合格点的内容分类，可以分析出造成质量问题的薄弱环节。

（2）按生产作业分类，可以找出生产不合格品最多的关键过程。

（3）按生产班组或单位分类，可以分析比较各单位技术水平和质量管理水平。

（4）将采取提高质量措施前后的排列图对比，可以分析措施是否有效。

（5）此外还可以用于成本费用分析、安全问题分析等。

6.3.2.4　直方图法

直方图法即频数分布直方图法，它是将收集到的质量数据进行分组整理，绘制成频数分布直方图，用以描述质量分布状态的一种分析方法，所以又称质量分布图法。

一般作完直方图后，首先要认真观察直方图的整体形状，看其是否是属于正常型直方图。正常型直方图就是中间高，两侧低，左右接近对称的图形，如图6-2（*a*）所示。

出现非正常型直方图时，表明生产过程或收集数据作图有问题。这就要求进一步分析判断，找出原因，从而采取措施加以纠正。凡属非正常型直方图，其图形分布有各种不同缺陷，归纳起来一般有五种类型：

（1）折齿型，是由于分组组数不当或者组距确定不当出现的直方图，如图6-2（*b*）所示。

（2）左（或右）缓坡型，主要是由于操作中对上限（或下限）控制太严造成的，如图6-2（*c*）所示。

（3）孤岛型，是原材料发生变化，或者临时他人顶班作业造成的，如图6-2（*d*）所示。

（4）双峰型，是由于用两种不同方法或两台设备或两组工人进行生产，然后把两方面数据混在一起整理产生的，如图6-2（*e*）所示。

（5）绝壁型，是由于数据收集不正常，可能有意识地去掉下限以下的数据，或是在检测过程中存在某种人为因素所造成的，如图6-2（*f*）所示。

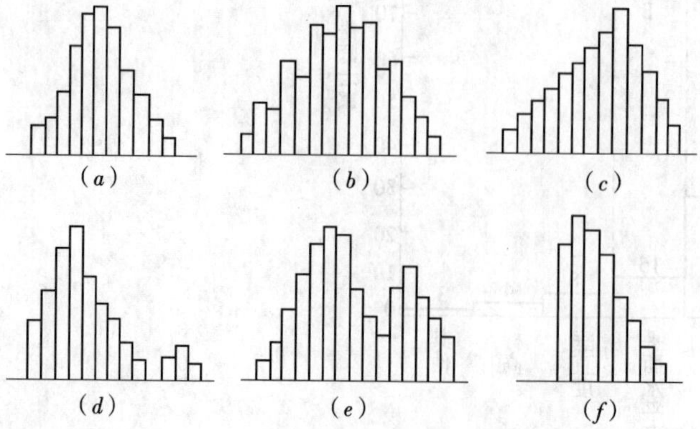

(*a*)　(*b*)　(*c*)

(*d*)　(*e*)　(*f*)

图6-2　常见的直方图图形

(*a*)正常型；(*b*)折齿型；(*c*)左缓坡型；(*d*)孤岛型；(*e*)双峰型；(*f*)绝壁型

6.4 园林工程施工准备的质量管理

6.4.1 园林工程施工测量放线

工程施工测量放线是建设工程产品由设计转化为实物的第一步。施工测量的质量好坏，直接影响工程产品的综合质量，并且制约施工过程中有关工序的质量。例如，测量控制基准点或标高有误，会导致建筑物或结构的位置或高程出现差误，从而影响整体质量；又如给排水管道布线和埋深，高程测量发生较大偏差，会造成逆坡埋管而引起排水不畅的质量问题。因此，工程测量控制可以说是施工中事前质量控制的一项基础工作，它是施工准备阶段的一项重要内容。

在工程总平面图上，各种建筑物或构筑物的平面位置是用施工坐标系统的坐标来表示的。施工测量控制网的初始坐标和方向，一般是根据测量控制点测定的，测定好建筑物的长向主轴线即可作为施工平面控制网的初始方向，以后在控制网加密或建筑物定位时，即不再用控制点定向，以免使建筑物发生不同的位移及偏转。在复测施工测量控制网时，应抽检建筑方格网、控制高程的水准网点以及标桩埋设位置等。

6.4.2 施工平面的布置

为了保证承包单位能够顺利地施工，建设单位应按照合同约定和承包单位施工的需要，事先划定并提供给承包单位占有和使用现场有关部分的范围。如果在现场的某一区域内需要不同的施工承包单位同时或先后施工、使用，就应根据施工计划的安排，规定他们各自占用的时间和先后顺序，并在施工总平面图中详细注明各工作区的位置及占用顺序，保证施工的正常、顺利地进行。

6.4.3 材料构配件的采购订货

工程所需的原材料、半成品、构配件等都将构成为永久性工程的组成部分，它们的质量好坏直接影响到未来工程产品的质量，需要事先对其质量进行严格控制。承包单位负责采购订货时应注意以下几点：

（1）承包单位负责采购的原材料、半成品或构配件，在采购订货前应向建设单位或监理工程师申报；对于重要的材料，还应提交样品，供试验或鉴定，有些材料则要求供货单位提交理化试验单（如预应力钢筋的硫、磷含量等），经审查认可后，方可进行订货采购。

（2）对于半成品或构配件采购订货，应按审批认可的设计文件和图纸要求，以及业主提出明确的质量要求，质量应满足有关标准和设计的要求，交货期应满足施工及安装进度安排的需要。

（3）供货厂方应向订货方提供质量文件（如质量检测项目和标准；出厂合格证或产品说明书等），以及是否需要权威性的质量认证等，用以表明其提供的货物能够完全达到需方提出的质量要求。

(4) 某些材料，诸如瓷砖等装饰材料，订货时最好一次订齐和备足货源，以免由于分批而出现色泽不一的质量问题。

质量文件是承包单位（当承包单位负责采购时）将来在工程竣工时应提供的竣工文件的一个组成部分，用以证明工程项目所用的材料或构配件等的质量符合要求。质量文件主要包括：产品合格证及技术说明书；质量检验证明；检测与试验者的资格证明；关键工序操作人员资格证明及操作记录（例如大型预应力构件的张拉应力工艺操作记录）；不合格品或质量问题处理的说明及证明；有关图纸及技术资料；必要时，还应附有权威性认证资料。

6.4.4 施工机械的配置

(1) 施工机械设备的选择，除应考虑施工机械的技术性能、工作效率、工作质量、可靠性及维修难易、能源消耗，以及安全、灵活等方面对施工质量的影响与保证外，还应考虑其数量配置对施工质量的影响与保证条件。要注意设备型式应与施工对象的特点及施工质量要求适应。例如土方的压实施工，对于黏性土可以采用分层碾压；但对于砂性土则宜采用振动压实机等类型的机械。在选择机械性能参数方面，也要与施工对象特点及质量要求相适应，例如选择起重机械进行吊装施工时，其起重量、起重高度及起重半径均应满足吊装要求。

(2) 施工机械设备的数量是否足够。

(3) 所需的施工机械设备，是否按已批准的计划备妥；所准备的机械设备是否与监理工程师审查认可的施工组织设计或施工计划中所列者相一致；所准备的施工机械设备是否都处于完好的可用状态；等等。对于与批准的计划中所列施工机械不一致或机械设备的类型、规格、性能不能保证施工质量者，以及维护修理不良、不能保证良好的可用状态者，都不准使用。

6.4.5 设计交底与施工图纸的现场核对

6.4.5.1 设计交底应着重了解的内容

(1) 有关地形、地貌、水文气象、工程地质及水文地质等自然条件方面。

(2) 主管部门及其他部门（如规划、环保、农业、交通、旅游等）对本工程的要求、设计单位采用的主要设计规范、市场供应的建筑材料情况等。

(3) 设计意图方面。诸如设计思想、设计方案比选的情况、基础开挖及基础处理方案、结构设计意图、设备安装和调试要求、施工进度与工期安排等。

(4) 施工应注意事项方面。如基础处理的要求、对建筑材料方面的要求、大树移植方面的要求、为实现进度安排而应采用的施工组织和技术保证措施等。

6.4.5.2　施工图纸的现场核对

施工图是工程施工的直接依据，施工承包单位应充分了解工程特点、设计要求，做好施工图的现场核对工作，减少图纸的差错，确保工程质量。施工图纸现场核对主要包括以下几个方面：

（1）施工图纸合法性的认定。施工图纸由建设单位提供，经设计单位正式签署，按规定经有关部门审核批准。

（2）图纸与说明书是否齐全，如分期出图，图纸供应是否满足需要。

（3）地下构筑物、障碍物、管线是否探明并标注清楚。

（4）图纸中有无遗漏、差错、或相互矛盾之处（例如：尺寸标注有错误、平面图与相应的剖面图相同部位的标高不一致；电气线路、设备装置等是否相互干扰、矛盾）。图纸的表示方法是否清楚和符合标准等等。

（5）地质及水文地质等基础资料是否充分、可靠，地形、地貌与现场实际情况是否相符。

（6）所需材料的来源有无保证，能否替代；新材料、新技术的采用有无问题。

（7）所提出的施工工艺、方法是否合理，是否切合实际，是否存在不便于施工之处，能否保证质量要求。

（8）施工图或说明书中所涉及的各种标准、图册、规范、规程等，承包单位是否具备。

对于存在的问题，承包单位应以书面形式提出，在设计单位以书面形式进行解释确认后，才能进行施工。

6.5　园林工程施工过程的质量管理

施工过程体现在一系列的作业活动中，作业活动的效果将直接影响到施工过程的施工质量。

6.5.1　作业技术准备状态的管理

所谓作业技术准备状态，是指各项施工准备工作正式开展作业技术活动前，是否按预先计划的安排落实到位的状况，包括配置的人员、材料、机具、场所环境、通风、照明、安全设施等等。作好作业技术准备，有利于实际施工条件的落实，避免计划与实际脱节及在准备工作不到位的情况下贸然施工。

6.5.1.1　选择质量控制点

在工程施工前应根据施工过程质量管理的要求，对工程质量形成过程的各个工序进行全面分析，凡对工程的适用性、安全性、可靠性、经济性有直接影响的关键部位设立控制点，列出质量控制点明细表，表中详细地列出各质量控制点的名称或控制内容、检验标准及方法等。

所谓质量控制点是指为了保证作业过程质量而确定的重点控制对象、关键部位或薄弱环节。设置质量控制点是保证达到施工质量要求的必要前提，应以制度保证落实。对于质量控制点，一般要事先分析可能造成质量问题的原因，再针对原因制定对策和措施进行预控。选择质量控制点，应当选择那些保证质量难度大的、对质量影响大的或者是发生质量问题时危害大的对象：

（1）施工过程中的关键工序或环节、经常容易出现不良品的工序以及隐蔽工程。

（2）施工中的薄弱环节，质量不稳定的工序、部位或对象。

（3）对后续工程施工或对后续工序质量或安全有重大影响的工序、部位或对象。

（4）采用新技术、新工艺、新材料的部位或环节。

（5）用户反馈和过去有过返工的不良工序，施工上无足够把握的、施工条件困难的或技术难度大的工序或环节。

6.5.1.2　作业技术交底的控制

施工承包单位做好技术交底，是取得好的施工质量的条件之一。为此，每一分项工程开始实施前均要进行交底。作业技术交底是对施工组织设计或施工方案的具体化，是更细致，明确、更加具体的技术实施方案，是工序施工或分项工程施工的具体指导文件。为做好技术交底，项目经理部必须由主管技术人员编制技术交底书，并经项目总工程师批准。技术交底的内容包括施工方法、质量要求和验收标准，施工过程中需注意的问题，可能出现意外的措施及应急方案。技术交底要紧紧围绕和具体施工有关的操作者、机械设备、使用的材料、构配件、工艺、工法、施工环境、具体管理措施等方面进行，交底中要明确做什么、谁来做、如何做、作业标准和要求、什么时间完成等。

6.5.1.3　进场材料构配件的质量控制

（1）凡运到施工现场的原材料、半成品或构配件，没有产品出厂合格证明及检验不合格者，试验报告不足以说明到场产品的质量符合要求时，不准进场。

（2）进口材料的检查、验收，应有国家商检部门的记录。

（3）对于材料、半成品、构配件等，应当根据它们的特点、特性以及对防潮、防晒、防锈、防腐蚀、通风、隔热以及温度、湿度等方面的不同要求，安排适宜的存放条件，以保证其存放质量。

（4）对于某些当地材料及现场配制的制品，承包单位事先要进行试验，达到要求的标准后方能施工。

6.5.1.4　环境状态的控制

（1）施工作业环境

所谓作业环境条件主要是指诸如水、电或动力供应、施工照明、安全防护设备、施工场地空间条件和通道、以及交通运输和道路条件等。这些条件是否良好，直接影响到施工能否顺利进行以及施工质量的优劣。

（2）施工质量管理环境

施工质量管理环境主要是指施工承包单位的质量管理体系和质量控制自检系统是否处于良好的状态；系统的组织结构、管理制度、检测制度、检测标准、人员配备等方面是否完善和明确；质量责任制是否落实。工程管理环境包括质量管理体系、环境管理体系、安全管理体系、财务管理体系等。上述各管理体系的建立与正常运行，能够保证项目各项活动的正常、有序进行，也是搞好工程质量的必要条件。

（3）现场自然环境条件的控制

施工承包单位，对于未来的施工期间，自然环境条件可能出现对施工作业质量的不利影响时，是否事先已有充分的认识并已作好充足的准备和采取了有效措施与对策以保证工程质量。例如，对严寒季节的防冻；夏季的防高温；高地下水位情况下基坑施工的排水或细砂地基防止流砂；施工场地的防洪与排水；风浪对水上打桩或沉箱施工质量影响的防范等。

6.5.1.5 进场施工机械设备性能及工作状态的控制

保证施工现场作业机械设备的技术性能及工作状态，对施工质量有重要的影响。

（1）施工机械设备的进场检查。

（2）机械设备工作状态的检查。

（3）特殊设备安全运行必须经当地劳动安全部门鉴定。

（4）大型临时设备的检查。

6.5.1.6 施工现场劳动组织及作业人员上岗资格的控制

劳动组织涉及从事作业活动的操作者和管理者以及相应的各种制度。

（1）操作人员。从事作业活动的操作者数量必须满足作业活动的需要，相应工种配置能保证作业有序持续进行，不能因人员数量及工种配置不合理而造成停顿。

（2）管理人员到位。作业活动的直接负责人（包括技术负责人），专职质检人员，安全员，与作业活动有关的测量人员、材料员、试验员必须在岗。

（3）相关制度要健全。如管理层及作业层各类人员的岗位职责；作业活动现场的安全、消防规定；作业活动中环保规定；实验室及现场试验检测的有关规定；紧急情况的应急处理规定等。同时要有相应措施及手段以保证制度、规定的落实和执行。

（4）作业人员上岗资格。从事特殊作业的人员（如电焊工、电工、起重工、架子工、爆破工），必须持证上岗。

6.5.2 作业技术活动运行过程的管理

承包单位是施工质量的直接实施者和责任者，应建立起完善的质量自检体系并运转有效，做到以下几点：

（1）作业活动的作业者在作业结束后必须自检。

（2）不同工序交接、转换必须由相关人员交接检查。

（3）承包单位专职质检员的专检。

为实现上述三点，承包单位必须有整套的制度及工作程序；具有相应的试验设备及检测仪器，配备数量满足需要的专职质检人员及试验检测人员。

此外，在作业技术活动运行过程中，还应加强质量控制点的管理。在操作人员上岗前，施工员、技术员做好交底及记录，在明确工艺要求、质量要求、操作要求的基础上方能上岗。施工中发现问题，及时向技术人员反映，由有关技术人员指导后，操作人员方可继续施工。

为了保证质量控制点的目标实现，要建立三级检查制度，即操作人员每日自检一次，组员之间或班长、质量干事与组员之间进行互检；质量员进行专检；上级部门进行抽查。

在施工中，如果发现质量控制点有异常情况，应立即停止施工，召开分析会，找出产生异常的主要原因，并用对策表写出对策。如果是因为技术要求不当，而出现异常，必须重新修订标准，在明确操作要求和掌握新标准的基础上，再继续进行施工，同时还应加强自检、互检的频次。

6.5.3 作业技术活动结果的管理

6.5.3.1 作业技术活动结果的控制内容

作业活动结果，泛指作业工序的产出品、分项分部工程的已完施工及已完准备交验的单位工程等。作业技术活动结果的控制是施工过程中间产品及最终产品质量控制的方式，只有作业活动的中间产品质量都符合要求，才能保证最终单位工程产品的质量，主要内容有以下几方面：

（1）隐蔽工程验收。

（2）工序交接验收。

（3）检验批、分项、分部工程的验收。

（4）单位工程或整个工程项目的竣工验收。

（5）不合格的处理。

（6）成品保护。

6.5.3.2 作业技术活动结果检验程序与方法

作业活动结果的质量检查验收主要是对质量性能的特征指标进行检查。即采取一定的检测手段，进行检验，根据检验结果分析、判断该作业活动的质量（效果）。

（1）实测。即采用必要的检测手段，对实体进行的几何尺寸测量、测试或对抽取的样品进行检验，测定其质量特性指标（例如混凝土的抗压强度）。

（2）分析。即是对检测所得数据进行整理、分析、找出规律。

（3）判断。根据对数据分析的结果，判断该作业活动效果是否达到了规定的质量标准；如果未达到，应找出原因。

（4）纠正或认可。如发现作业质量不符合标准规定，应采取措施纠正；如果质量符合要求则予以确认。

6.5.3.3　质量检验的主要方法

对于现场所用原材料、半成品、工序过程或工程产品质量进行检验的方法，一般可分为三类，即：目测法、检测工具量测法以及试验法。

（1）目测法，即凭借感官进行检查，也叫做观感检验。这类方法主要是根据质量要求，采用看、摸、敲、照等手法对检查对象进行检查。

（2）量测法，就是利用量测工具或计量仪表，通过实际量测结果与规定的质量标准或规范的要求相对照，从而判断质量是否符合要求。量测的手法可归纳为：靠、吊、量、套。

（3）试验法，指通过进行现场试验或实验室试验等理化试验手段，取得数据，分析判断质量情况。

6.6　园林工程质量问题及质量事故的处理

工程施工项目的质量优劣，不仅关系到工程的适用性，而且还关系到人民生命财产的安全和社会安定。施工质量低劣，造成工程质量事故或潜伏隐患，其后果是不堪设想的。处理好质量问题和质量事故，确保国家和人民生命财产安全是施工项目管理的头等大事。

根据国际标准化组织（ISO）和我国有关质量、质量管理和质量保证标准的定义，凡工程产品质量没有满足某个规定的要求，就称之为质量不合格。根据1989年建设部颁布的第3号令《工程建设重大事故报告和调查程序规定》和1990年建设部建工字第55号文件关于第3号部令有关问题的说明：凡是工程质量不合格，必须进行返修、加固或报废处理，由此造成直接经济损失低于5000元的称为质量问题；直接经济损失在5000元（含5000元）以上的称为工程质量事故。

6.6.1　工程质量问题及处理

6.6.1.1　常见问题的成因

由于园林绿化工程工期较长，所用材料品种繁杂；在施工过程中，受社会环境和自然条件方面异常因素的影响，使产生的工程质量问题表现形式千差万别，类型多种多样。这使得引起工程质量问题的成因也错综复杂，往往一项质量问题是由于多种原因引起。虽然每次发生质量问题的类型各不相同，但是通过对大量质量问题调查与分析发现，其发生的原因有不少相同或相似之处，归纳其最基本的因素主要有以下几方面：①违背建设程序；②违反法规行为；③地质勘察失真；④设计差错；⑤施工与管理不到位；⑥使用不合格的原材料、制品及设备；⑦自然环境因素；⑧使用不当。

6.6.1.2　工程质量问题的处理

工程质量问题是由工程质量不合格或工程质量缺陷引起，在任何工程施工过程中，由于种种主观和客观原因，出现不合格项或质量问题往往难以避免。为此，施工单位必须掌握如何防止和处理施工中出现的不合格项和各种质量问题。

在各项工程的施工过程中或完工以后，如发现工程项目存在着不合格项或质量问题，应根据其性质和严重程度按如下方式处理：

（1）当因施工而引起的质量问题在萌芽状态，应及时制止，立即更换不合格材料、设备或不称职人员，改变不正确的施工方法和操作工艺。

（2）当因施工而引起的质量问题已出现时，应立即对其质量问题进行补救处理，并采取足以保证施工质量的有效措施。

（3）当某道工序或分项工程完工以后，出现不合格项，施工单位及时采取措施予以改正。

（4）在交工使用后的保修期内发现的施工质量问题，施工单位应进行修补、加固或返工处理。

6.6.2　工程质量事故的特点及分类

6.6.2.1　工程质量事故的特点

工程质量事故具有复杂性、严重性、可变性和多发性的特点。

（1）复杂性

园林工程与所有建设工程一样，具有产品固定，生产流动；产品多样，结构类型不一；露天作业多，自然条件复杂多变；材料品种、规格多，材质性能各异；多工种、多专业交叉施工，相互干扰大；工艺要求不同，施工方法各异，技术标准不一等特点。因此，影响工程质量的因素繁多，造成质量事故的原因错综复杂，即使是同一类质量事故，而原因却可能多种多样截然不同。所以使得对质量事故进行分析，判断其性质、原因及发展，确定处理方案与措施等都增加了复杂性及困难。

（2）严重性

工程项目一旦出现质量事故，其影响较大。轻者影响施工顺利进行、拖延工期、增加工程费用，重者则会留下隐患成为危险的建筑，造成大面积的植物死亡，影响使用功能或不能使用，更严重的还会引起建筑物的失稳、倒塌，造成有害植物的蔓延和人民生命、财产的巨大损失。所以对于建设工程质量问题和质量事故均不能掉以轻心，必须予以高度重视。

（3）可变性

许多工程的质量问题出现后，其质量状态并非稳定于发现的初始状态，而是有可能随着时间而不断地发展、变化。因此，有些在初始阶段并不严重的质量问题，如不能及时处理和纠正，有可能发展成一般质量事故，一般质量事故有可能发展成为严重或重大质量事故。所以，在分析、处理工程质量问题时，一定要注意质量问题的可变性，应及时采取可靠的措施，防止其进一步恶化而发生质量事故；或加强观测与试验，取得数据，预测未来发展的趋势。

（4）多发性

建设工程中的质量事故，往往在一些工程部位中经常发生。因此，总结经验，吸取教训，采取有效措施予以预防十分必要。

6.6.2.2 工程质量事故的分类

建设工程质量事故的分类方法有多种，既可按造成损失严重程度划分，又可按其产生的原因划分，也可按其造成的后果或事故责任区分。各部门、各专业工程，甚至各地区在不同时期界定和划分质量事故的标准尺度也不一样。国家现行对工程质量通常采用按造成损失严重程度进行分类，其基本分类如下：

（1）一般质量事故

凡具备下列条件之一者为一般质量事故。

1）直接经济损失在5000元（含5000元）以上，不满5万元的；

2）影响使用功能和工程结构安全，造成永久质量缺陷的。

（2）严重质量事故

凡具备下列条件之一者为严重质量事故。

1）直接经济损失在5万元（含5万元）以上，不满10万元的；

2）严重影响使用功能或工程结构安全，存在重大质量隐患的；

3）事故性质恶劣或造成2人以下重伤的。

（3）重大质量事故

凡具备下列条件之一者为重大质量事故，属建设工程重大事故范畴。

1）工程倒塌或报废；

2）由于质量事故，造成人员死亡或重伤3人以上；

3）直接经济损失10万元以上。

按国家建设行政主管部门规定建设工程重大事故分为四个等级：

1）凡造成死亡30人以上或直接经济损失300万元以上为一级；

2）凡造成死亡10人以上29人以下或直接经济损失100万元以上，不满300万元为二级；

3）凡造成死亡3人以上，9人以下或重伤20人以上或直接经济损失30万元以上，不满100万元为三级；

4）凡造成死亡2人以下，或重伤3人以上，19人以下或直接经济损失10万元以上，不满30万元为四级。

（4）特别重大事故

凡具备国务院发布的《特别重大事故调查程序暂行规定》所列发生一次死亡30人及其以上，或直接经济损失达500万元及其以上，或其他性质特别严重，上述之一均属特别重大事故。

6.6.3 工程质量事故处理的依据

进行工程质量事故处理的主要依据有四个方面：质量事故的实况资料；具

有法律效力的、得到有关当事各方认可的工程承包合同、设计委托合同、材料或设备购销合同以及监理合同或分包合同等合同文件；有关的技术文件、档案和相关的建设法规。在这四方面依据中，前三种是与特定的工程项目密切相关的具有特定性质的依据。第四种法规性依据，是具有很高权威性、约束性、通用性和普遍性的依据，因而它在工程质量事故的处理事务中，也具有极其重要的、不容置疑的作用。现将这四方面依据详述如下。

6.6.3.1 质量事故的实况资料（施工单位的质量事故调查报告）

（1）质量事故发生的时间、地点。

（2）质量事故状况的描述。例如发生的事故类型（如混凝土裂缝、砖砌体裂缝）；发生的部位（如楼层、梁、柱，及其所在的具体位置）；分布状态及范围；严重程度（如裂缝长度、宽度、深度等）。

（3）质量事故发展变化的情况（其范围是否继续扩大，程度是否已经稳定等）。

（4）有关质量事故的观测记录、事故现场状态的照片或录像。

6.6.3.2 有关合同及合同文件

（1）所涉及的合同文件可以是：工程承包合同；设计委托合同；设备与器材购销合同；监理合同等。

（2）有关合同和合同文件在处理质量事故中的作用是：确定在施工过程中有关各方是否按照合同有关条款实施其活动，借以探寻产生事故的可能原因。例如，施工单位是否在规定时间内通知监理单位进行隐蔽工程验收，监理单位是否按规定时间实施了检查验收；施工单位在材料进场时，是否按规定或约定进行了检验等。此外，有关合同文件还是界定质量责任的重要依据。

6.6.3.3 有关的技术文件和档案

（1）有关的设计文件。

（2）与施工有关的技术文件、档案和资料。

各类技术资料对于分析质量事故原因，判断其发展变化趋势，推断事故影响及严重程度，考虑处理措施等都是不可缺少的，起着重要的作用。

6.6.3.4 相关的建设法规

（1）勘察、设计、施工、监理等单位资质管理方面的法规。《建筑法》明确规定“国家对从事建筑活动的单位实行资质审查制度”。这方面的法规有建设部于2001年以部令发布的《建设工程勘察设计企业资质管理规定》、《建筑业企业资质管理规定》和《工程监理企业资质管理规定》等。

（2）从业者资格管理方面的法规。《建筑法》规定对注册建筑师、注册结构工程师和注册监理工程师等有关人员实行资格认证制度。1995年国务院颁布的《中华人民共和国注册建筑师条例》、1997年建设部、人事部颁布的《注册结构工程师执业资格制度暂行规定》和1998年建设部、人事部颁发的《监理工程师考试和注册试行办法》等。

（3）建筑市场方面的法规。这类法律、法规主要涉及工程发包、承包活动，以及国家对建筑市场的管理活动。于1999年1月1日施行的《中华人民共和国合同法》和于2000年1月1日施行的《中华人民共和国招标投标法》是国家对建筑市场管理的两个基本法律。与之相配套的法规有2001年国务院发布的《工程建设项目招标范围和规模标准的规定》、国家计委《工程项目自行招标的试行办法》、建设部《建筑工程设计招标投标管理办法》、2001年国家计委等七部委联合发布的《评标委员会和评标方法的暂行规范》等以及2001年建设部发布的《建筑工程发包与承包价格计价管理办法》和与国家工商行政管理总局共同发布的《建设工程勘察合同》、《建筑工程设计合同》、《建设工程施工合同》和《建设工程监理合同》等示范文本。

（4）建筑施工方面的法规。以《建筑法》为基础，国务院于2000年颁布了《建筑工程勘察设计管理条例》和《建设工程质量管理条例》。建设部于1989年发布《工程建设重大事故报告和调查程序的规定》，于1991年发布《建筑安全生产监督管理规定》和《建设工程施工现场管理规定》，于1995年发布《建筑装饰装修管理规定》，于2000年发布《房屋建筑工程质量保修办法》以及《关于建设工程质量监督机构深化改革的指导意见》、《建设工程质量监督机构监督工作指南》和《建设工程监理规范》等法规和文件。主要涉及施工技术管理、建设工程监理、建筑安全生产管理、施工机械设备管理和建设工程质量监督管理。它们与现场施工密切相关，因而与工程施工质量有密切关系或直接关系。园林工程施工参照执行。

（5）关于标准化管理方面的法规。这类法规主要涉及技术标准（勘察、设计、施工、安装、验收等）、经济标准和管理标准（如建设程序、设计文件深度、企业生产组织和生产能力标准、质量管理与质量保证标准等）。2000年建设部发布《工程建设标准强制性条文》和《实施工程建设强制性标准监督规定》是典型的标准化管理类法规，它的实施为《建设工程质量管理条例》提供了技术法规支持，是参与建设活动各方执行工程建设强制性标准和政府实施监督的依据，同时也是保证建设工程质量的必要条件，是分析处理工程质量事故，判定责任方的重要依据。

6.6.4 质量事故处理方案

工程质量事故处理方案是指技术处理方案，其目的是消除质量隐患，以达到建筑物的安全可靠和正常使用各项功能及寿命要求，并保证施工的正常进行。其一般处理原则是：正确确定事故性质，是表面性还是实质性、是结构性还是一般性、是迫切性还是可缓性；正确确定处理范围，除直接发生部位，还应检查处理事故相邻影响作用范围的结构部位或构件。其处理基本要求是：安全可靠，不留隐患；满足建筑物的功能和使用要求；技术上可行，经济合理原则。

6.6.4.1 修补处理

这是最常用的一类处理方案。通常当工程的某个检验批、分项或分部的质量虽未达到规定的规范、标准或设计要求，存在一定缺陷，但通过修补或更换器具、设备后还可达到要求的标准，又不影响使用功能和外观要求，在此情况下，可以进行修补处理。

属于修补处理这类具体方案很多，诸如封闭保护、复位纠偏、结构补强、表面处理等。某些事故造成的结构混凝土表面裂缝，可根据其受力情况，仅作表面封闭保护。某些混凝土结构表面的蜂窝、麻面，经调查分析，可进行剔凿、抹灰等表面处理，一般不会影响其使用和外观。

对较严重的质量问题，可能影响结构的安全性和使用功能，必须按一定的技术方案进行加固补强处理，这样往往会造成一些永久性缺陷，如改变结构外形尺寸，影响一些次要的使用功能等。

6.6.4.2　返工处理

工程质量未达到规定的标准和要求，存在的严重质量问题，对结构的使用和安全构成重大影响，且又无法通过修补处理的情况下，可对检验批、分项、分部甚至整个工程返工处理。例如，园林堤岸填筑压实后，其压实土的干密度未达到规定值，经核算将影响土体的稳定性且不满足抗渗能力要求，可挖除不合格土，重新填筑，进行返工处理。对某些存在严重质量缺陷，且无法采用加固补强等修补处理或修补处理费用比原工程造价还高的工程，应进行整体拆除，全面返工。

6.6.4.3　不作处理

某些工程质量问题虽然不符合规定的要求和标准构成质量事故，但视其严重情况，经过分析、论证、法定检测单位鉴定和设计等有关单位认可，对工程或结构使用及安全影响不大，也可不作专门处理。通常不用专门处理的情况有以下几种：

(1) 不影响结构安全和正常使用。

例如，某些隐蔽部位结构混凝土表面裂缝，经检查分析，属于表面养护不够的干缩微裂，不影响使用及外观，也可不做处理。

(2) 有些质量问题，经过后续工序可以弥补。例如，混凝土墙表面轻微麻面，可通过后续的抹灰、喷涂或刷白等工序弥补，亦可不做专门处理。

(3) 经法定检测单位鉴定合格。

例如，某检验批混凝土试块强度值不满足规范要求，强度不足，在法定检测单位，对混凝土实体采用非破损检验等方法测定其实际强度已达规范允许和设计要求值时，可不做处理。对经检测未达要求值，但相差不多，经分析论证，只要使用前经再次检测达设计强度，也可不做处理，但应严格控制施工荷载。

(4) 出现的质量问题，经检测鉴定达不到设计要求，但经原设计单位核算，仍能满足结构安全和使用功能。例如，某一结构构件截面尺寸不足，或材料强度不足，影响结构承载力，但经按实际检测所得截面尺寸和材料强度复核验算，仍能满足设计的承载力，可不进行专门处理。这是因为一般情况下，规范标准给出了满足安全和功能的最低限度要求，而设计往往在此基础上留有一定余量，这种处理方式实际上是挖掘了设计潜力或降低了设计的安全系数。

复习思考题

1. 什么是质量？建设工程质量的特性有哪些？
2. 试述影响工程质量的因素。
3. 工程质量控制原则有哪些？
4. 全面质量管理（PDCA 循环）的基本内容是什么？
5. 影响产品质量主要有哪几方面因素？
6. 质量数据波动的原因是什么？怎样根据直方图法判断工程质量？
7. 施工图纸现场核对主要包括哪几个方面的内容？
8. 如何选择和确立质量控制点？
9. 工程质量事故处理的主要依据是什么？
10. 工程质量事故有什么特点？
11. 工程质量事故处理的方案有哪些？其一般处理原则是什么？

第 7 章　园林工程施工成本管理

施工成本管理是工程项目施工管理的重要组成部分，加强施工成本管理是园林绿化企业能否盈利的重要课题。本章简要说明了施工项目成本管理的作用与地位、施工项目成本的含义和组成，以及施工项目成本管理工作内容。重点介绍了园林工程施工项目成本计划与成本管理、成本核算、成本分析与考核等内容。

7.1 园林工程施工项目成本管理概述

施工项目成本是园林绿化企业的主要产品成本，即工程成本，一般以园林建设项目的单项工程作为成本核算对象，通过各单项工程成本核算的综合来反映园林建设项目的施工成本。它是指园林绿化企业以施工项目作为成本核算对象，在现场施工过程中所耗费的生产资料转移价值和劳动者的必要劳动所创造的价值的货币形式。

7.1.1 施工项目成本管理的作用与地位

成本的作用取决于成本的经济内容。成本是补偿生产耗费的尺度，是确认资源消耗和补偿水平的依据。为了保证再生产的不断进行，企业在生产过程中消耗的各种费用必须计入成本，这些资源消耗必须得到补偿。企业只有使收入大于成本才能有盈利，而企业盈利则是保证满足整个社会需要和扩大再生产的主要源泉。因此，成本作为补偿尺度的作用对经济发展具有重要影响。

7.1.1.1 施工项目成本管理的作用

(1) 成本是企业经营管理水平的综合反映

当前，园林施工企业面临着激烈的市场竞争，能否在市场竞争中立于不败之地，关键在于企业能否为社会提供质量高、工期短、造价低的园林绿化产品；而企业能否获得较大的经济效益，关键在于有无低廉的成本。因此，园林施工企业在项目施工中，要以较少的物质消耗和劳动消耗来创造较大的价值，通过获取工程款，以收抵支并有所盈利。可见，成本是衡量企业管理水平的一个综合性指标。

(2) 成本是制定产品价格的重要依据

企业生产的产品，只有通过制定合理的价格，根据等价交换的原则，使产品销售后，成本得到补偿并取得盈利。制定产品价格，要考虑许多方面的因素，应体现价值规律的要求，使其大体符合产品价值，同时还要遵守国家的价格政策。由于目前产品价值还难以直接精确计算，可以通过计算产品成本来间接地、相对地反映产品价值。因此，成本是制定价格的主要依据。

(3) 成本是企业进行经营决策、实行经济核算的重要手段

企业生产经营过程中，对重大问题决策时，必须全面地进行技术经济分析，其中决策方案的经济效果是技术经济分析的重点，而产品成本是考察和分析决策方案的经济效果的重要指标。

企业各方面活动的经济效果，如资金周转的快慢、原材料消耗的多少等，都能由成本反映出来，因而，成本是经济核算的基本内容。

7.1.1.2　施工项目成本管理在施工项目管理中的地位

随着施工项目管理在园林绿化施工企业中逐步推广普及，项目成本管理的重要性也日益为人们所认识。可以说，项目成本管理正在成为施工项目管理向深层次发展的主要标志和不可缺少的内容。施工项目成本管理在施工项目管理中的地位越来越重要，其主要原因如下。

(1) 施工项目成本管理体现施工项目管理的本质特征

园林绿化施工企业作为我国园林绿化市场中独立的法人实体和竞争主体，通过施工项目管理，彻底突破长期以来的计划经济体制所形成的传统管理模式，将经营管理的全部活动从完成国家下达的计划指令转向以工程承包合同为依据，以满足业主对园林绿化产品的需求为目标，以创造企业经济效益为目的。施工项目经理部作为施工企业最基本的施工管理组织，其全部管理活动的本质就是运用项目管理原理和各种科学方法来降低工程成本，创造经济效益，成为企业效益的源泉。

成本管理工作贯彻于施工项目管理的全过程，施工项目管理的一切活动实际也是成本活动，没有成本的发生和运动，施工项目管理的生命周期随时可能中断和窒息。从这个意义上说，施工项目成本管理既是施工项目管理的起点，又是施工项目管理的终点。如果一个施工项目缺少成本管理，不仅称不上是一个真正的、完整的、规范的施工项目管理，同时，与计划经济体制下的传统管理模式也就没有本质区别了。

(2) 施工项目成本管理反映施工项目管理的核心内容

当园林绿化工程施工项目的价格确定后，成本就是决定利润高低的因素，施工企业为了赢得最大的利润，其经营管理活动的全部目的就在于追求低于同行业平均的成本水平。目前，反映园林绿化施工企业平均成本水平的，是国家有关部门所制定的定额，它为所有施工企业提供了一个衡量成本管理水平的客观标准。企业对施工项目的要求就是实现一个低于定额的实际成本，没有以成本管理为核心的一系列切实有效的施工项目管理，要实现这一目标是难以想象的。

施工项目管理活动是一个系统工程，包括施工项目的质量、工期、安全、资源、合同等各方面的管理工作，这一切的管理内容，无不与成本的管理息息相关。成本时时刻刻在影响、制约、推动或停止各项专业管理活动，与此同时，各项专业管理活动的成果又决定着施工项目成本的高低。可见，施工项目成本管理是施工项目管理的一个重要子系统，施工项目管理一旦脱离了施工项目的成本预测、成本决策、成本计划、成本控制、成本核算、成本分析和成本考核这一整套成本管理工作，项目经理部和企业的任何美好愿望都只能是空中楼阁。因此，施工项目成本管理的好坏反映了施工项目管理的水平，成本管理是项目管理的核心内容。施工项目成本若能通过科学、经济的管理达到预期的目的，则能带动施工项目管理乃至整个企业管理水平的提高。

(3) 施工项目成本管理提供衡量施工项目管理绩效的客观尺度

施工企业必然要对所属施工项目实施有效的监控，尤其要对其管理的绩效进行评价，以保证企业的利益，提高企业的管理素质和社会声誉。

施工企业对施工项目的绩效评价，首先是对成本管理绩效的评价。由于施工项目成本管理体现了施工项目管理的本质特征，并代表着施工项目的核心内容，因此，施工项目成本管理在施工项目管理绩效评价中受到特别的重视。同时，施工项目成本管理的水平和成果，也可使企业便捷地掌握施工项目的管理状况及实际达到的水平，并为绩效评价提供直观、量化的佐证。

对施工项目开展以施工项目成本管理为重点的绩效评价，还为施工企业对施工项目的考核和奖惩提供了依据，可以有效防止人为的、不公正因素的干扰，为企业内部干部人事制度、工资分配制度、专业技术职称评聘制度、员工培训制度等一系列制度的建立和健全创造必要的环境条件。

7.1.2 施工项目成本的含义和组成

7.1.2.1 施工项目成本的含义

施工项目成本就是工程施工项目在施工现场所发生的全部生产费用的总和，包括所消耗的主（辅）材料，构配件费用及周转材料的摊销费（或租赁费），施工机械的台班费（或租赁费），支付给生产工人的工资、奖金以及施工项目经理部一级为组织和管理工程施工所发生的全部费用支出。施工项目成本不包括劳动者为社会所创造的价值（如税金和计划利润），也不包括不构成施工项目价值的一切非生产性支出。

7.1.2.2 施工项目成本的组成

园林绿化企业在工程项目施工中为提供劳务作业等过程中所发生的各项费用支出，按照国家规定计入成本费用。

按成本的经济性质和国家财政部、中国建设银行颁发的《施工、房地产开发企业财务制度》（［1993］财预字第6号）的规定，施工企业工程成本由直接成本和间接成本组成。

(1) 直接成本。直接成本也就是直接工程费，是指施工过程中直接消耗费并构成工程实体或有助于工程形成的各项支出包括人工费、材料费、机械使用费和其他直接费用。

1) 人工费：是指直接从事园林绿化、建筑安装工程施工的生产工人开支的各项费用。包括基本工资、工资性补贴、生产工人辅助工资、职工福利费及劳动保护费等。

2) 材料费：是指施工过程中耗用并构成工程实体的原材料、辅助材料、构配件、零件及半成品的费用和周转使用材料的摊销（或租赁）费用，包括材料原价或供应价、供销部门手续费、包装费、材料自来源地运至工地仓库或指定堆放地点的装卸费（运输费及途耗、采购）及保管费。

3）施工机械使用费：是指使用自有施工机械作业所发生的机械使用费和租用外单位的施工机械租赁费，以及机械安装、拆卸和进出场费用。内容包括：折旧费、大修费、经修费、安拆费及场外运输费、燃料动力费、人工费以及运输机械养路费、车船使用税和保险费等。

4）其他直接费：是指直接费以外施工过程中发生的其他费用，内容有以下几方面：

①冬期、雨期施工增加费；

②夜间施工增加费；

③材料二次搬运费；

④仪器、仪表使用费（指通信、电子等设备安装工程所需安装、测试仪器、仪表摊销及维修费用）；

⑤生产工具、用具的使用费；

⑥检验试验费；

⑦特殊工种培训费；

⑧工程定位复测、工程点交、场地清理等费用；

⑨特殊地区施工增加费；

⑩临时设施摊销费。

（2）间接成本。间接成本是指企业的各项目经理部为施工准备、组织和管理施工生产所发生的全部施工间接费支出。其具体的费用项目及其内容包括现场项目管理人员的基本工资、奖金、工资性补贴、职工福利和劳动保护费、办公费、差旅交通费、固定资产使用费、工具、用具使用费、保险费、检验试验费、工程保修费、工程排污费以及其他费用等。

对于施工企业所发生的经营费用、企业管理费和财务费用，则按规定计入当期损益，亦即计为期间成本。

应该指出，企业下列支出不得列入成本、费用：为构置和建造固定资产、无形资产和其他资产的支出；对外投资的支出；没收的财物，支付的滞纳金、罚款、违约金、赔偿金，以及企业赞助、捐赠支出；国家法律、法规规定以外的各种付费和国家规定不得列入成本、费用的其他支出。

7.1.2.3　施工项目成本的主要形式

为了明确认识和掌握成本的特性，搞好成本管理，根据管理的需要，可从不同的角度进行考察，将成本划分为不同的成本形式。

（1）按成本控制需要，从成本发生的时间来划分。根据成本管理要求，施工项目成本可分为预算成本、计划成本和实际成本。

1）预算成本。工程预算成本是反映各地区园林绿化行业的平均成本水平。它根据施工图由全国统一的工程量计算规则计算出来的工程量，全国统一的建筑、安装工程基础定额和由各地区的市场劳务价格、材料价格信息及价差系数，并按有关取费的指导性费率进行计算。

全国统一的建筑、安装工程基础定额是为了适应市场竞争、鼓励企业以个别成本报价，按照量价分离以及将工程实体消耗量和周转性材料、机具等施工手段相分离的原则来制定的，作为编制全国统一、专业统一和地区统一概算的依据，也可作为企业编制投标报价的参考。

市场劳务价格和材料价格信息及价差系数和施工机械台班费由各地区园林绿化工程造价管理部门按季度（或按年度）发布，进行动态调整。

有关取费费率由各地区、各部门按不同的工程类型、规模大小、技术难易、施工场地情况、工期长短、企业资质等级等条件分别制定具有上下限幅度的指导性费率。

预算成本是确定工程造价的基础，也是编制计划成本和评价实际成本的依据。

2）计划成本。施工项目计划成本是指施工项目经理部根据计划期的有关资料（如工程的具体条件和建筑企业为实施该项目的各项技术组织措施），在实际成本发生前预先计算的成本。亦即园林绿化企业考虑降低成本措施后的成本计划数，反映了企业在计划期内应达到的成本水平。它对于加强园林绿化企业和项目经理部的经济核算，建立和健全施工项目成本管理责任制，控制施工过程中的生产费用，降低施工项目成本具有十分重要的作用。

3）实际成本。实际成本是根据施工项目在报告期内实际发生的各项生产费用的总和。把实际成本与计划成本比较，可揭示成本的节约和超支，考核企业施工技术水平及技术组织措施的贯彻执行情况和企业的经营效果。实际成本与预算成本比较，可以反映工程盈亏情况。因此，计划成本和实际成本都是反映园林绿化企业成本水平的，它受企业本身的生产技术、施工条件及生产经营管理水平所制约。

（2）按生产费用计入成本的方法来划分

按生产费用计入成本的方法可划分为直接成本和间接成本两种形式。

1）直接成本。直接成本是指直接耗用并能直接计入工程对象的费用。

2）间接成本。间接成本是指非直接用于也无法直接计入工程对象，但为进行工程施工所必须发生的费用，通常是按照直接成本的比例来计算的。

按生产费用计入成本的分类方法，能正确反映工程成本的构成，考核各项生产费用的使用是否合理，便于找出降低成本的途径。

（3）按生产费用与工程量关系来划分

生产费用按其与工程量的关系可划分为固定成本和变动成本。

1）固定成本。固定成本是指在一定期间和一定的工程量范围内，其发生的成本额不受工程量增减变动的影响而相对固定。如折旧费、设备大修费、管理人员工资、办公费、照明费等。这一成本是为了保持企业一定的生产经营条件而发生的。一般来说，对于企业的固定成本，每年基本相同，但是，当工程量超过一定范围时，则需要增添机械设备和管理人员，此时固定成本将会发生变动。此外，所谓固定是指其总额而言，至于分配到每个项目单位工程量上的费用则是变动的。

2）变动成本。变动成本是指发生总额随着工程量的增减变动而成正比例变动的费用，如直接用于工程的材料费、实行计划工资制的人工费等。所谓变动，也是就其总额而言，对于单位工程上的变动费用，往往是不变的。

将施工过程中发生的全部费用划分为固定成本和变动成本对于成本管理和成本决策具有重要作用。它是成本控制的前提条件。由于固定成本是维持生产能力所必须的费用。因此，要降低单位工程量的固定费用，只有通过提高劳动生产率、增加企业总工程量数额并从降低固定成本的绝对值入手，而降低变动成本只能是从降低单位分项工程的消耗定额入手。

7.1.3 施工项目成本管理基础工作

完善的成本管理基础工作是进行有效的成本管理的必要前提条件和保证。要加强施工项目成本管理，必须把基础工作做好。它是搞好施工项目成本管理的前提。园林绿化施工企业应在经理和总会计师、总经济师、总工程师的领导下，组织各职能部门，认真做好成本管理基础工作。成本管理的基础工作包括以下几方面。

7.1.3.1 强化施工项目成本观念

长期以来，施工企业成本管理的核算单位不在项目经理部，一般都以工区或工程处为单位进行成本核算。项目（或单位工程）的成本很少有人过问。施工项目的盈亏说不清楚，也无人负责。园林绿化企业实行施工项目管理并以项目经理部作为核算单位，要求项目经理、项目管理班子和作业层全体人员都必须具有经济观念、效益观念和成本观念。对项目的盈亏负责，是一项深化园林绿化业体制改革的重大措施。因此，要搞好施工项目成本管理，必须首先对企业和项目经理部人员加强成本管理教育并采取措施，只有具备强烈的成本意识，让参与施工项目管理与实施的每个人员都意识到加强施工项目成本管理对施工项目的经济效益，对个人收入所产生的重大影响，各项成本管理工作才能在项目管理中得到贯彻和实施。

7.1.3.2 建立和健全原始记录

原始记录是生产经营活动的第一次直接记载，是反映生产经营活动的原始资料，是编制成本计划，制定各项定额的主要依据，也是统计和成本管理的基础。原始记录是企业在施工生产活动发生之时，记载业务事项实际情况的书面凭证。在成本管理中，与成本核算和控制有关的原始记录是成本信息的载体。施工企业的各类原始记录应根据其施工特点和管理要求，设计简明适用，记录格式、内容和计算方法要便于统一组织核算。施工项目成本管理有关的原始记录一般有：

（1）机械使用记录。反映施工机械、交付使用、台班消耗、维修、事故、安全生产设备等情况，如交付使用单、机械使用台账、事故登记表等。

（2）材料物资消耗记录。反映材料领取、材料使用、材料退库等情况，如限额领料单、退料单、材料耗用汇总表、材料盘点报告单等。

(3) 劳动记录。反映职工人数、调动、考勤、工时利用、工资结算等情况，如施工任务单、考勤簿、停工单、工资结算单等。

(4) 费用开支记录。反映水、电、劳务以及办公费开支情况，如各种发票、账单等。

(5) 产品生产记录。反映已完工程、未完工程的成本、质量情况。

原始记录填写、签署、报送、传送、保管和存档等制度要健全并有专人负责。对项目经理部有关人员要进行训练，以掌握原始记录的填制、统计、分析和计算方法，做到及时准确地反映施工活动的情况。原始记录还应有利于开展班组经济核算，力求简便易行，讲求实效，并根据实际使用情况，随时补充和修改，以充分发挥原始凭证的作用。

7.1.3.3 建立完善的计量验收制度

在施工生产活动中，一切财产物资、劳动的投入耗费和生产成果的取得，都必须进行准确的计量，才能保证原始记录正确，因而计量验收是采集成本信息的重要手段。施工活动中的计量单位一般分为三类：货币计量、实物计量和劳动计量。在成本核算中，各项费用开支采用货币计量，劳动生产成果采用实物计量，各项财产物资的变动结存，同时采用货币计量和实物计量，并通过两者的核算，达到相互核对的目的。验收是对各种存货的收发和转移进行数量和质量方面的检验和核实，一般有入库验收和提货验收，验收时要核查实物与有关原始记录所记载的数量是否相符。

7.1.3.4 加强定额和预算管理

为了进行施工项目成本管理，必须具有完善的定额资料，搞好施工预算和施工图预算。除了国家统一的建筑、安装工程基础定额以及市场的劳务、材料价格信息外，企业还应有施工定额。施工定额既是编制单位工程施工预算及成本计划的依据，又是衡量人工、材料、机械消耗的标准。要对施工项目成本进行控制，分析成本节约或超支的原因，不能离开施工定额。按照国家统一的定额和取费标准编制的施工图预算也是成本计划和控制的基础资料，可以通过“两算对比”确定成本降低水平。实践证明，加强定额和预算管理，不断完善企业内部定额资料，对节约材料消耗，提高劳动生产率，降低施工项目成本，都有十分重要的意义。

7.1.3.5 建立和健全各项责任制度

责任制度是有效实施施工项目成本管理的保证。有关施工项目成本管理的各项责任制度包括：计量、验收制度，考勤、考核制度，原始记录、统计制度，成本核算分析制度以及完善的成本目标责任制体系。企业应随着施工生产、经营情况的变化、管理水平的提高等客观条件的变化，不断改进、逐步完善各项责任制度的具体内容。对施工项目成本进行全过程的成本管理，不仅需要有周密的成本计划和目标，更重要的是为实现这种计划和目标的控制方法和工程项目施工中有关的各项责任制度。

7.1.4 施工项目成本管理工作的内容

施工项目成本管理是园林绿化企业施工项目管理系统中的一个子系统。这一系统的具体工作内容包括：成本预测、成本计划、成本控制、成本核算、成本分析和成本考核等。施工项目经理部在项目施工过程中，对所发生的各种成本信息，通过有组织、有系统地进行预测、计划、控制、核算和分析等一系列工作，促使施工项目系统内各种要素，按照一定的目标运行，使施工项目的实际成本能够控制在预定的计划成本范围内。

7.1.4.1 施工项目成本预测

成本是项目经理部和施工企业进行各种经营决策和各种控制措施的核心因素之一。施工项目成本预测是对施工项目未来的成本水平及其发展趋势所作的描述与判断。一般通过成本信息和施工项目的具体情况，并运用一定的专门方法，对未来的成本水平及其可能的发展趋势作出科学的估计，其实质就是工程项目在施工以前对成本进行核算。通过成本预测，可以使项目经理部在满足业主和企业要求的前提下，作出正确的决策，采取有力的控制措施，编制科学合理的成本计划和施工组织计划，对施工项目在不同条件下未来的成本水平及其发展趋势作出判断，选择成本低、效益好的最佳成本方案，并能够在施工项目成本形成过程中，针对薄弱环节，加强成本控制，克服盲目性，提高预见性。因此，施工项目成本预测是施工项目成本决策与计划的依据，施工项目成本预测构成了施工项目成本管理的第一个工作环节。

7.1.4.2 施工项目成本计划

施工项目成本计划是项目经理部对项目施工成本进行计划管理的工具。它是以施工生产计划和有关成本资料为基础，以货币形式编制施工项目在计划期内的生产费用、成本水平、成本降低率以及为降低成本所采取的主要措施和规划的书面方案。施工项目成本计划对建立施工项目成本管理责任制，开展成本控制和核算有重要作用。一般来说，一个施工项目成本计划应包括从开工到竣工所必需的施工成本。施工项目成本计划是施工项目成本决策结果的延伸，是将成本决策结果数据化、具体化。它是该施工项目降低成本的指导文件和设立目标成本的依据。施工项目成本计划一经颁布，便具有约束力，可以作为施工项目成本工作的目标，并被用来作为检查计划执行情况、考核施工项目成本管理工作业绩的依据，可以说，成本计划是目标成本的一种形式。

7.1.4.3 施工项目成本控制

施工项目成本控制是指项目在施工过程中，对影响施工项目成本的各种因素加强管理，并采取各种有效措施，将施工中实际发生的各种消耗和支出严格控制在成本计划范围内，随时揭示并及时反馈，严格审查各项费用是否符合标准，计算实际成本和计划成本之间的差异并进行分析，消除施工中的损失浪费现象，发现和总结先进经验，通过成本控制，使之最终实现甚至超过预期的成本目标。

施工项目成本控制应贯穿在施工项目从招标阶段开始直到项目竣工验收的全过程，它是企业全面成本管理的重要环节。因此，必须明确各级管理组织和各级人员的责任和权限，这是成本控制的基础之一，必须给以足够的重视。

7.1.4.4 施工项目成本核算

施工项目成本核算是利用会计核算体系，对项目施工过程中所发生的各种消耗进行记录、分类，并采用适当的成本计算方法，计算出各个成本核算对象的总成本和单位成本的过程。也就是说施工项目成本核算是指项目施工过程中所发生的各种费用和形式的施工项目成本的核算。它包括两个基本环节：一是按照规定的成本开支范围对施工费用进行归集，计算出施工费用的实际发生额；二是根据成本核算对象，采用适当的方法，计算出该施工项目的总成本和单位成本。施工项目成本核算所提供的各种成本信息，是成本预测、成本计划、成本控制、成本分析和成本考核等各个环节的依据。因此，加强施工项目成本核算工作，对降低施工项目成本，提高企业的经济效益有积极的作用。

7.1.4.5 施工项目成本分析

施工项目成本分析是揭示施工项目成本变化情况及其变化原因的过程。施工项目成本分析是在成本形成过程中，对施工项目成本进行的对比评价和剖析总结工作，它贯穿于施工项目成本管理的全过程。也就是说，施工项目成本分析主要利用施工项目的成本核算资料（成本信息），与目标成本（计划成本）、预算成本以及类似的施工项目的实际成本等进行比较，了解成本的变动情况，同时也要分析主要技术经济指标对成本的影响。系统地研究成本变动的因素，检查成本计划的合理性，并通过成本分析，深入揭示成本变动的规律，寻找降低施工项目成本的途径。成本分析的目的在于揭示成本变动原因，明确责任，总结经验教训，以便在未来的施工生产中，采取更为有效的措施控制成本，减少施工中的浪费，挖掘降低成本的潜力，促使企业和项目经理部遵守成本开支范围和财务纪律，更好地调动广大职工的积极性，加强施工项目的全员成本管理。同时，施工项目成本分析还为施工项目成本考核提供依据。

7.1.4.6 施工项目成本考核

所谓成本考核，就是施工项目完成后，对施工项目成本形成中所有责任者，对施工项目成本形成中的各级单位成本管理的成绩或失误所进行的总结与评价。也就是按施工项目成本目标责任制的有关规定，将成本的实际指标与计划、定额、预算进行对比和考核，评定施工项目成本计划的完成情况和各责任者的业绩，并据此给以相应的奖励和处罚。通过成本考核，做到有奖有惩，奖罚分明，鼓励先进、鞭策落后，促使管理者认真履行职责，加强成本管理。只有这样，才能有效地调动企业每一个职工在各自的施工岗位上努力完成目标成本的积极性，为降低施工项目成本和增加企业的积累，作出自己的贡献。

综上所述，施工项目成本管理系统中每一个环节都是相互联系和相互作用的。成本预测是成本决策的前提，成本计划是成本决策所确定目标的具体化；成本控制则是对成本计划的实施进行监督，保证决策的成本目标实现，而成本核算又是成本计划是否实现的最后检验。它所提供的成本信息又对下一个施工项目成本预测和决策提供基础资料；成本考核是实现成本目标责任制的保证和实现决策目标的重要手段。

7.2 园林工程施工项目成本计划与成本管理

7.2.1 施工项目成本计划

7.2.1.1 施工项目成本计划的概念

成本计划是过去计划经济体制下施工技术财务计划体系的重要内容，曾对施工项目保证工程质量、保证工程进度、降低施工成本，起到过重要的推动作用。现在，随着传统的“三级管理，两级核算”的行政体制向项目制核算体制转变，运用好施工项目成本计划将会收到更好的经济效益。

项目成本计划是项目全面计划管理的核心。项目计划体系，是将工期、质量、安全和成本目标高度统一，形成以项目质量管理为核心，以施工网络计划和成本计划为主体，以人工、材料、机械设备和施工准备工作计划为支持的计划体系。成本计划体系，是将编制项目质量手册、施工组织设计、施工预算或项目计划成本、项目成本计划有机结合，其内容涉及项目范围内的人、财、物和项目管理职能部门等方方面面，是受企业成本计划制约而又相对独立的计划体系。施工项目成本计划的实现，依赖于项目组织对生产要素的有效控制。项目作为基本的成本核算单位，有利于项目成本计划管理体制的改革和完善，有利于解决传统体制下施工预算与计划成本、施工组织设计与项目成本计划相互脱节的问题，为改革施工组织设计，提供了有利条件和环境。

7.2.1.2 施工项目成本计划的特征

成本计划在过去的工程项目中是人们对常见的工程项目进行费用预算或估算，并以此为依据进行项目的经济分析和决策，也是签订合同、落实责任、安排资金的工具。在现代的项目成本管理中，成本计划已不仅仅局限于事先的成本预算、投资计划，或作为投标报价、安排工程成本进度计划的依据。施工项目成本计划的特征主要有以下几方面：

（1）积极主动的成本计划：成本计划不仅仅是被动地按照已确定的技术设计、工期、实施方案和施工环境预算的工程成本，还包括进行技术经济分析，从总体上考虑项目工期、成本、质量和实施方案之间的相互影响和平衡，以寻求最优的解决途径。

（2）采用全寿命期成本计划方法：成本计划不仅针对建设成本，还要考虑运营成本的高低。在通常情况下，对施工项目的功能要求高、建设标准高，则施工过程中的工程成本增加，但今后使用期内的运营费用会降低；反之，如果工程成本低，则运营费用会提高。这就在确定成本计划时产生了争执，于是通常通过对项目全寿命期作总经济性比较和费用优化来确定项目的成本计划。

（3）全过程的成本计划管理：项目不仅在计划阶段进行周密的成本计划，

而且要在实施过程中将成本计划和成本控制合为一体，不断根据新情况，如工程设计的变更、施工环境的变化等，随时调整和修改计划，预测项目施工结束时的成本状况以及项目的经济效益，形成一个动态控制过程。

(4) 成本计划的目标：成本计划的目标不仅是项目建设成本的最小化，同时必须与项目盈利的最大化相统一。盈利的最大化经常是从整个项目的角度分析的。如经过对项目的工期和成本的优化选择一个最佳的工期，以降低成本，但是，如果通过加班加点适当压缩工期，使得项目提前竣工投入使用，根据合同获得的奖金高于工程成本的增加额，这时成本的最小化与盈利的最大化并不一致，从项目的整体经济效益出发，提前完工是值得的。

此外，施工项目成本计划还具有时间紧、计划范围扩大等特征，如投标时间短、要求报价快、精度高，成本计划中还要包括融资计划等。

7.2.1.3 施工项目成本计划编制的原则

成本计划的编制是一项涉及面较广、技术性较强的管理工作，为了充分发挥成本计划的作用，在编制成本计划时，必须遵循以下原则。

(1) 合法性原则。编制施工项目成本计划时，必须严格遵守国家的有关法令、政策及财务制度的规定，严格遵守成本开支范围和各项费用开支标准，任何违反财务制度的规定，随意扩大或缩小成本开支范围的行为，必然使计划失去考核实际成本的作用。

(2) 可比性原则。成本计划应与实际成本、前期成本保持可比性。为了保证成本计划的可比性，在编制计划时应注意所采用的计算方法，应与成本核算方法保持一致（包括成本核算对象、成本费用的汇集、结转、分配方法等）。只有保证成本计划的可比性，才能有效地进行成本分析，才能更好地发挥成本计划的作用。

(3) 从实际情况出发的原则。编制成本计划必须从企业的实际情况出发，充分挖掘企业内部潜力，使降低成本指标既积极可靠，又切实可行。施工项目管理部门降低成本的潜力在于正确选择施工方案，合理组织施工，提高劳动生产率，改善材料供应，降低材料消耗，提高机械设备利用率，节约施工管理费用等。注意不能为降低成本而偷工减料，忽视质量，不对机械设备进行必要的维护修理，片面增加劳动强度，加班加点，或减掉合理的劳保费用，忽视安全工作。

(4) 与其他计划结合的原则。编制成本计划，必须与施工项目的其他各项计划如施工方案、生产进度、财务计划、资料供应及耗费计划等密切结合，保持平衡。即成本计划一方面要根据施工项目的生产、技术组织措施、劳动工资、材料供应等计划来编制，另一方面又影响着其他各种计划指标，在制定其他计划时，应考虑适应降低成本的要求，与成本计划密切配合，而不能单纯考虑每一种计划本身的需要。

(5) 先进可行性原则。成本计划既要保持先进性，又必须现实可行，否则就会因计划指标过高或过低而使之失去应有的作用。这就要求编制成本计划必须以各种先进的技术经济定额为依据，并针对施工项目的具体特点，采取切实可行的技术组织措施保证。只有这样，才能使制定的成本计划既有科学根据，又有实现的可能，成本计划才能起到促进和激励的作用。

（6）统一领导、分级管理原则。编制成本计划，应实行统一领导、分级管理的原则，采取走群众路线的工作方法，应在项目经理的领导下，以财务和计划部门为中心，发动全体职工总结降低成本的经验，找出降低成本的正确途径，使成本计划的制定和执行具有广泛的群众基础。

（7）弹性原则。编制成本计划，应留有充分余地，保持计划具有一定的弹性。在计划期内，项目经理部的内部或外部的技术经济状况和供产销条件，很可能发生一些在编制计划时所未预料的变化，尤其是材料的市场价格千变万化，给计划拟定带来很大困难，因而在编制计划时应充分考虑到这些情况，使计划保持一定的应变适应能力。

7.2.1.4 施工项目成本计划的编制资料

编制施工项目成本计划所需要的资料主要包括：

（1）成本预测与决策资料。

（2）测算的目标成本资料。

（3）与成本计划有关的其他生产经营计划资料，如工程量计划、物资消耗计划、工资计划、固定资产折旧计划、项目质量计划、银行借款计划等。

（4）施工项目上期成本计划执行情况及分析资料。

（5）历史成本资料。

（6）同类行业、同类产品成本水平资料。

7.2.2 施工项目成本控制的对象与内容

7.2.2.1 施工项目成本控制的对象

施工项目成本控制的对象可以从以下几个方面加以考虑。

（1）以施工项目成本形成的过程作为控制的对象

对施工项目成本的形成进行全过程、全面的控制，具体的控制内容包括以下几方面：

1）在工程投标阶段，根据工程概况和招标文件，进行项目成本预测，提出投标决策意见。

2）在施工准备阶段，结合设计图纸的自审、会审和其他资料（如地质勘探资料等），编制实施性施工组织设计，通过多方案的技术经济比较，从中选择经济合理、先进可行的施工方案，编制成本计划，进行成本目标风险分析，对项目成本进行事前控制。

3）在施工阶段，以施工图预算、施工定额和费用开支标准等，对实施发生的成本费用进行控制。

4）在竣工交付使用及保修与养护期阶段，对竣工验收过程发生的费用和保修、养护费用进行控制。

（2）以施工项目的职能部门、施工队和班组作为成本控制的对象

成本控制的具体内容是日常发生的各种费用和损失。它们都发生在施工项目的各个部门、施工队和班组。因此，成本控制也应以部门、施工队和班组作为成本控制对象，将施工项目总的成本责任进行分解，形成项目的成本责任系统，明确项目中每个成本中心应承担的责任，并据此进行控制和考核。

（3）以分部分项工程作为成本控制的对象

为了把成本控制工作做得扎实、细致，落到实处，应以分部分项工程作为成本控制的对象。根据分部分项工程的实物量，参照施工预算定额，编制施工预算，分解成本计划，按分部分项工程分别计算工、料、机的数量及单价，以此作为成本控制的标准，对分部分项工程进行成本控制的依据。

（4）以对外经济合同作为成本控制的对象

施工项目的对外经济业务，都应通过经济合同明确双方的权利和义务。施工项目对外签订各种经济合同时，应将合同中涉及的数量、单价以及总金额控制在预算以内。

7.2.2.2　施工项目成本控制的内容

对施工项目的成本进行日常控制必须全员参与，根据各自的分工不同对各自成本控制的内容负责。

（1）施工技术和计划部门或职能人员

1）根据实施性施工组织设计的进度安排以及业主的要求，合理安排施工计划，及时下达施工任务单，科学地组织，动态地管理施工。及时组织验收结算，收回工程款，保证施工所用资金的周转，避免业主不及时拨款，占用施工企业资金的情况。

2）根据业主工程价款的到位情况组织施工，避免垫付资金施工。

（2）材料、设备部门或职能人员

1）控制材料、构配件的储备量，处理超储积压的材料、构配件。这样可以盘活储备资金，加速流动资金的周转。

2）控制材料、构配件的采购成本。如尽量就地取材，选择最经济的运输方式，选择最低费用的包装，尽量做到采购的材料、构配件直接进入施工现场，减少中间环节，减少业务提成。

3）控制材料、构配件的质量。坚持做到“三证”不全不入施工现场和仓库，确保材料、构配件的质量，同时也减少了次品的损失。

4）坚持限额领发料、退料制度，控制材料的超消耗。

（3）财务部门或职能人员

1）控制间接成本按照制定的间接成本使用计划执行。特别是财务费用及责任中心不可控的成本费用，如上交的管理费、固定资产大修理费、税金、提取的工会经费、劳动保险费、待业保险费、机械进退场费等。施工项目成本应承担的财务费用主要是为项目筹集和使用资金额而发生的利息支出和金融机构手续费，应积极调剂资金的余缺，减少利息的支出。

2）严格其他应收款、预付款的支付手续，如购买材料、构配件、分包工程等预付款。应做到手续完善，有支付依据，有预付款对方开户银行出具的资信证明，预付款不得超过合同价款的80%，并经项目经理部领导集体研究确定。

3）其他费用的控制按照规定的标准、定额执行。

4）对分包商、施工队支付工程价款时，应手续齐全，必须有技术部门及计划部门验工计价单，项目经理签字方可付款。

（4）其他部门或职能人员

其他部门或职能人员，根据分工不同严格控制施工成本。如安全质量管理部门或职能人员必须做到质量、安全不出大事故；劳资部门或职能人员对临时工应严格管理控制其发生的工费等。

（5）施工队（含机械作业队）

施工队（含机械作业队）主要控制施工项目的人工费、材料费、机械使用费以及可控的间接成本。

（6）施工班组（含机组）

施工队（含机械作业队）的班组（含机组）主要是控制人工费、材料费和机械使用费。要求做到严格限额领料和退料手续，加强劳动管理，避免窝工、返工，从而提高劳动效率。机组还应严格控制燃料、动力费和经常修理费，坚持机械的维修保养制度，保持设备的完好率、利用率和出勤率，达到提高机械设备使用效率的目的。

7.2.3 施工项目成本控制的组织和分工

施工项目的成本控制，不仅仅是专业成本人员的责任，所有的项目管理人员，特别是项目经理，都要按照自己的业务分工各负其责。强调成本控制，一方面，是因为成本控制的重要性，是诸多当今国际指标中的必要指标之一；另一方面，还在于成本指标的综合性和群众性，既要依靠各部门、各单位的共同努力，又要由各部门、各单位共享低成本的成果。为了保证项目成本控制工作的顺利进行，需要把所有参加项目建设的人员组织起来，并按照各自的分工开展工作。

7.2.3.1 建立以项目经理为核心的项目成本控制体系

项目经理负责制，是项目管理的特征之一。实行项目经理负责制，就是要求项目经理对项目建设的进度、质量、成本、安全和现场管理标准化等全面负责，特别要把成本控制放在首位，因为成本失控，必然影响项目的经济效益，难以完成预期的成本目标，更无法向职工交代。

7.2.3.2 建立项目成本管理责任制

项目管理人员的成本责任，不同于工作责任。有时工作责任已经完成，甚至还完成得相当出色，但成本责任却没有完成。例如：项目工程师贯彻工程技术规范认真负责，对保证工程质量起了积极的作用，但往往强调了质量，忽视了节约，影响了成本。又如：材料员采购及时，供应到位，配合施工得力，值得赞扬，但在材料采购时就远不就近，就次不就好，就高不就低，既增加了采购成本，又不利于工程质量。因此，应该在原有职责分工的基础上，还要进一步明确成本管理责任，使每一个项目管理人员都有这样的认识：在完成工作责任的同时还要为降低成本精打细算，为节约成本开支严格把关。

这里所说的成本管理责任制，是指各项目管理人员在处理日常业务中对成本管理应尽的责任。要求联系实际整理成文，并作为一种制度加以贯彻。具体说明如下。

（1）合同预算员的成本管理责任

1）根据合同内容、预算定额和有关规定，充分利用有利因素，编好施工图预算，为增收节支把好第一关。

2）深入研究合同规定的“开口”项目，在有关项目管理人员（如项目工程师、材料员等）的配合下，努力增加工程收入。

3）收集工程变更资料（包括工程变更通知单、技术核定单和按实结算的资料等），及时办理增加账，保证工程收入，及时收回垫付的资金。

4）参与对外经济合同的谈判和决策，以施工图预算和增加账为依据，严格控制经济合同的数量、单价和金额，切实做到“以收定支”。

（2）工程技术人员的成本管理责任

1）根据施工现场的实际情况，合理规划施工现场平面布置（包括机械布局，材料、构件的堆放场地、车辆进出现场的运输道路，临时设施的搭建数量和标准等），为文明施工、减少浪费创造条件。

2）严格执行工程技术规范和以预防为主的方针，确保工程质量，减少零星修补，消灭质量事故，不断降低质量成本。

3）根据工程特点和设计要求，运用自身的技术优势，采取实用、有效的技术组织措施和合理化建议，走技术与经济相结合的道路，为提高项目经济效益开拓新的途径。

4）严格执行安全操作规程，减少一般安全事故，消灭重大人身伤亡事故和设备事故，确保安全生产，将事故损失降低到最低限度。

（3）材料员的成本管理责任

1）材料采购和构件加工，要选择质高、价低、运距短的供应（加工）单位。对到场的材料、构件要正确计算、认真验收，如遇质量差、量不足的情况，要进行索赔。切实做到：一要降低材料、构件的采购（加工）成本；二要减少采购（加工）过程中的管理损耗，为降低材料成本走好第一步。

2）根据项目施工的计划进度，及时组织材料、构件的供应，保证项目施工的顺利进行，防止因停工待料造成损失。在构件加工的过程中，要按照施工顺序组织配套供应，以免因规格不齐造成施工间隙，浪费时间，浪费人力。

3）在施工过程中，严格执行限额领料制度，控制材料损耗；同时，还要做好余料的回收和利用，为考核材料的实际损耗水平提供正确的数据。

4）钢管脚手和钢模板等周转材料，进出现场都要认真清点，正确核实并减少赔损数量；使用以后，要及时回收、整理、堆放，并及时退场，既可节省租费，又有利于场地整洁，还可加速周转，提高利用效率。

5）根据施工生产的需要，合理安排材料储备，减少资金占用，提高资金利用效率。

（4）机械管理人员的成本管理责任

1）根据工程特点和施工方案，合理选择机械的型号规格，充分发挥机械的效能，节约机械费用。

2）根据施工需要，合理安排机械施工，提高机械利用率，减少机械费成本。

3）严格执行机械维修保养制度，加强平时的机械维修保养，保证机械完好，随时都能保持良好的状态在施工中正常运转，为提高机械作业、减轻劳动强度、加快施工进度发挥作用。

（5）行政管理人员的成本管理责任

1）根据施工生产的需要和项目经理的意图，合理安排项目管理人员和后勤服务人员，节约工资性支出。

2）具体执行费用开支标准和有关财务制度，控制非生产性开支。

3）管好行政办公用的财产物资，防止损坏和流失。

4）安排好生活后勤服务，在勤俭节约的前提下，满足职工群众的生活需要，为前方安心生产出力。

（6）财务成本人员的成本管理责任

1）按照成本开支范围、费用开支标准和有关财务制度，严格审核各项成本费用，控制成本开支。

2）建立月度财务收支计划制度，根据施工生产的需要，平衡调度资金，通过控制资金使用，达到控制成本的目的。

3）建立辅助记录，及时向项目经理和有关管理人员反馈信息，以便对资源消耗进行有效的控制。

4）开展成本分析，特别是分部分项工程成本分析、月度成本综合分析和针对特定问题的专题分析，要做到及时向项目经理和有关项目管理人员反映情况，提出问题和解决问题的建议，以便采取针对性的措施来纠正项目成本的偏差。

5）在项目经理的领导下，协助项目经理检查、考核各部门、各单位乃至班组责任成本的执行情况，落实责、权、利相结合的有关规定。

7.2.3.3 实行对施工队分包成本的控制

（1）对施工队分包成本的控制

在管理层与劳务层两层分离的条件下，项目经理部与施工队之间需要通过劳务合同建立发包与承包的关系。在合同履行过程中，项目经理部有权对施工队的进度、质量、安全和现场管理标准进行管理，同时按合同规定支付劳务费用。至于施工队成本的节约和超支，属于施工队自身的管理范畴，项目经理部无权过问，也不应该过问。这里所说的对施工队分包成本的控制，是指以下几方面。

1）工程量和劳动定额的控制。项目经理部与施工队的发包和承包，是以实物工程量和劳务定额为依据的。在实际施工中，由于业主变更使用需要等原因，往往会发生工程设计和施工工艺的变更，使工程数量和劳动定额与劳务合同互有出入，需要按实调整承包金额。对于上述变更事项，一定要强调事先的技术签证，严格控制合同金额的增加；同时，还要根据劳务费用增加的内容，及时办理增减账，以便通过工程款结算，从甲方取得补偿。

2）估点工的控制。由于园林绿化施工的特点，施工现场经常会有一些零星任务出现，需要施工队去完成。而这些零星任务，都是事先无法预见的，只能在劳务合同规定的定额用工以外另行估工或点工，这就会增加相应的劳务费用支出。为了控制估点工的数量和费用，可以采取以下方法：一是对工作量比较大的任务工作，通过领导、技术人员和生产骨干"三结合"讨论确定估工定额，使估点工的数量控制在估工定额的范围以内；二是按定额用工的一定比例（5%～10%）由施工队包干，并在劳务合同中明确规定。一般情况下，应以第二种方法为主。

3）坚持奖罚分明的原则。实践证明，项目建设的速度、质量、效益，在很大程度上都取决与施工队的素质和在施工中的具体表现。因此，项目经理部除要对施工队加强管理以外，还要根据施工队完成施工任务的业绩，对照劳务合同规定的标准，认真考核，分清优劣，有奖有罚。在掌握奖罚尺度时，首先要以奖励为主，以激励施工队的生产积极性；但对达不到工期、质量等要求的情况，也要照章罚款并赔偿损失。这是一件事情的两个方面，必须以事实为依据，才能收到相辅相成的效果。

(2) 落实生产班组的责任成本

生产班组的责任成本就是分部分项工程成本。其中：实耗人工属于施工队分包成本的组成部分，实耗材料则是项目材料费的构成内容。因此，分部分项工程成本既与施工队的效益有关，又与项目成本不可分割。

生产班组的责任成本，应由施工队以施工任务单和限额领料单的形式落实给生产班组，并由施工队负责回收和结算。

签发施工任务单和限额领料单的依据为：施工预算工程量、劳动定额和材料消耗定额。在下达施工任务的同时，还要向生产班组提出进度、质量、安全和文明施工的具体要求，以及施工中应该注意的事项。以上这些，也是生产班组完成责任成本的制约条件。在任务完成后的施工任务单结算中，需要联系责任成本的实际完成情况进行综合考评。

由此可见，施工任务单和限额领料单是项目管理中最基本、最扎实的基础管理，它不仅能控制生产班组的责任成本，还能使项目建设的快速、优质、高效建立在坚实的基础之上。

7.3 园林工程施工项目成本核算

7.3.1 施工项目成本核算的任务和要求

施工项目成本核算在施工项目成本管理中的地位非常重要，它反映和监督施工项目成本计划的完成情况，为项目成本预测、技术经济评价、参与经营决策提供可靠的成本报告和有关信息，促进项目改善经营管理，降低成本，提高经济效益是施工项目成本核算的根本目的。

施工项目成本核算的先决前提和首要任务是执行国家有关成本开支范围、费用开支标准、工程预算定额和企业施工预算、成本计划的有关规定，控制费用，促使项目合理使用人力、物力和财力。

项目成本核算的主体和中心任务是正确、及时核算施工过程中发生的各项费用，计算施工项目的实际成本。

为了充分发挥项目成本核算的作用，要求施工项目成本核算必须遵守以下基本要求。

7.3.1.1 做好成本核算的基础工作

（1）建立、健全材料、劳动、机械台班等内部消耗定额以及材料、作业、劳务等的内部计价制度。

（2）建立、健全各种财产物资的收发、领退、转移、报废、清查、盘点、索赔制度。

（3）建立、健全与成本核算有关的各项原始记录和工程量统计制度。

（4）完善各种计量检测设施，建立、健全计量检测制度。

（5）建立、健全内部成本管理责任制。

7.3.1.2 正确、合理地确定工程成本计算期

我国会计制度要求，施工项目工程成本的计算期应与工程价款结算方式相适应。施工项目的工程价款结算方式一般有按月结算或按季结算的定期结算方式和竣工后一次结算方式，据此，在确定工程成本计算期进行成本核算时应按以下原则处理。

（1）园林绿化、建筑及安装工程一般应按月或按季计算当期已完工程的实际成本。

（2）实行内部独立核算的园林绿化企业应按月计算产品、作业和材料的成本。

（3）改、扩建零星工程以及施工工期较短（一年以内）的单位工程或按成本核算对象进行结算的工程，可相应采取竣工后一次结算工程成本。

（4）对于施工工期长、受气候条件影响大、施工活动难以在各个月份均衡开展的施工项目，为了合理负担工程成本，对某些间接成本应按年度工程量分配计算成本。

7.3.1.3 遵守国家成本开支范围，划清各项费用开支界限

成本开支范围，是指国家对企业在生产经营活动中发生的各项费用允许在

成本中列支的范围，它体现着国家的财经方针和制度对企业成本管理的规定和要求。同时也是企业按现行制度规定，有效地进行成本管理，提高成本的可比性，降低成本，严格控制成本开支，避免重计、漏计或挤占成本的基本依据。为此要求在施工项目成本核算中划清下列各项费用开支的界限。

(1) 划清成本、费用支出和非成本、费用支出的界限。这是指划清不同性质的支出，如：划清资本性支出和收益性支出，营业支出与营业外支出。施工项目为取得本期收益而在本期内发生的各项支出即为收益性支出，根据配比原则，应全部计入本期的施工项目的成本或费用。营业外支出是指与企业的生产经营没有直接关系的支出，若将之计入营业成本，则会虚增或少计施工项目的成本或费用。

另外，《施工、房地产企业财务制度》第59条规定："企业的下列支出，不得列入成本、费用：为购置和建造固定资产、无形资产和其他资产的支出；对外投资的支出；没收的财物，支付的滞纳金、罚款、违约金、赔偿金，以及企业赞助、捐赠支出；国家法律、法规规定以外的各种付费；国家规定不得列入成本、费用的其他支出。"

(2) 划清施工项目工程成本和期间费用的界限。根据财务制度的规定：为工程施工发生的各项直接成本，包括人工费、材料费、机械使用费和其他直接费，直接计入施工项目的工程成本。为工程施工而发生的各项间接成本在期末按一定标准分配计入有关成本核算对象的工程成本。根据我国现行的成本核算办法——制造成本法，企业发生的管理费用（企业行政管理部门为管理和组织经营活动而发生的各项费用）、财务费用（企业为筹集资金而发生的各项费用）以及销售费用（企业在销售产品或者提供劳务过程中发生的各项费用），作为期间费用，直接计入当期损益，并不构成施工项目的工程成本。

(3) 划清各个成本核算对象的成本界限。对施工项目组织成本核算，首先应划分若干成本核算对象，施工项目成本核算对象一经确定，就不得变更，各个成本核算对象的工程成本不可"张冠李戴"，否则就失去了成本核算和管理的意义，造成成本不实，歪曲成本信息，导致决策失误。财务部门应为每一个成本核算对象设置一个工程成本明细账。并根据工程成本项目核算工程成本。

(4) 划清本期工程成本和下期工程成本的界限。划清这两者的界限，是会计核算的配比原则和权责发生制原则的要求，对于正确计算本期工程成本是十分重要的。本期工程成本是指应由本期工程负担的生产耗费，不论其收付发生是否在本期，应全部计入本期的工程成本，如本期计提的，实际尚未支付的预提费用；下期工程成本是指应由以后若干期工程负担的生产耗费，不论其是否在本期内收付发生，均不得计入本期工程成本，如本期实际发生的，应计入由以后分摊的待摊费用。

(5) 划清已完工程成本和未完工程成本的界限。施工项目成本的真实度取决于未完工程和已完工程成本界限的正确划分，以及未完工程和已完工程成本计算方法的正确度。按期结算的施工项目，要求在期末通过实地盘点确认未完施工，并按估量法、估价法等合理的方法，计算期末未完工程成本，再根据期初未完工程成本、本期工程成本和期末未完工程成本倒计本期已完工程成本；竣工后一次结算的施工项目，期末未完工程成本是指该成本核算对象成本明细账所反映的、自开工起至当期期末累积发生的工程成本，已完工程成本是指自开工起至竣工累积发生的工程成本。正确划清已完工程成本和未完工程成本的界限，重点是防止期末任意提高或降低未完工程成本，借以调节已完工程成本。

上述几个成本费用界限的划分过程，实际上也是成本计算过程，只有划清各成本的界限，施工项目成本核算才可能正确。这些成本费用的划分是否正确，是检查评价项目成本核算是否遵循基本核算原则的重要标志。但也应指出，不能将成本费用界限划分的过于绝对化，因为有些成本费用的分配方法具有一定的假定性，成本费用的界限划分只能做到相对正确，片面地花费大量人力、物力以追求成本费用划分的绝对精确是不符合成本—效益原则的。

7.3.2 施工项目成本核算体系

项目经理部与企业内部劳务市场、材料市场、机械设备租赁市场、技术市场、资金市场等内部市场主体之间的关系是租赁或买卖关系，一切都以经济合同结算关系为基础。它们以外部市场通行的市场规则和企业内部相应的调控手段相结合的原则运行，构成了以项目经理部为成本核算中心的项目成本核算体系。

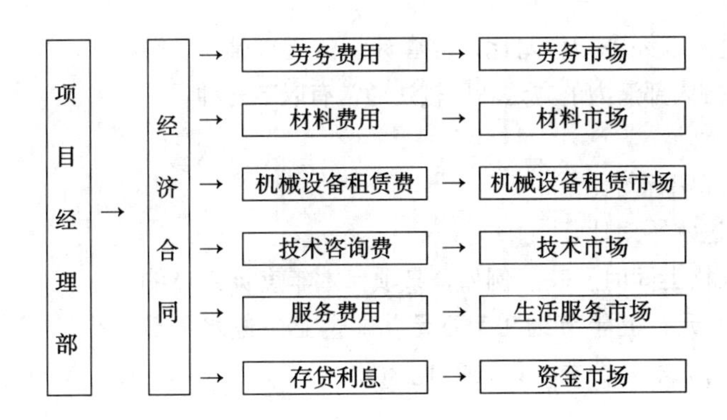

图 7-1 施工项目成本核算体系

7.4 园林工程施工项目成本分析与考核

7.4.1 施工项目成本分析的内容

施工项目成本分析是根据统计核算、业务核算和会计核算提供资料，对项目施工成本的形成过程和影响成本升降的因素进行分析，以寻求进一步降低成本的途径；同时，通过成本分析，找出成本超支的原因，为加强成本控制，实现目标成本创造条件。

施工项目成本分析的内容包括以下三个方面。

7.4.1.1　随着项目施工的进展而进行的成本分析

(1) 分部分项成本分析;

(2) 月 (季度) 成本分析;

(3) 年度成本分析;

(4) 竣工成本分析。

7.4.1.2　按成本项目进行的成本分析

(1) 人工费分析;

(2) 材料费分析;

(3) 机械使用费分析;

(4) 其他直接费分析;

(5) 间接成本分析。

7.4.1.3　针对特定问题与成本有关事项的分析

(1) 成本盈亏异常分析;

(2) 工期成本分析;

(3) 资金成本分析;

(4) 技术组织措施节约效果分析;

(5) 其他有利因素和不利因素对成本的影响分析。

7.4.2　施工项目成本分析的方法

7.4.2.1　基本方法

(1) 指标对比分析法。通过技术经济指标对比,检查计划的完成情况,分析产生差异的原因,进而找出挖掘内部潜力的方法。比较法通常有以下三种:

1) 实际指标与计划指标对比。

2) 本期实际指标与上期实际指标对比。

3) 本项目与本企业平均先进水平对比。

以上三种对比,可在一张表格上同时反映。例如,某项目本年度计划节约"三材"10万元,实际节约12万元,上年节约9.5万元,本企业先进水平节约为13万元,根据上述条件编制成本分析表,见表7-1。

成本分析表　　　　**表7-1**

指标	本年计划数(万元)	上年实际数(万元)	企业先进水平(万元)	本年实际数(万元)	差异数(万元)		
					与计划比	与上年比	与先进比
"三材"节约额	10	9.5	13	12	+2	+2.5	-1

(2) 因素分析法(连锁置换法)。因素分析法的计算步骤如下:

1) 确定分析对象(即所分析的技术经济指标),并计算出实际与计划数的差异。

2）确定该指标由哪几个因素组成，并按其相互关系进行排序。

3）以计划（预算）数为基础，将各因素的计划数相乘，作为分析替代的基数。

4）将各个因数的实际数按照上面的排列顺序进行替换计算，并将替换后的实际数保留下来。

5）将每次替换计算所得的结果与前一次计算的结果相比较，两者的差异即为该因素对成本的影响程度。

6）各个因素的影响程度之和，应与分析对象总差异相等。

必须指出，在用因素分析法时，各个因素的排列顺序应该固定不变。否则，就会得出不同的计算结果，也会产生不同的结论。

7.4.2.2　综合成本的分析方法

综合成本是涉及多种生产要素并受多种因素影响的成本费用，如分部、分项工程成本、月（季度）成本、年度成本。由于这些成本都是随着项目施工的进展而逐步形成的，与生产经营有着密切的关系。因此，做好上述成本的分析工作，无疑将促进项目的生产经营管理，提高项目的经济效益。

（1）分部分项工程成本分析。分部分项工程成本分析是施工项目成本分析的基础。其对象为已完分部分项工程。分析的方法是：进行预算成本、计划成本和实际成本的“三算”对比，分别计算实际偏差和目标偏差，分析偏差产生的原因，为今后分部分项工程成本寻求节约途径。分部分项工程成本分析表的格式见表7-2。

分部分项工程成本分析表　　　　**表7-2**

单位工程　　　　　　工程量

分部分项工程名称　　　　　　施工班组　　　　　　施工日期

<table>
<tr><td rowspan="2">工料名称</td><td rowspan="2">规格</td><td rowspan="2">单位</td><td rowspan="2">单价</td><td colspan="2">预算成本</td><td colspan="2">计划成本</td><td colspan="2">实际成本</td><td colspan="2">实际与预算比较</td><td colspan="2">实际与计划比较</td></tr>
<tr><td>数量</td><td>金额</td><td>数量</td><td>金额</td><td>数量</td><td>金额</td><td>数量</td><td>金额</td><td>数量</td><td>金额</td></tr>
<tr><td></td><td></td><td></td><td></td><td></td><td></td><td></td><td></td><td></td><td></td><td></td><td></td><td></td><td></td></tr>
<tr><td></td><td></td><td></td><td></td><td></td><td></td><td></td><td></td><td></td><td></td><td></td><td></td><td></td><td></td></tr>
<tr><td></td><td></td><td></td><td></td><td></td><td></td><td></td><td></td><td></td><td></td><td></td><td></td><td></td><td></td></tr>
<tr><td></td><td></td><td></td><td></td><td></td><td></td><td></td><td></td><td></td><td></td><td></td><td></td><td></td><td></td></tr>
<tr><td colspan="5">合计</td><td></td><td></td><td></td><td></td><td></td><td></td><td></td><td></td><td></td></tr>
<tr><td colspan="5">实际与预算比较
（预算成本 =100%）</td><td></td><td></td><td></td><td></td><td></td><td></td><td></td><td></td><td></td></tr>
<tr><td colspan="5">实际与计划比较
（计划成本 =100%）</td><td></td><td></td><td></td><td></td><td></td><td></td><td></td><td></td><td></td></tr>
<tr><td colspan="2">节超原因
说明</td><td colspan="12"></td></tr>
</table>

编制单位　　　　　　成本工程师　　　　　　填表日期

（2）月（季）度成本分析：月（季）度成本分析是施工项目定期的，经常性的中间成本分析。由于施工项目具有二次性的特点，通过月（季）度成本分析，就可及时发现问题，并按成本目标进行监督和控制，以保证项目成本目标的实现。因此，月（季）度成本分析对控制施工现场成本有重要意义。

月（季）度成本分析的依据是当月（季）的成本报表。分析的方法主要是对比法。通过实际成本与预算成本的对比，分析当月（季）的成本降低水平；通过实际成本与计划成本的对比，分析计划成本的落实情况，以及目标成本管理中的问题和不足；通过对各成本项目的成本分析，可以了解成本总量的构成比例和成本管理的薄弱环节；通过对主要技术经济指标的实际与计划的对比，分析产量、工期、质量、“三材”节约率，机械利用率对成本的影响。

（3）年度成本分析：大型园林工程项目施工周期一般比较长，除了要进行月（季）度成本的核算和分析外，还要进行年度成本的核算和分析。这不仅是为了满足企业汇编年度成本报表的需要，同时，也是施工项目成本管理的需要。通过年度成本综合分析，可以总结施工项目一年来成本管理的成绩和不足，为施工项目跨年度成本管理提供经验和教训；从而更好地进行施工项目成本管理。

年度成本分析的依据是年度成本报表。年度成本分析的内容，除了月（季）度成本分析所涉及几个方面对比外，重点是对下一年度的施工进展情况规划有切实可行的成本管理措施，以保证项目施工现场成本目标的实现。

（4）竣工成本的综合分析：一个施工项目一般都是由几个单位工程组成的。如果各单位工程是单独进行成本核算时，则竣工成本分析应以各单位工程竣工成本分析资料为基础，再加上施工项目经理部的经营效益（如资金调度、对外分包等所产生的效益）进行综合分析。

单位竣工成本分析，应包括以下内容：

1）竣工成本分析；

2）主要资源节超对比分析；

3）主要技术节约措施及经济效果分析。

通过以上分析，可以全面了解单位工程的成本构成和降低成本的措施项目，供今后同类工程的成本管理借鉴。

7.4.2.3　成本项目的分析方法

（1）人工费分析。人工费除了按合同支付的人工费以外，其他人工费主要如下：

1）因实物工程量增减而调整的人工和人工费。

2）定额人工以外的估工工资（如已按一定比例包干，不再支付）。

3）用于进度、质量、节约、文明施工等方面的奖励费用等。

（2）材料费分析。材料费分析包括两部分：

1）主要材料和结构件费用的分析：主要考虑材料价格变动和消耗数量变动对材料费的影响。计算方法如下：

因材料价格变动对材料费的影响 =（预算单价 - 实际单价）× 消耗数量

因消耗数量变动对材料费的影响 =（预算用量 - 实际用量）× 预算价格

2）周转材料使用费分析：施工项目周转材料费的节约或超支，取决于周转材料的周转利用率和损耗率。周转利用率和损耗率的计算公式为：

$$周转利用率 = \frac{实际使用数 \times 租用期内的周期次数}{进场数 \times 租用期} \times 100\%$$

$$损耗率 = \frac{退场数}{进场数} \times 100\%$$

（3）采购保管费分析。材料采购保管费属于材料的采购成本，包括：材料采购保管人员的工资、工资附加费、劳动保护费、办公费、差旅费，以及材料采购保管过程中发生的固定资产使用费、工具、用具使用费、检验实验费、材料整理及零星运费和材料物资的盘亏及毁损等。

材料采购保管费一般应与材料采购数量同步，即材料采购多，采购保管费也会相应增加。因此，应该根据每月实际采购的材料数量（金额）和实际发生的材料采购保管费，计算“材料采购保管费支用率”，作为前后期材料采购保管费的对比分析之用。

$$材料采购保管费支用率 = \frac{计算期实际发生的采购保管费}{计算期实际采购的材料总价} \times 100\%$$

（4）材料储备资金分析。材料的储备资金是根据日平均用量、材料单价和储备天数（即从采购到进场所需的时间）计算的。上述任何一个因素的变动，都会影响储备资金的占用量。材料储备资金的分析可以应用“因素分析法”。

（5）机械使用费用分析。降低机械使用费的关键在于在机械设备的使用过程中，必须以满足施工需要为前提，加强机械设备的平衡调度，充分发挥机械的效用；同时，还要加强平时的机械设备的维修保养工作，提高机械的完好率，保证机械的正常运转。机械完好率和利用率计算如下：

$$机械完好率 = \frac{报告期机械完好台班数 + 加班台班}{报告期制度台班数 + 加班台班} \times 100\%$$

$$机械利用率 = \frac{报告期机械实际工作台班数 + 加班台班}{报告期制度台班数 + 加班台班} \times 100\%$$

在计算完好台班数时，只考虑是否完好，不考虑其是否在工作。制度台班数是指本期内全部机械台班数和制度工作日的乘积，不考虑机械的技术状态是否工作。

（6）其他直接费分析。其他直接费的分析主要应通过预算与实际数的比较来进行。如果没有预算数，可以计划数代替预算数。

（7）间接成本分析。间接成本是指施工项目经理部为组织生产和管理所需要的费用。其分析也应通过预算（计划）数与实际数比较来进行。

7.4.3 施工项目成本考核

施工现场成本考核的目的在于贯彻落实责、权、利相结合的原则，调动项目经理和所属部门施工队、生产班组的积极性，促进成本管理工作的健康发展。

在施工现场成本考核中，特别要强调施工过程中的中间考核。通过中间考核能及时发现问题，采取措施，起到亡羊补牢的作用。

对施工现场进行成本考核应分为两个层次：一是企业对施工项目经理的考核；二是项目经理对所属部门、施工队、生产班组的考核。通过层层考核以达到督促各级成本责任者更好地完成自己的责任成本，从而形成实现项目成本目标的保证体系。

7.4.3.1　施工项目成本考核的内容

（1）企业对施工项目经理考核的内容

1）施工项目成本目标和阶段成本目标完成的情况。

2）以施工项目经理为核心的成本管理责任制的落实情况。

3）成本计划编制的落实情况。

4）对各部门、各施工队和班组责任成本的检查和考核情况。

5）贯彻责、权、利相结合原则的执行情况。

（2）施工项目经理对所属下级的考核内容

1）对各职能部门考核的内容：

①本部门、本岗位的责任成本完成情况；

②本部门、本岗位的成本管理责任执行情况。

2）对各施工队的考核内容：

①本队、本岗位的责任成本完成情况；

②本队、本岗位的成本管理责任执行情况；

③对班组施工任务单的管理情况，以及班组完成施工任务后的考核情况。

3）对生产班组的考核内容（平时由施工队考核）：以施工项目的分部分项工程成本作为班组的责任成本，以施工任务单和限额领料单的结算资料为依据，与施工预算进行对比，考核班组责任成本完成情况。

7.4.3.2　施工现场成本考核的实施

（1）考核的原则

1）施工现场成本考核要与相关指标（进度、质量、安全和现场标准化管理）的完成情况相结合。

2）强调施工现场成本的中间考核。

3）正确考核施工项目竣工成本。

（2）考核的方法

施工现场成本考核可分为月度考核、阶段考核、竣工考核三种。一般采用评分法进行。首先按上述考核内容评定分值，然后对责任成本和成本管理工作定出权重，前者权重可定为7，后者定为3，亦可根据现场具体情况作适当调整。

(3) 考核后的奖罚标准

施工现场成本奖罚的标准，应通过经济合同形式明确规定，以保证奖罚具有法律依据。在制定奖罚标准时，应从客观情况出发。总的原则是既要考虑职工的利益，又要考虑施工项目成本承受的能力。具体标准应根据施工项目造价的高低，经过认真测算确定。

此外，企业领导和施工项目经理还可对所属各部门、施工队、班组和个人进行随机奖励，但这已不属于上述成本奖励范围。

复习思考题

1. 施工项目成本管理有哪些作用？
2. 施工项目成本的主要形式有哪些？
3. 编制施工项目成本计划应掌握哪些原则？
4. 施工项目实施各阶段的成本控制内容有哪些？
5. 怎样实行对施工队分包成本的控制？
6. 施工成本核算的任务和要求是什么？
7. 施工项目成本分析包括哪些内容？
8. 怎样进行施工项目成本考核？

第8章 园林工程施工安全管理

本章简要阐述了园林工程施工安全管理的特点、园林工程施工安全管理的基本原则以及安全生产的意义；介绍了园林工程施工安全管理体系文件编制的内容和方法；系统说明了安全管理方法和手段。

8.1 园林工程施工安全管理概述

8.1.1 园林工程施工安全管理的特点

园林工程施工安全生产管理不仅是组织生产活动的基本指导思想，而且也是文明施工最重要的体现。要搞好园林工程施工现场安全生产，必须认真研究施工中安全生产管理的特点。其特点如下：

8.1.1.1 安全管理的预防性

施工现场露天作业，受自然环境影响大；场地范围广，地形条件复杂，多专业交叉作业，大型机械和用电作业等都容易引发安全事故。因此，必须树立以防为主的思想，尽一切努力，采取各种措施、消除隐患，防止安全事故发生。与此同时，在施工现场作业中强化各种管理措施，防管结合才能杜绝安全事故。

8.1.1.2 安全管理的长期性

园林工程施工中不安全的因素一般是由园林工程建设生产活动的特点所带来的，只要施工还在进行，施工现场就会有不安全因素存在。不要认为园林工程安全事故少就可以马马虎虎，平时无人过问，其实，在大树移植、土方挖掘、山石堆叠的当时和工程交付使用后都可能发生安全事故。所以，施工现场安全生产管理具有长期性、经常性的特点。因此，我们不但要认识园林工程安全管理的长期性，而且要落实到具体的行动中。

8.1.1.3 安全管理的科学性

园林工程施工是建立在现代科学技术基础上的，具有自身的规律性和科学性，在施工过程中的安全防护设备和安全管理措施必须符合其科学的要求。因此，施工现场管理人员只有不断学习有关建设项目施工安全技术的科学知识，总结安全生产的经验教训，不断完善安全生产的规章制度才能掌握安全生产的主动权。

8.1.1.4 安全管理的群众性

园林工程安全生产是与全体职工的生命安全和健康密切相关的工作，而安全管理不仅是为了消除、减弱物和环境的不安全状态，更主要的是增强劳动者的安全意识、约束劳动者的不安全行为，也就是对劳动者的安全管理。因此，要搞好安全生产，必须充分发动群众，只有人人重视安全，遵守安全管理的规章制度，安全生产才有可靠的保证。

8.1.2 园林工程施工安全管理的基本原则

8.1.2.1 全过程、全员的安全管理原则

园林工程施工的安全生产不仅关系到企业职工健康和生命安全，而且影响

工程质量、企业的经济效益和声誉。因此，对于园林绿化企业来说，从管理人员到施工现场职工都要重视安全，在思想上统一，实行全企业全过程、全员的安全管理，确保园林工程施工的安全。

8.1.2.2 预防为主、综合管理的原则

影响施工现场安全生产的因素很多，归纳起来分为两大类，即主观因素和客观因素。客观因素指施工环境的特殊性、施工对象的多变性、劳动组合的不稳定性等因素；主观因素指施工人员的生理和心理的有关因素，如人的行为瞬间性、偶然性、主观决策失误和忽视安全措施等。由于施工现场安全生产具有预防性特点，因此，要搞好安全生产管理，必须坚持预防为主的原则，防患于未然，把安全事故苗子消灭在萌芽之中。所以，在施工过程中，要把人、机、物、环境、工艺综合加以考虑，制定安全岗位责任、合理地安排安全设施、加强对职工的安全教育，通过各种宣传途径杜绝职工的麻痹思想，保证安全生产。

8.1.2.3 自我控制、以我为主的原则

安全事故往往是由于个人不遵守安全规程违章操作或缺乏安全意识、配合不当所引发的。园林工程施工现场的劳动，具有手工操作较多、笨重体力劳动多和生产专业化、协作化特点，加之施工现场范围大，情况多变，安全生产管理工作面广量大，对个人行为的控制比较困难。因此，对施工现场的安全管理应强调从我做起、自我控制，每个职工在自己的岗位上，要依靠自己的努力去发现并消除不安全因素，确保安全生产的实现。

8.1.2.4 严格执法的原则

保护劳动者在生产中的生命安全和健康，既是组织生产活动的指导思想，又是劳动者权利，国家用立法的手段制定保护职工安全生产的政策、规程、条例、制度，来确保生产中的安全。因此，安全生产规程、条例、制度在生产中的贯彻，带有执法和守法性质，是非常严肃的法制意识和行为。任何人不遵守安全生产有关规定，造成人身伤亡的严重后果，都要承担法律责任。

8.1.3 安全生产的意义

安全生产是指在保护劳动者生命安全和健康的前提下，进行生产活动。其基本要求是：劳动者必须在安全的环境中生产，只有安全才能保证生产顺利进行。生产活动如果没有安全的保证，就谈不上产量和质量；反之，离开生产活动讲安全，也就失去实际意义。因此，安全与生产是不可分割的统一体。

园林工程施工的生产劳动具有露天作业和手工作业多、体力劳动强度大、多工种平行、立体交叉施工等特点，偶有不慎，极容易发生安全事故。因此，搞好安全生产是强化施工现场管理的重要原则和内容。园林绿化工人只有在可靠的安全措施的环境中才有安全感，才能专心致志地从事施工而无安全问题的

后顾之忧，从而提高劳动效率和施工质量。片面地追求施工进度，忽视施工中的安全管理，不仅不可能搞好生产，而且易于产生安全事故、造成工程质量问题，甚至造成人身伤亡和财产损失，这是对国家建设和对职工生命安全极不负责的表现，是和我们社会主义国家关心人的原则背道而驰的。因此，在施工管理过程中，安全、质量、进度、成本是一个统一体，施工安全和工程质量同是工程建设中的两大永恒主题。要牢牢记住“生产必须安全”、“安全保证生产”的原则，从思想上、组织上、制度上、技术上建立一整套安全生产管理制度，确保生产过程的安全。

8.2 园林工程施工安全管理体系文件编制

8.2.1 工程项目施工安全管理组织保证体系

任何一个工程项目施工都应建立施工安全组织保证体系，明确职责分工、管理范围和安全保证措施。

8.2.1.1 施工项目各职能部门的安全生产责任

(1) 安全专职机构的职责

安全专职机构的职责主要是进行日常安全生产管理和监督检查工作，具体业务如下：

1) 贯彻劳动保护法规，开展安全生产宣传教育工作。

2) 研究解决施工中不安全因素，审查施工组织设计中的安全技术措施。

3) 参加安全事故调查分析，提出处理意见。

4) 制止违章作业，遇有险情有权暂停施工。

(2) 消防专职机构的职责

1) 保证防火设备设施齐全、有效。

2) 消除火灾隐患。

3) 组织现场消防队的日常消防工作。

(3) 施工生产、技术部门的安全生产职责

1) 严格遵照国家有关安全的法令、规程、制度、标准，编制施工方案及相应的安全技术措施；对新工艺、新设备要编制安全技术操作规程。

2) 认真贯彻施工组织设计中的安全技术措施计划或方案。

3) 加强施工现场平面布置图管理，建立安全生产、文明施工的良好生产秩序。

(4) 材料部门的安全生产职责

1) 保证及时供应安全技术措施所需的材料、工具设备。

2) 保证新购的安全、劳保用品能符合安全技术和质量标准。

3) 定期检查各类脚手架和安全用具的质量。

(5) 机械、动力部门的安全生产职责

1) 对机电设备、锅炉和压力容器要经常检查、维修、保养，使设备处于

良好的技术状态。

2）保证机电设备安全防护装置齐全、灵敏、可靠，安全运转。

3）负责培训考核机械、动力设备操作人员。

（6）其他有关部门的安全生产职责

1）财务部门要按国家规定提供安全技术措施费用，监督其合理使用，不准将安全技术措施费挪作他用。

2）教育部门要将安全教育纳入企业全员培训计划，做好各级有关部门的安全技术培训。

3）卫生部门要确保工人生活基本条件，定期对职工进行健康检查，并定期监测尘毒作业点。

4）劳动工资部门要配合有关部门保证进场施工人员的技术素质，并做好对新工人、换岗工人、特种工种工人的安全培训、考核、发证等工作，严格控制加班加点。

8.2.1.2　建立施工安全组织保证体系

施工安全组织保证体系主要包括两个方面。一个是以项目经理为首的项目管理系统，另一个是以项目经理为中心的安全生产委员会，两个系统紧密相联。图8-1与图8-2分别为项目安全生产委员会组织管理系统和施工项目安全施工责任保证体系图。

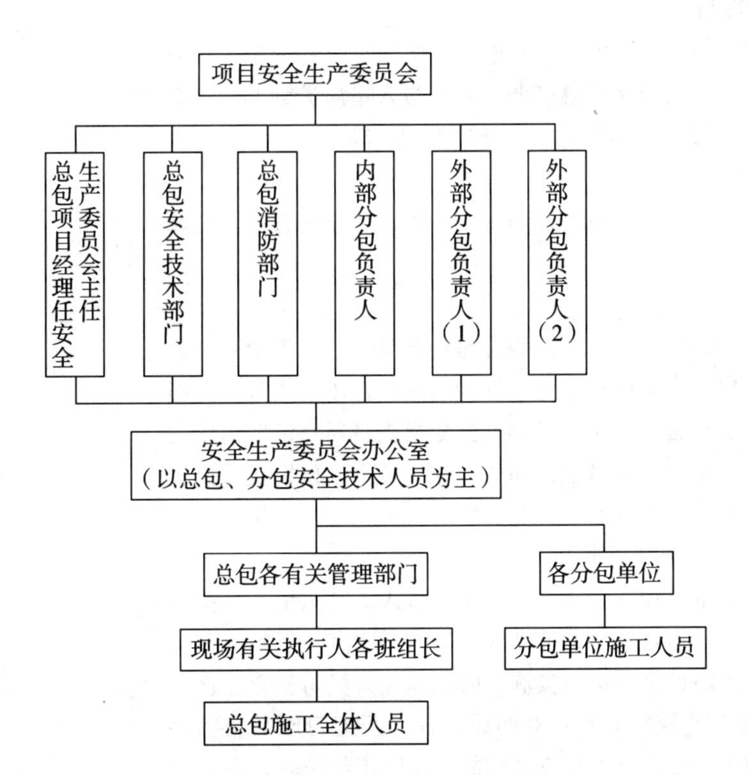

图8-1　施工项目安全生产组织管理系统

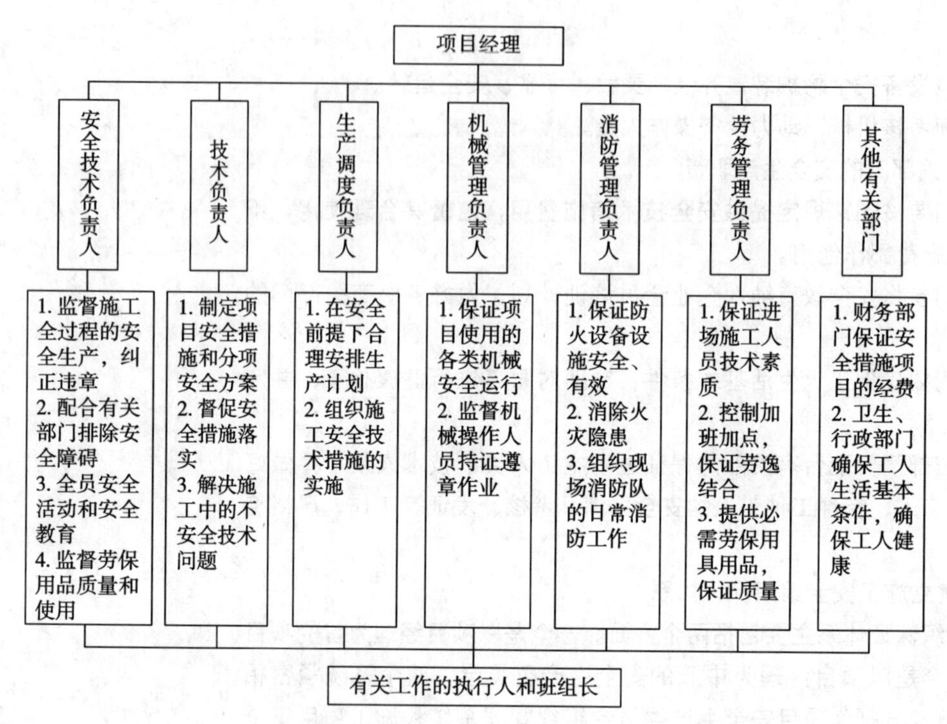

图 8-2　施工项目安全施工责任保证体系

8.2.2　安全生产的管理制度

为贯彻“安全第一，预防为主”的方针，施工企业在安全管理中，应制定一系列必要的制度，其中有：安全生产责任制、安全技术措施计划制、安全生产教育制、安全生产检查制和伤亡事故的调查及处理制度等。

8.2.2.1　安全生产责任制

责任制是明确各级领导、有关职能部门及职工的职责，为全面开展安全管理奠定基础。

（1）公司经理

公司经理是企业安全生产的总负责人，副经理是各分管部门的安全生产负责人。经理的责任是：贯彻执行安全生产、劳动保护的方针，传达国家或上级有关文件及指示；健全安全生产管理机构，安排好安全措施费用；定期组织安全生产大检查，消除不安全的隐患；主持重大伤亡事故的调查，分析及作出处理意见；对不执行者，批评教育，违反者，追究责任。

（2）工程处（工区）主任、施工队长

工程处主任、施工队长是本单位安全生产的具体负责人。其职责是：执行安全规章制度和公司有关决议，抓好安全、劳动保护工作；审查及组织编制单位工程安全生产、劳动保护措施计划并负责实施；协调职能人员与安全生产关系，支持专职、兼职安全检查员履行职责；对妨碍工作、无理刁难者有权处理，对违反作业者，有权制止及批评；发生安全事故，及时组织抢救，参与伤亡事故调查、分析、督促有关人员提出事故报告。

（3）工长（施工员）

工长、施工员是工程项目的负责人。其职责是：组织、编制分部分项工程的安全措施计划并受责实施；做好本工程的安全生产和劳动保护工作；施工前，做好安全技术措施交底；坚持安全生产检查制；组织对安全设施、机具设备的事先检查；查出隐患，制止违章；教育职工遵守安全生产、劳动保护制度及安全技术操作规程；落实安全月活动；发生事故，立即上报，保护现场，参与伤亡事故的技术鉴定、分析与处理工作。

（4）施工班组长

班组长是每项工作的负责人。其责任是：带领全班组人员，遵守安全生产、劳动保护制度及本岗位安全操作规程；开好班前安全会，进行安全交底及查找不安全因素，增设防范措施；负责本组施工机具、设备、防护用具的检查；组织班组人员进行安全自检、互检、有问题及时采取措施；支持不脱产安全员工作；发生工伤事故，立即向工长或专职安全员报告，保护好事故现场。

（5）安全部门

安全部门是安全生产管理中的专职部门。它主要负责贯彻、执行国家安全生产、劳动保护的方针、政策和法规，使生产有安全的保障，指导其他职能部门做好安全技术工作。园林绿化施工企业一般多采用分层设置相应的安全管理机构。

公司设安全技术处（科）：主要是编制企业的安全生产、劳动保护管理制度，并组织落实；编制企业安全生产的中、长期规划，提出重大安全技术措施；主持制订企业安全技术标准规程；组织全公司范围内的安全生产大检查，抽查各工程处（工区）的安全月、安全日活动；总结推广安全生产的先进经验，培训安全管理技术骨干。

工程处（工区）设安全技术科（组）：主要是编制本单位安全生产中、短期规划，制订安全技术措施方案；参加公司制订企业安全技术措施和技术操作规程；落实冬、雨期安全生产技术措施计划和组织解决防尘、防毒等改善劳动条件方面的问题；组织本单位安全生产大检查，及时处理隐患；做好二、三级安全教育；参与事故调查，提出本工程安全生产的年、季、月规划和切实可行的安全生产措施；协助工长进行安全交底和落实季节性安全生产技术措施；负责检查安全日活动，及时处理事故隐患，做好日检记录；做好三级安全教育，指导班组不脱产安全员业务；参与伤亡事故的调查与处理，提出预防事故重复发生的措施。

（6）各职能部门

施工企业内各职能部门，也应做好各本职工作中的安全生产工作。如计划部门，安排施工计划时，要考虑安全生产条件；技术部门，应提出相应的安全技术措施计划；施工部门应遵守安全生产的规程制度，解决好交叉作业多工种配合作业的安全生产问题；物资部门，供给质量合格的各种物资及劳动保护用品；劳动部门，做好特殊工种职工考核；教育部门，做好安全技术培训；保卫部门，做好现场危害处的保护；卫生部门，对职工定期体检，提出预防职业病建议等等。

8.2.2.2　安全技术措施计划制度

施工企业在编制施工生产计划和施工组织设计时，应根据工程特点编制必要的安全技术措施计划。如冬、雨期施工，应制订季节性安全技术措施；新工艺、新材料、新设备施工，应制订安全技术培训、操作措施；大型设备安装，制定吊装安全技术措施；劳动保护方面，制订改善劳动条件、防尘、防毒安全技术措施等等。

8.2.2.3　安全生产教育制度

安全教育是落实“预防为主”的重要环节。通过安全教育，增长安全意识，使职工安全生产思想不松懈，并将安全生产贯彻于工作中，才能收到实际放果。安全教育的内容有以下几方面：

(1) 安全思想教育

主要是尊重人、爱护人的思想教育；国家对安全生产的方针、政策教育，遵守厂规、厂纪教育；使职工懂得遵守劳动纪律与安全生产的重要性，工作中执行安全操作规程，保证安全生产。

(2) 安全知识教育

施工生产一般流程，安全生产一般注意事项，工作岗位安全生产知识；使职工了解园林工程施工特点，注意事项，施工作业防护和各种防护设备品的使用。

(3) 安全技术教育

安全生产技术与安全技术操作规程的教育；应结合工种岗位进行安全操作、安全防护、安全技能培训，使上岗职工能胜任本职工作。

(4) 安全法制教育

安全生产法规、法律条文，安全生产规章制度的教育；使职工遵法、守法、懂法，一般是结合事故案例，针对性教育，避免再发生类以事故。

安全教育的方式有以下几种：

①坚持三级教育。对新工人入队时，应由公司进行安全基本知识、法规、法制教育；工程处或施工队进行现场规章制度、遵章守纪教育；施工班组的工种岗位安全操作、安全制度、纪律教育。

②对特殊工种培训。对电工、山石假山作业、机械操作、爆破等特别作业和机动车辆驾驶作业的培训及应知应会考核，未经教育、没有合格证和岗位证，不能上岗工作。

③经常性教育。通过开展安全月、安全日、班组的班前安全会、安全教育报告会、电影、录像、展览等多种方式，将劳动保护、安全生产规程及上级有关文件进行宣传，使职工重视安全、预防各种事故发生。

8.2.2.4　安全生产检查制度

在施工过程中，为了及时发现事故隐患，堵塞事故漏洞，预防伤亡事故发生，应进行各种形式的安全检查。安全生产检查多采用专业人员检查与群众性检查相结合的方法，但以专职性检查为主。

安全生产检查形式与内容如下：

（1）经常性安全检查。安全技术操作，安全防护装置，安全防护用品、安全纪律与安全隐患等检查；一般由工长、安全员、班组长在日常生产中的检查。

（2）季节性安全检查。春季防传染病检查，夏季防暑降温、防风、防汛检查，秋季防火检查，冬季防冻检查，通常由主管施工领导及有关职能部门进行检查。

（3）专业性安全检查。焊接工具、起重设备、车辆、爆破作业等的检查；主要由安全部门与各职能部门进行检查。

（4）定期性安全检查。公司每半年一次（普通检查），工程处或施工队每季一次，节假日的必要检查；由各级主管施工负责人及有关职能部门进行检查。

（5）安全管理检查。安全生产规划与措施，制度与责任制，施工原始记录、报表、总结、分析与档案等检查；由安全技术部门及有关职能部门进行检查。

8.2.2.5　伤亡事故的调查及处理制度

根据国务院颁发《工人职工伤亡事故报告程序》的规定，对发生职工伤亡事故，应进行调查与处理工作。

（1）伤亡事故的调查

1）伤亡事故调查的目的。掌握事故发生情况、查明发生原因、拟定改进措施，防止同类事故再次发生。

2）伤亡事故调查的分工。轻伤事故，由工地负责；重伤事故，由工程处（工区）负责；重大伤亡事故，由公司负责。

3）伤亡事故调查的内容。主要有伤亡事故发生的时间、具体地点、受伤人数、伤害程度及事故类别，导致伤亡事故发生的原因，受伤人员与事故有关人员的姓名、性别、年龄、工种工龄及级别，现场实测图纸、图片及经济损失等。

4）伤亡事故调查的注意事项。认真保护和勘察现场；对事故现场人员询问、调查、了解真实情况；索取必要的人证和技术鉴定的印证，为事故处理做好准备。

（2）伤亡事故的处理

1）写出调查报告，把事故发生的经过、原因、责任及处理意见写成书面报告，经调查签证后方能报批。

2）事故的审理和结案。按国家规定，由企业主管部门提出处理报告，以各级劳动部门审批和审理方能结案；对事故的责任者，按情节和损失大小给予相应处分，如触犯刑事法应提交司法部门依法惩处。

3）建立事故档案。把事故调查处理文件、图纸图片、资料和上级对事故所作的结案证明存档，并可作为教育材料宣传。

4）提出防范措施。利用事故教训，提出改进对策，提出预测、预防措施，减少或杜绝事故发生。

8.3 安全管理的方法和手段

安全管理需要稳定的外部环境和协调的企业内部安全管理体系。随着监督机制、安全法律法规的不断完善，企业应发挥自主优势，完善企业内部的安全管理机制，保证施工现场的安全。

8.3.1 安全管理模式的构成要素

工程建设安全管理是一个系统性、综合性的管理，其管理的内容涉及项目施工的各个环节。企业要进行有效或成功的安全管理，在企业内部构建合理的安全管理模式是十分重要的。一般来说，企业安全管理模式的构成要素有制定政策、建立组织、制定计划、测评和总结的技术等几方面。

8.3.1.1 政策

政策是指一个机构的整体意向、方法及目标，以及其行动与反应所依据的标准和原则。企业要有效或成功地进行安全管理，必须有明确的安全政策。安全政策一方面要满足法律法规和标准规范的要求，另一方面还要最大限度地满足社会公众、业主和员工利益的要求。建立安全生产自我约束的管理机制，保证现有的人力和物力资源的有效利用，并且最大限度地减少发生经济损失和承担责任的风险更需要制定安全政策。

安全政策的内容主要有：企业安全政策承诺提供足够的资源建立更高标准的安全与健康的工作环境，保障所有企业员工、分包商工人及受工程影响的社会公众的安全；企业各级员工和分包商员工都对安全与健康负有责任，必须与企业一起共同致力于推广安全文化，不断完善企业安全与健康管理体系，改善企业的安全与健康表现；企业除了评估工作的安全与健康的危害和风险外，还要建立有效的沟通和咨询渠道，采取合理可行的措施以达到更高的安全与健康水平，使业主、员工及社会公众受惠；企业应该把安全与健康放在优先的地位，确保员工得到适当的培训，以胜任其本职工作；科学合理确定企业安全投入强度，实现企业最佳的安全投入产出比例，增强企业的盈利能力等。此外，安全政策要赋予安全生产委员会应有的地位，让其充分发挥作用。

8.3.1.2 组织

组织是施工安全工作的指挥和管理中枢，在安全管理要素中非常重要。它的运转质量直接关系到其他要素的工作效果，并直接影响到安全工作的效果。企业只有通过一定的安全管理组织结构和系统，才能确保安全政策的落实和安全目标的顺利实现。

一个完善的安全管理组织，应该是岗位设置健全，岗位之间联系紧密；组织系统主线清晰，层次分明，运作合理，无多头领导和职责交叉等问题存在；符合有关安全法律法规的安全责任规定，符合施工企业的现实条件和符合工程施工安全的管理要求；人员的安全工作素质符合要求，配备合理；能够适应安全形势发展和应对突发事件的需要；有利于形成企业的安全文化，能将企业中各个阶层的人员都融入到安全管理之中。只有做好和完善组织应尽的各项工作，才能从组织上保证安全生产工作达到目标的要求。

8.3.1.3　计划与实施

优秀的园林工程企业往往能够有计划、有系统地落实他们的安全政策，最大限度地保证每个人的安全与健康，减少施工过程所带来的事故损失。在工程项目管理过程中，应当根据企业所制定的安全政策与目标，依据有关安全法律法规及标准规范对人员、设备、材料、生产、技术、质量、成本、环境以及社会等因素进行综合分析；运用风险管理等方法手段，对目标方案、规章制度、组织架构等进行计划以及对危险源进行辨识和评价；确定消除危险和规避风险的措施，以及采取这些措施的步骤和先后顺序，建立各种标准以规范各种操作；集合最佳方案，逐级审查把关。在计划的基础上，作出责任制度、安保体系、安全目标、培训教育、措施费用以及投保、保险等经济投入和资源配置的决策，同时根据企业内、外的安全事件和事故的反馈信息，随时评价和修正决策。

8.3.1.4　业绩测评和总结

企业的安全业绩，应该由事先订立的评价标准进行量测。通过安全业绩测评，可以发现何时何地需要改进哪方面的工作。安全业绩测评的方法有主动测评和被动测评两种，主动测评主要是检查目标的完成情况和遵守有关法律法规和标准规范的程度，被动测评主要是检查事故、职业病、事件以及不完善的安全情况。不论是主动测评还是被动测评，其目的都不仅仅是评价各种标准中所规定的行为本身，而更重要的是找出安全管理系统设计和实施过程中存在的问题，以避免事故和损失。

根据安全业绩测评结果，企业应及时总结经验和教训，对过去的资料和数据进行系统地分析总结，并用于今后工作的参考，这是安全生产管理工作的重要工作环节。通过业绩总结，可以提供企业安全运行模式系统的信息，帮助企业决定如何提高其安全与健康效果。进行业绩总结时，重点要注意：与健康安全执行标准（包括法规）的一致性；缺少标准或不足的方面；在给定时间内实现既定目标；根据伤亡事故、疾病数据，分析直接和间接原因、趋势及共同点等。

8.3.2　安全管理模式的运作

8.3.2.1　制度保证

企业安全管理法制化、规范化是一种趋势，企业只有遵循一定的工作制度，才能科学地规范安全管理和工作过程中的各种行为，实现工程施工过程的安全。因此，企业应该在国家有关安全生产法律法规和标准规范的指导下，建立起安全生产管理制度，以保证安全管理模式的正常运行。根据现有的安全生产管理制度，大致可以划分为岗位管理制度、措施管理制度、投入和供应管理制度、日常管理制度四类，详见本书8.2节。

8.3.2.2　技术保证

工程项目的施工过程是实现和利用工程技术的过程，技术保证对于企业安全管理模式的运作来说十分重要。按照各种技术间的层次互补关系，可以划分为安全可靠性技术、安全限控技术、安全保险与排险技术、安全保护技术四个方面，它们犹如四道闸门，从技术上逐层对施工安全进行保证，前一道门没把住，还有后一道门做保障，层层把关。

(1) 安全可靠性技术

安全可靠性技术是指判断并确保建筑工程施工技术及其管理措施在工程施工的全过程中，对满足施工安全的要求均具有良好可靠性的技术，它是安全管理模式运作的技术保证的基础。安全可靠性技术的任务是研究施工技术和管理措施对满足生产安全可靠性的要求，即根据事故发生的内在规律，从研究如何发现和消除各种可能导致不安全状态或不安全行为产生的涉及因素以及预防各种事故的发生入手，通过对安全设计的影响因素、编制依据、设计计算、实施规定以及监控手段的全面性和有效性的判断，从设计上确保生产的安全。值得注意的是，安全可靠性要从设计阶段就开始考虑施工安全问题。

(2) 安全限控技术

安全限控技术是安全可靠性技术之后，对重要安全事项予以进一步确保的安全限制和控制技术，它是指在安全可靠性设计的基础上，对施工技术和管理措施中的重要环节、关键事项、使用要求以及其他需要严格控制之处，进一步提出明确的限制和控制规定，以确保施工安全的技术。安全限控技术的任务是研究施工技术和管理措施中所确定的安全控制点，以具体明确的规定加以硬性限制和控制，并同时考虑安全可靠性设计中未涉及或考虑不足的安全控制事项，通过提出设计的安全控制指标、安全文明施工要求、安全作业规定以及监察、检验控制要求，在安全可靠性设计之后，对施工安全的第二道保障。

(3) 安全保险与排险技术

安全保险与排险技术作为施工安全的第三道闸门，是在安全可靠性设计和限控规定的基础上，对有可能出现的突破设计条件和限控规定、其他意外情况以及异常事态，相应及时采取自行启动保险装置和采取应急措施，以阻止异常情况发展、事故产生和伤害事故发生的技术。安全保险和排险技术的任务是研究施工技术和管理措施执行中有可能出现的危险事态，即事故开始启动的起因物（或诱因物）、致害物和危险状况，通过预先安排的保险制动装置的启动、附加保险措施的保障和应急处理措施的执行，最大限度地避免伤害的发生和降低其损害的程度。

(4) 安全保护技术

安全保护技术作为施工安全的第四道闸门，它是在工程施工的全过程中，针对可能出现的各种职业的和意外的伤害，对施工现场人员的人身健康与安全、工程实体与施工设施的安全进行预防性保护的技术。安全保护技术的任务是研究如何对施工现场人员、工程实体与施工设施的安全进行有效的预防性保护，即通过建立保护制度、设置保护措施、使用劳保用品和提高职工安全素质等措施，做好自我保护等预防性工作，以保护施工现场人员的人身健康安全和财产安全。

8.3.2.3 投入保证

投入是安全管理模式正常运行的重要保证，安全投入不足是当前困扰建设施工企业安全管理的突出问题。安全投入主要包括人员、物力和财力投入几个方面。人员投入一部分可以通过组织措施保证，另一部分则可以通过资金投入来保证，如向中介组织聘请安全员等；物力和财力投入则主要通过资金投入来解决。为了确保企业的安全资金投入，《建设工程安全生产管理条例》对此做出了明确的规定：建设单位在编制工程概算时，应当确定建设工程安全作业环境及安全施工措施所需要费用；施工单位应当保证本单位安全生产条件所需要资金的投入，施工单位对列入建设工程概算的安全作业环境及安全施工措施所需费用，应当用于施工安全防护用具及设施的采购和更新、安全施工措施的落实、安全生产条件的改善，不得挪作他用。这个规定对确保安全生产投入的实现十分重要。

安全生产投入所需要的安全费用可以分为政策性费用和措施性费用，根据《建设工程安全生产管理条例》的规定，政策性费用已经纳入概预算定额之中，措施性费用则可以采用部分向建设单位申请与部分自筹相结合的办法解决。当建设单位纳入工程概算的安全费用不足时，施工单位可与建设单位另行协商解决。由于安全投入包括一次性消耗掉的和可以继续周转使用的两个部分，对可以周转使用的部分施工单位应当承担一部分的费用。施工单位应该加强从制度上保证安全投入的具体实施，从投入项目的适当性、投入数量的适合性以及投入的经济性方面进行投入效果分析，以进一步做好今后的安全投入工作。

8.3.2.4 信息保证

信息保证主要包括信息收集和信息传递两个方面。信息收集包括相关的法律法规信息、标准规范信息、文件信息、管理信息、技术信息、安全施工状况信息以及事故信息等，它们可以相应提供新的法律、法规、政策、标准与工作要求，先进的安全工作经验，新的安全技术发展和措施设计资料，企业和工程项目的安全工作状况以及国内发生的施工安全事故，都具有重要的参考依据和参考作用，这是做好安全生产工作所不能缺少的基础性和资源性工作。在安全中介市场存在的情况下，相当一部分的信息可以直接通过中介组织获得，快捷而又方便。信息传递主要是信息在企业内部的传递，一方面要把相关信息及时地传递到相关领导、职能部门那里，有关职能部门根据信息资料并结合企业自身安全管理实际，进行分析研究，及时送达各个工程项目、工作班组，以贯彻落实；另一方面各个工程项目、工作班组在接到这些信息后，结合工作实际以及实践效果，及时地向有关职能部门反馈，以便有关职能部门进一步做好今后的信息处理工作。

工程项目安全管理是一个复杂的系统，不仅涉及多个参与主体，而且还要涉及各种安全法律法规、标准规范等，如何及时地收集各种信息，理顺各种信息，加强不同参与主体之间以及企业内部之间的信息沟通，对施工企业安全管理模式的正常运行来说，也是必不可少的。

8.3.3 建筑安全管理主要法律法规简介

8.3.3.1 《安全生产法》

《安全生产法》是九届全国人大常委会第二十八次会议通过、于2002年11月1日施行的我国第一部安全生产综合性法律。它适应了新形势下安全生产工作中出现的新问题、新特点和安全生产监督管理的需要，以加强安全生产监督管理、防止和减少安全生产事故、保障人民群众生命和财产安全、促进经济发展为宗旨，以规范生产经营单位的安全生产为重点，以强化安全生产监督执法为手段，立足于事故预防，突出了安全生产基本法律制度建设，明确了安全生产法律责任。

《安全生产法》共7章97条，具有丰富的内涵。主要内容包括以下几方面：

(1)《安全生产法》总则。

(2) 生产经营单位的安全生产保障。

(3) 从业人员的权利和义务。从业人员的权利包括：职业安全保险权；知情权；检举、控告权；拒绝违章作业权；紧急避险权；获取赔偿权；获取劳动防护用品权；获得培训权等。从业人员的义务包括：遵守本单位的安全生产规章制度和操作规程义务，服从管理；正确佩戴和使用劳动防护用品义务；接受安全生产教育和培训义务；发现事故隐患或者其他不安全因素立即报告义务。

(4) 安全生产监督管理。安全生产监督管理包括：政府的安全生产监督管理职责；政府有关部门的安全生产监督管理职责；安全生产监督四种途径，即工会民主监督、社会舆论监督、公众举报监督和社区监督。

(5) 事故应急救援和调查处理。事故应急救援预案、应急救援体系对发生事故后，及时组织抢救，防止事故扩大，减少人员伤亡和财产损失具有十分重要的作用。事故调查处理是安全生产监督管理的一项重要内容，只有认真按照“四不放过”原则，依法从严查处事故，才能吸取经验教训，引以为戒，从而促进安全生产。

(6) 法律责任。《安全生产法》对违反法律法规的行为做出了明确的处罚规定，具有很强的针对性和操作性，加大了法律责任追究的力度。主要对以下几方面作出规定：各级人民政府及其负有安全生产监督管理职责的部门的责任；生产经营单位及其主要负责人的责任；从业人员的责任。

8.3.3.2　《建筑法》

《建筑法》是由八届全国人大常委会第二十八次会议通过、于1998年3月1日起施行的。《建筑法》主要对建筑许可、建筑工程发包承包、建筑工程监理、建筑安全生产管理、建筑工程质量管理及相应法律责任等方面的内容作出了规定。在《建筑法》中，主要体现了5项与安全生产相关的制度，即安全生产责任制度、群防群治制度、安全生产教育培训制度、安全生产检查制度和伤亡事故处理报告制度。这些规定和制度对加强建筑业的管理与监督，对维护建筑市场的正常秩序，对强化建筑工程质量和安全，对保护建筑活动当事人的合法权益和健康安全，都提供了可靠的法律保障，标志着我国的工程建设和建筑业开始走上“有法可依”的轨道。

但是，随着建筑市场的发展，《建筑法》的部分内容已经不适应实际建筑生产活动的需要，目前有关《建筑法》的修订工作正在进行之中，修订后的《建筑法》将发挥出更大的作用。

8.3.3.3　《建设工程安全生产管理条例》

《建筑法》和《安全生产法》的颁布实施，为维护建筑市场秩序，加强建设工程安全生产监督管理提供了重要的法律依据。但是，《建筑法》对建筑安全生产管理的规定比较原则，缺少对可能造成生产安全事故行为的处罚；《安全生产法》对生产经营单位安全生产作了规定，但未能充分反映建筑工程安全生产的特点，不能体现“建筑安全生产是所有参与各方的责任”的原则，不能充分调动施工单位、设计单位、监理单位等参与安全生产管理的主动性和积极性。《建设工程安全生产管理条例》（以下简称《条例》）是针对当前建设工程安全生产方面存在的主要问题，根据《建筑法》和《安全生产法》，并结合建设行业特点，吸收国际上先进的做法，如国际劳动法167号《建筑业安全卫生公约》以及各地建筑安全生产的法规等而制定的，是《建筑法》第五章建筑安全生产管理有关规定的具体化和《安全生产法》有关安全生产管理一般规定的专业化。《条例》的颁布实施，标志着我国建设工程安全生产管理进入了法制化、规范化新时期。

（1）《条例》制定遵循的基本原则

1）“安全第一，预防为主”的原则。建筑安全生产关系到人民群众的生命和财产安全，关系到社会稳定和国民经济持续健康发展。“安全第一，预防为主”是我国长期安全工作经验的总结，建筑安全生产必须坚持这个方针。“安全第一”从保护和发展生产力的角度，表明了生产范围内安全与生产的关系，肯定了安全在建筑生产活动中的首要位置和重要性；“预防为主”体现了事先策划、事中控制及事后总结的一系列活动过程，通过信息收集、归类分析、制定预案，进行控制和防范，力争把安全事故消灭在萌芽状态。

2）以人为本，维护作业人员合法权益的原则。为维护作业人员的合法权益，改善作业人员的工作与生活条件。《条例》对施工单位在提供安全防护措施、安全教育培训、对作业人员安全技术交底、书面形式的危害告知、为施工人员办理意外伤害保险、作业与生活环境等方面作了明确规定。

3）明确各方责任和责任追究的原则。法律的特点不仅在于规定责任主体该履行何种责任，更重要的是在于它明确规定了法律责任追究制度，并借助责任追究制度的震慑力，促使责任主体积极履行自己应尽的义务。该《条例》中既有对建设工程各方主体的责任追究，也有对政府人员的责任追究。对各方工作人员不依法履行监督管理职责的，给予降职或者撤职的行政处分；构成犯罪的，依法追究其刑事责任。

此外，《条例》还从我国各地区的建设工程和工程的不同类别，不同情况的前提考虑，在坚持法律制度统一性的前提下，对重要安全施工方案专家审查制度、专职安全人员配备等做了原则性的规定，具体要求视不同地区、工程对象的实际情况而定。

(2)《条例》的基本特点

1）调整范围明确。考虑到各类工程的安全责任和法律制度方面的共性及必须遵守大致相同的建设程序等特点，《条例》调整范围涵盖了各类专业建设工程。从工程类型来说，包括土木工程、建筑工程、线路管道和设备安装工程、装修工程等各类专业工程；从建设形式来说，包括新建、扩建、改建和拆除等各种建设活动，尤其是将拆除列入，这是以前从未有过的；从参与建设活动的主体来说，包括建设单位、勘察、设计、施工、监理、设备材料供应、设备机具租赁、机械安装拆卸及检测检验机构等单位和政府有关监督管理部门。

2）管理体制明确。依照我国国情，《条例》在第五章中规定了国家建设工程安全生产管理体制，进一步明确了建设工程安全生产的监督管理体制。国务院负责安全生产监督管理的部门依照《安全生产法》的规定，对全国建设工程安全生产工作实施综合监督管理。其综合监督管理职责主要体现在对安全生产工作的指导、协调和监督上。国务院建设行政主管部门对全国的建设工程安全生产实施监督管理，国务院铁路、交通、水利等有关部门按照国务院规定的职责分工，负责有关专业建设工程安全生产的监督管理，其监督管理主要体现在结合行业特点指定相关的规章制度和标准并实施行政监管上，从而形成了统一管理与分级管理、综合管理与专门管理相结合的管理体制。

3）建设活动各方主体责任明确。《条例》明确规定了建设活动各方主体的安全责任。包括建设单位、施工单位、勘察、设计、施工、监理、设备材料供应、设备机具租赁、机械安装拆卸及检测检验机构等单位责任的确定，更好地规范了各方主体的行为，为安全生产提供了有力的保障。如《条例》规定建设单位应当在工程概算中确定并提供安全作业环境和安全施工措施费用；不得要求勘察、设计、监理、施工企业违反国家法律法规和强制性标准规定，不得任意压缩合同约定的合理工期；有义务向施工单位提供工程所需的有关资料，有责任将安全施工措施报送有关主管部门备案；应当将拆除工程发包给有施工资质的单位等。《条例》规定施工单位必须建立企业安全生产管理机构和配备专职安全管理人员，应当在施工前向作业班组和人员作出安全施工技术要求的详细说明，应当对因施工可能造成损害的毗邻建筑物、构筑物和地下管线采取专项防护措施，应当向作业人员提供安全防护用具和安全防护服装并书面告知危险操作规程。《条例》用较大篇幅规定了施工单位主要负责人、项目负责人的安全责任和施工总承包和分包单位的安全生产责任，还对施工现场安全警示标志使用，作业和生活环境标准等作了明确规定。

4）基本制度明确。《条例》不仅对建设工程有关企业，相关人员的安全生产和管理行为进行了规范，明确规定了建设活动各方主体的安全责任，共确立了十三项主要制度，其中涉及政府部门的安全生产监管制度有七项。同时，《条例》还对建设领域目前实施的市场制度中施工企业资质和施工许可制度作了补充和完善，明确规定将安全生产条件作为施工企业资质必备的条件之一，把住安全准入关。这些制度的确立和规范，把针对安全生产的管理达到了一个更加量化和细化的程度，如施工单位发生生产安全事故，应及时、如实向当地安全生产监督部门和建设行政管理部门汇报，实行总承包的由总承包单位负责上报，发生安全事故，总承包单位同样负有安全责任。

5）加大了处罚力度。受罚是确保“依法行政”的重要手段。为此，《条例》对安全生产违法行为明确规定了应当承担的法律责任，处罚力度加大。《条例》将有关条款与《刑法》衔接，并在有关条款中增加了民事责任。如：对建设、勘察、设计、施工、监理等单位和相关责任人，构成犯罪的，要依法追究刑事责任；对建设单位将拆除工程发包给不具有相应资质等级的施工单位，施工单位挪用安全生产作业环境及安全施工措施所需费用等，给他人造成损失的，除应当承担行政或刑事责任外，还要进行相应的经济赔偿。

同时，《条例》加大了行政处罚力度，并规定了对注册执业人员资格的处罚。如规定：建设单位将拆除工程发包给不具有相应资质等级的施工单位的，罚款为20万~50万元；监理单位违反安全生产行为，罚款10万~30万元等，行政处罚力度加大。注册执业未执行法律、法规和工程建设强制性标准的，责令停止执业3~12个月；情节严重的，吊销执业资格证书，5年内不予注册；造成重大安全事故的，终身不予注册；构成犯罪的，依照刑法有关规定追究其刑事责任。此外，《条例》还明确政府对安全生产的监督管理的职责和权利，对生产安全事故的应急求援和调查处理进行了明确规定。

8.3.3.4 《建筑施工企业安全生产许可证管理规定》

《建筑施工企业安全生产许可证管理规定》是于2004年6月29日经建设部第三十七次常务会议讨论通过、于2004年7月5日起施行的，它共6章30条，其中对安全生产条件，安全生产许可证的申请与颁发、监督管理，非法获取安全生产许可证等的处罚作了详细规定。其中，建筑施工企业取得安全生产许可证，应当具备12个方面的安全生产条件：

任制，制定完备的安全生产规章制度和操作

规程

全生产条件所需资金的投入。

(1 生产管理机构，按照国家有关规定配备专职安全生产管理

要负责人、项目负责人、专职安全生产管理人员经建设主管部门

他有关部门考核合格。

(5) 特种作业人员经有关业务主管部门考核合格，取得特种作业操作资格证书。

(6) 管理人员和作业人员每年至少进行一次安全生产教育培训并考核合格。

(7) 依法参加工伤保险，依法为施工现场从事危险作业的人员办理意外伤害保险，为从业人员交纳保险费。

(8) 施工现场的办公、生活区及作业场所和安全防护用具、机械设备、施工机具及配件符合有关安全生产法律、法规、标准和规程的要求。

(9) 有职业危害防治措施，并为作业人员配备符合国家标准或者行业标准的安全防护用具和安全防护服装。

(10) 有对危险性较大的分部分项工程及施工现场易发生重大事故的部位、环节的预防、监控措施和应急预案。

(11) 有生产安全事故应急救援预案、应急救援组织或者应急救援人员，配备必要的应急救援器材、设备。

(12) 法律、法规规定的其他条件。

施工企业实行安全生产许可证的目的和意义，一是为了贯彻国务院《安全生产许可证条例》；二是为了促使施工企业改善安全生产条件，落实安全生产主体责任；三是为了依法改进和强化政府建筑安全生产监督管理，防止和减少生产安全事故。

8.3.4 涉及绿化安全的现有绿化政策

8.3.4.1 城市绿化条例（1992年5月20日国务院常务会议通过，1992年8月1日起施行）

第十一条 城市绿化工程的设计，应当委托持有相应资格证书的设计单位承担。

工程建设项目的附属绿化工程设计方案，按照基本建设程序审批时，必须有城市人民政府城市绿化行政主管部门参加审查。

城市的公共绿地、居住区绿地、风景林地和干道绿化带等绿化工程的设计方案，必须按照规定报城市人民政府城市绿化行政主管部门或者其上级行政主管部门审批。

建设单位必须按照批准的设计方案进行施工。设计方案确需改变时，须经

原批准机关审批。

第十六条　城市绿化工程的施工，应当委托持有相应资格证书的单位承担。绿化工程竣工后，应当经城市人民政府城市绿化行政主管部门或者该工程的主管部门验收合格后，方可交付使用。

第十九条　任何单位和个人都不得擅自改变城市绿化规划用地性质或者破坏绿化规划用地的地形、地貌、水体和植被。

第二十条　任何单位和个人都不得擅自占用城市绿化用地；占用的城市绿化用地，应当限期归还。

因建设或者其他特殊需要临时占用城市绿化用地，须经城市人民政府城市绿化行政主管部门同意，并按照有关规定办理临时用地手续。

第二十一条　任何单位和个人都不得损坏城市树木花草和绿化设施。

砍伐城市树木，必须经城市人民政府城市绿化行政主管部门批准，并按照国家有关规定补植树木或者采取其他补救措施。

第二十四条　为保证管线的安全使用需要修剪树木时，必须经城市人民政府城市绿化行政主管部门批准，按照兼顾管线安全使用和树木正常生长的原则进行修剪。承担修剪费用的办法，由城市人民政府规定。

因不可抗力致使树木倾斜危及管线安全时，管线管理单位可以先行修剪、扶正或者砍伐树木，但是，应当及时报告城市人民政府城市绿化行政主管部门和绿地管理单位。

第二十五条　百年以上树龄的树木，稀有、珍贵树木，具有历史价值或者重要纪念意义的树木，均属古树名木。

对城市古树名木实行统一管理，分别养护。城市人民政府城市绿化行政主管部门，应当建立古树名木的档案和标志，划定保护范围，加强养护管理。在单位管界内或者私人庭院内的古树名木，由该单位或者居民负责养护，城市人民政府城市绿化行政主管部门负责监督和技术指导。

严禁砍伐或者迁移古树名木。因特殊需要迁移古树名木，必须经城市人民政府城市绿化行政主管部门审查同意，并报同级或者上级人民政府批准。

第二十七条　违反本条例规定，有下列行为之一的，由城市人民政府城市绿化行政主管部门或者其授权的单位责令停止侵害，可以并处罚款，造成损失的，应当负赔偿责任；应当给予治安管理处罚的，依照《中华人民共和国治安管理处罚条例》的有关规定处罚；构成犯罪的，依法追究刑事责任。

（1）损坏城市树木花草的；

（2）擅自修剪或者砍伐城市树木的；

（3）砍伐、擅自迁移古树名木或者因养护不善致使古树名木受到损伤或者死亡的；

（4）损坏城市绿化设施的。

8.3.4.2　《城市绿化工程施工及验收规范》CJJ/T 82—99

《城市绿化工程施工及验收规范》对绿化工程施工有很具体的规范要求，

其中心内容是提高苗木成活率，保证绿化工程质量，减少经济损失。因此，园林绿化工程的施工安全除了在施工过程中保证人身安全外，按照建筑工程有关安全规范操作外，还需要保证植物的成活与正常生长。

1）凡是遇有建筑、市政、绿化的综合工程时，同时施工，必然会产生矛盾。为了避免绿地遭到损坏，应在建筑、市政及地下管线工程完工后，再进行绿化栽植，有利于巩固绿化成果。

2）植物材料直接影响绿化的效果和成活率，除了符合设计要求的干径、树冠造型以外，还必须选择根系发达、树形美观、无病虫害的植物材料，从而保证绿化工程质量。铺栽草坪的草块和草卷要求规格划一，便于运输和施工，要求不含杂草。草种及花卉的种子要求纯净度和发芽率高，以保播种后，达到预期观赏效果，因此，在播种前要求作发芽率试验。

3）挖种植穴槽前，应调查附近所设地下管线标志，并联系有关单位了解地下管线设施情况，避免损伤设施。

4）苗木运输是绿化工程重要环节，必须与当日种植数量衔接，做到随起苗、随运输、随种植，以减少暴露时间。苗木在运输工程中容易受到损伤，因此规定了苗木在运输时必须注意的事项，如：苗木在装卸车时，必须轻吊轻放，不得损伤苗木和散球。带土球苗木起吊时，应用绳网兜土球，不得用绳索缚捆根颈起吊，对于大型土台，应在土台木箱外套钢丝缆起吊，装车时应注意码放整齐。大型土台应放置车箱承重部位。裸根苗木长途运输时，应将根部加以覆盖或喷水保持根系湿润。也可将根系沾泥浆减少蒸发量，保持根系不失水分。

5）苗木起苗后至种植，裸根苗应尽量降低暴露时间，超过规定暴露时间不能及时种植时，应用湿润土壤埋填根系，假植储存苗木。带土球苗木当日不能种植时，应喷水保持土球湿润，珍贵树种和非种植季节所需苗木，必须在起苗前按规定直径挖环沟切断根系，填充种植土培养须根，在需要时切断主根种植，或起苗后用容器假植备用。

6）为防止种植后树木受人为或自然损害、产生摇晃，种植胸径5cm以上的乔木应设支柱。对攀缘植物可根据生长需要，进行绑扎牵引。

7）对于少数特大树木和珍贵树种应予以保护，宁移构筑物，不移大树。

8）屋顶绿化是为城市绿化和利用建筑向空间多层次发展的新技术。我国有的城市也都不同规模的开展屋顶绿化，但国内房屋建筑大多数不具备屋顶绿化的条件。大规模屋顶绿化必须在建筑物整体荷载允许范围内进行。建筑设计时，即应提出适应绿化种植的条件，否则会造成对建筑物的破坏。

8.3.5 工伤保险和建筑意外伤害保险

国外多年的实践证明，安全状况仅依靠外部法律制度强压的被动做法，其效果有限，要彻底扭转被动局面，必须借助市场经济杠杆的巨大调节作用，变被动为主动，充分调动建设业主真正自发追求良好安全业绩。各类责任主体通过各类保险和担保为自己编制一个安全网，维护自身利益，同时运用经济杠杆使质量好信誉高的企业得到经济利益，其中，工伤保险和建筑意外伤害保险是市场机制发挥基础作用的一个手段。最近，国家首次明确了企业安全费用提取、加大企业对伤亡事故的经济赔偿、企业安全生产风险抵押三项经济政策，以强化安全生产工作。

8.3.5.1 工伤保险制度

(1) 工伤保险基本情况

工伤保险是社会保险制度中的重要组成部分，是指国家和社会为在生产、工作中遭受事故伤害和患职业性疾病的劳动者及亲属提供医疗救治、生活保障、经济补偿、医疗和职业康复等物质帮助的一种社会保障制度，具有强制性、社会性、互济性、保障性和福利性的特点。预防、补偿与康复是工伤保险的三大基本任务。

目前，我国工伤保险管理的职能部门是劳动和社会保障部，劳动和社会保障部下设工伤保险司，专门从事工伤保险管理工作。我国的工伤保险管理模式采取属地管理，地市级统筹，共担风险的办法。遵循“统筹共济”、“大数法则”，基金管理“以支定收，收支平衡”，保费按照职工工资总额的一定比例由企业缴纳，职工个人不缴费。基金支出按无过失责任原则支付，项目构成包括工伤医疗费、伤残抚恤金、护理费、伤残补助费、残疾器具费、丧葬费、伤亡补助金和遗属抚恤金等，另外还有职业康复、事业费支出、宣传培训和安全奖励等。

(2) 工伤保险促进安全生产的机制

工伤保险除了保障职工的切身利益外，其促进安全生产的机制主要有两个方面，一方面是工伤保险直接干预事故预防工作；另一方面是通过工伤保险自身的管理形成对事故预防的间接影响作用。具体如下：

1) 费率机制可以刺激企业改善劳动条件；

2) 工伤保险基金可增加工伤事故预防的支出；

3) 工伤保险机构对安全生产的监察。

(3) 完善工伤保险促进事故预防的途径

1) 理顺工伤保险事故预防工作的运行机制；

2) 完善工伤保险促进事故预防的费率机制；

3) 建立专门的事故预防基金。

8.3.5.2 建筑意外伤害保险制度

(1) 建筑意外伤害保险制度的内容

2003年《建设部关于加强建筑意外伤害保险工作的指导意见》(建质[2003] 107号) 对建筑意外伤害保险制度作出了详细的规定，建筑意外伤害保险制度包括如下内容：

1) 建筑意外伤害保险的范围；

2) 建筑意外伤害保险的保险期限；

全服务。

保险制度的途径

激励企业搞好安全生产；

伤害保险工作的领导；

筑意外伤害保险事故预防基金。

复习思考题

1. 园林工程施工安全管理的特点有哪些？
2. 园林工程施工安全管理的基本原则是什么？
3. 施工项目各职能部门的安全生产责任有哪些？
4. 施工企业在安全管理中应制定哪些制度？
5. 安全管理模式的构成要素是什么？
6. 如何保证安全管理模式运作？
7. 《安全生产法》的主要内容是什么？
8. 简要说明完善工伤保险促进事故预防及建筑意外伤害保险制度的途径。

第9章 园林工程施工资料管理

本章主要介绍园林工程文件档案资料基本概念；园林工程文件档案资料管理职责；园林工程文件档案资料分类；园林工程施工技术资料与竣工档案管理；园林工程文件档案资料编制质量要求与组卷方法。

9.1 施工阶段资料管理概述

9.1.1 园林工程施工文件档案资料基本概念与特征

9.1.1.1 园林工程施工文件档案资料基本概念

园林工程施工文件是施工单位在工程施工过程中形成的文件。在园林工程建设活动中直接形成的具有归档保存价值的文字、图表、声像等各种形式的历史记录就是园林工程档案。园林工程施工文件和园林工程施工档案组成园林工程施工文件档案资料。

园林工程施工文件档案资料有下列载体：

(1) 纸质载体：以纸张为基础的载体形式。

(2) 缩微品载体：以胶片为基础，利用缩微技术对工程资料进行保存的载体形式。

(3) 光盘载体：以光盘为基础，利用计算机技术对工程资料进行存储的形式。

(4) 磁性载体：以磁性记录材料（磁带、磁盘等）为基础，对工程资料的电子文件、声音、图像进行存储的方式。

9.1.1.2 园林工程施工文件档案资料的特征

园林工程施工文件档案资料有以下几方面的特征：

(1) 多层次性和复杂性。园林工程一般施工周期长，生产工艺复杂，不仅应用的植物品种多，而且采用的建筑材料种类也多，同时影响园林工程建设的因素多种多样，工程施工阶段性强并且相互穿插。由此导致了园林工程文件档案资料的分散和复杂性。这个特征决定了园林工程文件档案资料是多层次、相互关联的复杂系统。

(2) 累积性和时效性。随着园林绿化施工技术和工艺、新建筑材料和植物新品种的应用以及园林绿化企业管理水平的不断提高和发展，文件档案资料可以被继承和积累。新的工程在施工过程中可以吸取以前的经验，避免重犯以往的错误。同时，园林绿化工程文件档案资料有很强的时效性，文件档案资料的价值会随着时间的推移而衰减，有时文件档案资料一经生成，就必须传达到有关部门，否则会造成严重后果。

(3) 全面性和真实性。园林绿化工程文件档案资料只有全面反映项目的各类信息，才有实用价值。片言只语地引用往往会起到误导作用，因此必须形成一个完整的系统。同时，园林绿化工程文件档案资料必须真实反映工程情况，包括发生的事故和存在的隐患。真实性是对所有文件档案资料的共同要求，在建设领域对这方面要求更为迫切。

(4) 多环节性和随机性。园林绿化工程文件档案资料产生于工程建设的整个过程中，工程开工、施工、竣工等各个阶段、各个环节都会产生各种文件档案资料。部分园林绿化工程文件档案资料的产生有一定的规律性（如各类报批文件），但是还有相当一部分文件档案资料产生是由具体工程事件引发的，因此可以说园林绿化工程文件档案资料是有随机性的。

（5）多专业性和综合性。园林绿化工程文件档案资料依附于不同的专业对象而存在，又依赖不同的载体而流动。涉及的专业有绿化、建筑、市政、公用、消防、保安等多种专业，也涉及美学、农学、工学、社会科学等多种学科，同时综合了质量、进度、造价、合同、组织协调等多方面内容。

9.1.2 园林工程文件档案资料管理职责

园林绿化工程文件档案资料的管理涉及建设单位、监理单位、施工单位、设计单位等以及地方城建档案管理部门。对于一个工程而言，归档有三方面含义：

（1）建设、勘察、设计、施工、监理等单位将本单位在工程建设过程中形成的文件向本单位档案管理机构移交。

（2）勘察、设计、施工、监理等单位将本单位在工程建设过程中形成的文件向建设单位档案管理机构移交。

（3）建设单位按照现行《建设工程文件归档整理规范》GB/T 50328—2001 要求，将汇总的该建设工程文件档案向地方城建档案管理部门移交。

9.1.2.1 通用职责

（1）工程各参建单位填写的建设工程档案应以施工及验收规范、工程合同、设计文件、工程施工质量验收统一标准等为依据。

（2）工程档案资料应随工程进度及时收集、整理，并应按专业归类，认真书写，字迹清楚，项目齐全、准确、真实，无未了事项。表格应采用统一表格，特殊要求需增加的表格应统一归类。

（3）工程档案资料进行分级管理，建设工程项目各单位技术负责人负责本单位工程档案资料的全过程组织工作并负责审核，各相关单位档案管理员负责工程档案资料的收集、整理工作。

（4）对工程档案资料进行涂改、伪造、随意抽撤或损毁、丢失等，应按有关规定予以处罚，情节严重的，应依法追究法律责任。

9.1.2.2 建设单位职责

（1）在工程招标及与勘察、设计、监理、施工等单位签订协议、合同时，应对工程文件的套数、费用、质量、移交时间等提出明确要求。

（2）收集和整理工程准备阶段、竣工验收阶段形成的文件，并应进行立卷归档。

（3）负责组织、监督和检查勘察、设计、施工、监理等单位的工程文件的形成、积累和立卷归档工作；也可委托监理单位监督、检查工程文件的形成、积累和立卷归档工作。

（4）收集和汇总勘察、设计、施工、监理等单位立卷归档的工程档案。

（5）在组织工程竣工验收前，应提请当地城建档案管理部门对工程档案进行预验收；未取得工程档案验收认可文件，不得组织工程竣工验收。

（6）对列入当地城建档案管理部门接收范围的工程，工程竣工验收3个月内，向当地城建档案管理部门移交一套符合规定的工程文件。

（7）必须向参与工程建设的勘察设计、施工、监理等单位提供与建设工程有关的原始资料，原始资料必须真实、准确、齐全。

（8）可委托承包单位、监理单位组织工程档案的编制工作；负责组织竣工图的绘制工作，也可委托承包单位、监理单位、设计单位完成，收费标准按照所在地相关文件执行。

9.1.2.3 施工单位职责

（1）实行技术负责人负责制，逐级建立、健全施工文件管理岗位责任制，配备专职档案管理员，负责施工资料的管理工作（表9-1～表9-3）。工程项目的施工文件应设专门的部门（专人）负责收集和整理。

外来文件清单 **表9-1**

序号	文件名称	发文单位	发文号	版本号	页数	审批人	日期	备注

文件发放登记表 **表9-2**

部门：

分发号	文件名称	文件编号	版本	修改状态		总页数	接收部门	收文签名	收文日期	回收签名
				页码	修改编号					

文件发放范围清单 **表 9-3**

文件和资料			发放部门
序号	编码	名称	
记录：		审批：	

（2）建设工程实行总承包的，总承包单位负责收集、汇总各分包单位形成的工程档案，各分包单位应将本单位形成的工程文件整理、立卷后及时移交总承包单位。建设工程项目由几个单位承包的，各承包单位负责收集、整理、立卷其承包项目的工程文件，并应及时向建设单位移交，各承包单位应保证归档文件的完整、准确、系统，能够全面反映工程建设活动的全过程。

（3）可以按照施工合同的约定，接受建设单位的委托进行工程档案的组织、编制工作。

（4）按要求在竣工前将施工文件整理汇总完毕，再移交建设单位进行工程竣工验收。

（5）负责编制的施工文件的套数不得少于地方城建档案管理部门要求，但应有完整施工文件移交建设单位及自行保存，保存期可根据工程性质以及地方城建档案管理部门有关要求确定。如建设单位对施工文件的编制套数有特殊要求的，可另行约定。

9.1.3 施工阶段文件分类

一般建设工程归档过程的组卷工作上应按照当地城建档案管理部门的有关要求进行。施工文件包括：建筑安装工程和市政基础设施工程两类，建筑安装工程中又有土建工程（建筑与结构）、机电工程（电气、给水排水、消防、采暖、通风、空调、燃气、建筑智能化、电梯）和室外工程（室外安装、室外建筑环境）。市政基础设施工程中又有施工技术准备，施工现场准备，工程变更、洽商记录，原材料、成品、半成品、构配件设备出厂质量合格证及试验报告，施工试验记录，施工记录，预检记录，隐蔽工程检查（验收）记录，工程质量检查验收记录，功能性试验记录，质量事故及处理记录，竣工测量资料等12类文件。

9.1.4 做好施工技术资料工作的意义

9.1.4.1 保证工程竣工验收的需要

对工程项目进行竣工验收包括两个方面的内容：一是“硬件”，二是“软件”。“硬件”指的是建筑物本身（包括所安装的各类设备）；“软件”指的是反映建筑物自身及其形成过程的施工资料（包括竣工图及有关形象资料），因此，对工程项目进行竣工验收时，必须对其软件（施工技术资料）同时进行验收。

9.1.4.2 维护企业经济效益和社会信誉的需要

施工技术资料反映了工程项目的形成过程，是现场组织生产活动的真实记录，直接或间接记录了与施工效益紧密相关的施工面积，使用的材料品种、数量和质量，采用的技术方案和技术措施，劳动力的安排和使用，工作量的更改和变动，质量的评定等级情况。它是甲乙双方进行合同结算的重要依据，是企业维护自身利益的依据。同时，施工技术资料作为接受业主和社会有关各方验收的“软件”，其质量就如同建筑物质量一样，反映了施工队伍的素质水平。

9.1.4.3 企业的重要资源

企业档案是企业生产、经营、科技、管理等活动的真实记录，也是企业上述各方面知识、经验、成果的积累和储备，因此，它是企业的重要资源。

9.1.4.4 保证城市规范化建设的需要

建筑物日常的维修与保养（如对其中的水、电、煤气线路等的维修和保养）和建筑物的改造、扩建、拆建等，都离不开一个重要的依据，即反映建筑物全貌及内在联系的真实记录——竣工图和其他有关的施工技术资料。如果少了这一重要依据，就会对他们的工作带来极大的盲目性，甚至对国家财产和城市建设带来严重后果。

9.2 工程档案编制质量要求与组卷方法

对建设工程档案编制质量要求与组卷方法，应按照建设部和国家质量检验检疫总局于2002年1月10日联合发布，2002年5月1日实施的《建设工程文件归档管理规范》GB/T 50328—2001国家标准，此外，应执行《科学技术档案案卷构成的一般要求》GB/T 11822—2000、《技术制图复制图的折叠方法》GB 10609.3—89、《城市建设档案案卷质量规定》（建办［1995］697号）等规范或文件的规定及各省、市地方相应的地方规范执行。

9.2.1 工程档案编制质量要求

9.2.1.1 建设工程归档文件的要求

建设工程归档材料的编制必须按统一规范和要求进行编制，真实、确切地反映工程的实际情况，严禁涂改、伪造。

9.2.1.2 工程竣工档案编制的工作要求

（1）精炼。工程竣工档案的内容要有保存价值，同时要有代表性。

（2）准确。工程竣工档案的内容，变更文件材料、图纸，要完整、准确。

（3）规范。竣工档案整理组卷规范，卷内文件、案卷目录排列相互间要有内在联系。

（4）科学。组卷具有科学性，便于有效利用。

9.2.1.3 归档文件的质量要求

（1）归档的工程文件一般应为原件。

（2）工程文件的内容及其深度必须符合国家有关工程勘察、设计、施工、监理等方面的技术规范、标准和规程。

（3）工程文件的内容必须真实、准确，与工程实际相符合。

（4）工程文件应采用耐久性强的书写材料，如碳素墨水、蓝黑墨水，不得使用易退色的书写材料，如红色墨水、纯蓝墨水、圆珠笔、复写纸、铅笔等。

（5）工程文件应字迹清楚，图样清晰，图表整洁，签字盖章手续完备。

（6）工程文件中文字材料幅面尺寸规格宜为 A4 幅面（297mm×210mm），图纸宜采用国家标准图幅。

（7）工程文件的纸张应采用能够长期保存的韧力大、耐久性强的纸张，图纸一般采用蓝晒图，竣工图应是新蓝图。计算机出图必须清晰，不得使用计算机所出图纸的复印件。

（8）所有竣工图均应加盖竣工图章。

（9）利用施工图改绘竣工图，必须标明变更修改依据；凡施工图结构、工艺、平面布置等有重大改变，或变更部分超过图面 1/3 的，应当重新绘制竣工图。

（10）不同幅面的工程图纸应按《技术制图复制图的折叠方法》（GB 10609.3—89）统一折叠成 A4 幅面，图标栏露在外面。

（11）工程档案资料的缩微制品，必须按国家缩微标准进行制作，主要技术指标（解像力、密度、海波残留量等）要符合国家标准，保证质量，以适应长期安全保管。

（12）工程档案资料的照片（含底片）及声像档案，要求图像清晰，声音清楚，文字说明或内容准确。

（13）工程文件应采用打印的形式并使用档案规定用笔，手工签字，在不能够使用原件时，应在复印件或抄件上加盖公章并注明原件保存处。

9.2.2 工程文件立卷与组卷方法

9.2.2.1 文件立卷的原则和方法

（1）立卷应遵循工程文件的自然形成规律，保持卷内文件的有机联系，便于档案的保管和利用。

（2）一个建设工程由多个单位工程组成时，工程文件应按单位工程组卷。

（3）一般施工文件可按单位工程、分部工程、专业、阶段等组卷。

（4）竣工图、竣工验收文件可按单位工程、专业组卷。

（5）立卷过程遵循：案卷一般不超过40mm；案卷内不应有重份文件；不同载体的文件一般应分别组卷。

9.2.2.2　卷内文件的排列

（1）文字材料按事项、专业程序排列。同一事项的请示与批复不能分开、同一文件的印本与定稿不能分开、主件与附件不能分开，并按批复在前、请示在后，印本在前、定稿在后，主件在前、附件在后的顺序排列。

（2）图纸按专业排列，同专业图纸按图号顺序排列。

（3）既有文字材料又有图纸的案卷，文字排前、图纸排后。

9.2.2.3　案卷的编目

（1）编制卷内文件页号应符合下列规定：

1）卷内文件均按有书写内容的页面编号。每卷单独编号，页号从“1”开始。

2）页号编写位置：单页书写的文字在右下角；双面书写的文件，正面在右下角，背面在左下角。折叠后的图纸一律在右下角。

3）成套图纸或印刷成册的科技文件材料，自成一卷的，原目录可代替卷内目录，不必重新编写页码。

4）案卷封面、卷内目录、卷内备考表不编写页号。

（2）卷内目录的编制应符合下列规定：

1）卷内目录式样宜符合现行《建设工程文件归档整理规范》中附录B的要求。

2）序号：以一份文件为单位，用阿拉伯数字从1依次标注。

3）责任者：填写文件的直接形成单位和个人。有多个责任者时，选择两个主要责任者，其余用“等”代替。

4）文件编号：填写工程文件原有的文号或图号。

5）文件题名：填写文件标题的全称。

6）日期：填写文件形成的日期。

7）页次：填写文件在卷内所排列的起始页号。最后一份文件填写起止页号。

8）卷内目录排列在卷内文件之前。

（3）卷内备考表的编制应符合下列规定：

1）卷内备考表的式样宜符合现行《建设工程文件归档整理规范》中附录C的要求。

2）卷内备考表主要标明卷内文件的总页数、各类文件数（照片张数），以及立卷单位对案卷情况的说明。

3）卷内备考表排列在卷内文件的尾页之后。

（4）案卷封面的编制应符合下列规定：

1）案卷封面印刷在卷盒、卷夹的正表面，也可采用内封面形式。案卷封面的式样宜符合现行《建设工程文件归档整理规范》中附录D的要求。

2）案卷封面的内容应包括：档号、档案馆代号、案卷题名、编制单位、起止日期、密级、保管期限、共几卷、第几卷。

3）档号应由分类号、项目号和案卷号组成，档号由档案保管单位填写。

4）档案馆代号应填写国家给定的本档案馆的编号。档案馆代号由档案馆填写。

5）案卷题名应简明、准确地揭示卷内文件的内容。案卷题名应包括工程名称、专业名称、卷内文件的内容。

6）编制单位应填写案卷内文件的形成单位或主要责任者。

7）起止日期应填写案卷内全部文件形成的起止日期。

8）保管期限分为永久、长期、短期三种期限。各类文件的保管期限见现行《建设工程文件归档整理规范》中附录A的要求。永久是指工程档案需永久保存。长期是指工程档案的保存期等于该工程的使用寿命：短期是指工程档案保存20年以下。同一案卷内有不同保管期限的文件，该案卷保管期限应从长。

9）工程档案套数一般不少于两套，一套由建设单位保管，另一套原件要求移交当地城建档案管理部门保存，接受范围规范规定可以各城市根据本地情况适当拓宽和缩减，具体可向建设工程所在地城建档案管理部门询问。

10）密级分为绝密、机密、秘密三种。同一案卷内有不同密级的文件，应以高密级为本卷密级。

（5）卷内目录、卷内备考表、卷内封面应采用70g以上白色书写纸制作，幅面统一采用A4幅面。

9.3 园林工程竣工档案管理

9.3.1 施工技术竣工文件材料

9.3.1.1 施工技术竣工文件材料的基本内容

1）项目竣工验收批复；

2）项目竣工验收报告；

3）安全、卫生验收审批表；

4）同时验收单：

5）卫生防疫验收报告；

6）工程消防验收意见书；

7）人防竣工验收单；

8）建设工程监督检查单；

9）工程决算汇总表（经审计部门审计）；

10）其他。

9.3.1.2　竣工图

1）总平面图；

2）土方工程竣工图；

3）管线总平面图；

4）植物种植竣工图；

5）建筑竣工图；

6）给水排水竣工图；

7）电力、照明竣工图；

8）道路竣工图；

9）水景工程竣工图；

10）假山工程竣工图；

11）其他。

9.3.2　档案验收与移交

9.3.2.1　验收

（1）列入城建档案管理部门档案接收范围的工程，建设单位在组织工程竣工验收前，应提请城建档案管理部门对工程档案进行预验收。建设单位未取得城建档案管理部门出具的认可文件，不得组织工程竣工验收。

（2）城建档案管理部门在进行工程档案预验收时，应重点验收以下内容：

1）工程档案分类齐全、系统完整；

2）工程档案的内容真实、准确地反映工程建设活动和工程实际状况；

3）工程档案已整理立卷，立卷符合现行《建设工程文件归档整理规范》的规定；

4）竣工图绘制方法、图式及规格等符合专业技术要求，图面整洁，盖有竣工图章；

5）文件的形成、来源符合实际，要求单位或个人签章的文件，其签章手续完备；

6）文件材质、幅面、书写、绘图、用墨、托裱等符合要求。

工程档案由建设单位进行验收，属于向地方城建档案管理部门报送工程档案的工程项目还应会同地方城建档案管理部门共同验收。

（3）国家、省市重点工程项目或一些特大型、大型的工程项目的预验收和验收，必须有地方城建档案管理部门参加。

（4）为确保工程档案的质量，各编制单位、地方城建档案管理部门、建设行政管理部门等要对工程档案进行严格检查、验收。编制单位、制图人、审核人、技术负责人必须进行签字或盖章。对不符合技术要求的，一律退回编制单位进行改正、补齐，问题严重者可令其重做。不符合要求者，不能交工验收。

(5) 凡报送的工程档案，如验收不合格将其退回建设单位，由建设单位责成责任者重新进行编制，待达到要求后重新报送。检查验收人员应对接收的档案负责。

(6) 地方城建档案管理部门负责工程档案的最后验收。并对编制报送工程档案进行业务指导、督促和检查。

9.3.2.2 移交

(1) 列入城建档案管理部门接收范围的工程，建设单位在工程竣工验收后3个月内向城建档案管理部门移交一套符合规定的工程档案。

(2) 停建、缓建工程的工程档案，暂由建设单位保管。

(3) 对改建、扩建和维修工程，建设单位应当组织设计单位、监理单位、施工单位据实修改、补充和完善工程档案。对改变的部位，应当重新编写工程档案，并在工程竣工验收后3个月内向城建档案管理部门移交。

(4) 建设单位向城建档案管理部门移交工程档案时，应办理移交手续，填写移交目录，双方签字、盖章后交接。

(5) 施工单位、监理单位等有关单位应在工程竣工验收前将工程档案按合同或协议规定的时间、套数移交给建设单位，办理移交手续。

复习思考题

1. 园林工程施工文件档案资料有什么特征？
2. 施工单位文件档案资料管理职责是什么？
3. 做好施工技术资料工作有什么意义？
4. 工程档案编制质量要求是什么？
5. 文件立卷的原则和方法是什么？
6. 园林工程竣工档案包括哪些内容？
7. 如何进行工程档案验收与移交？

第 10 章　园林工程施工资源管理

园林工程施工组织管理

本章阐述了园林工程施工资源管理的作用、任务和基本原则，对园林工程施工项目信息管理、人力资源管理、物资管理和设备管理进行了重点介绍。

10.1 园林工程施工资源管理概述

10.1.1 园林工程施工资源管理的意义

园林工程施工资源包括方方面面，其中最重要的是有关信息、劳动力、物资和设备等资源，它们都是最重要的生产要素。因此，加强园林工程施工资源管理也是施工生产的客观要求，具有十分重要的意义。

10.1.1.1 搞好施工资源管理是保证园林工程施工生产正常进行的先决条件

园林工程施工生产技术复杂，生产的专业分工细致，协作关系广泛，工程建设需要有信息的支持、人员的配合以及物资和设备的供应，资源分布面广，使用的时间性、配套性强，供需之间的空间间隔等，对工程按时、按质、按量组织正常施工有很大影响，如有任何一种资源不能满足要求，就会使施工生产能力不能充分发挥，甚至使生产中断。因此，企业能否正常生产，与资源管理有直接关系。

10.1.1.2 搞好资源管理有利于企业完成各项技术经济指标，取得良好经济效益

如在园林绿化工程成本中，各种材料占工程成本的50%以上，如果算上机械维修、燃料、工具及暂设工程用料等，材料费用的比例会更大，可见材料费在工程成本中所占的重要位置。因此，在资源管理中，加强信息沟通，搞好人员安排、物资计划、订货、采购、运输、储存、发放、消耗等各个环节，充分发挥管理职能，有利于各项经济技术指标顺利完成，取得良好经济效益。

10.1.1.3 加强资源管理有利于工程质量、进度和成本的控制

在工程项目建设进行过程中，信息资源可以被各个部门使用，这样既可以保证各个部门使用信息的统一性，也保证了决策的一致性。如物资储备必然占用流动资金，处理不当则影响资金的合理使用。加强资源管理，保证信息的畅通，就可以管好用好流动资金，工程质量和进度就不会受资金的影响，从而有利于工程质量、进度和成本的控制。

10.1.1.4 加强资源管理有利于增强企业竞争能力

资源管理与各业务部门之间是密切联系的，加强资源管理，严格控制不合格的物资进入工地，将物资质量隐患消灭在使用之前。在物资采购中重视质量，使用时为施工方便、技术革新改造创造条件，应配备称心适用的工具，验收时严格把关，对促进增产节约，文明施工，提高经济效益，有利于增强企业竞争能力。

10.1.2 园林工程施工资源管理的任务

园林工程项目管理是一项复杂、细致而繁重的工作，在实施项目的过程中，必然涉及信息、劳动力、物资和设备等生产要素的计划和管理。随着项目的不断进展、环境的不断变化，还需要随时调整项目计划。

信息管理的任务是把园林工程项目产生的大量数据进行搜集和整理，利用计算机技术和网络通信技术进行处理和分析，使管理信息从产生到利用的时间间隔大大缩短，减轻项目管理人员的工作压力，实现项目管理各方面相关信息的集成化管理，保证管理信息处理的科学性、信息传递的及时性、使用的方便性，从而有利于信息利用率的提高，更好地满足管理工作需要。

人力资源管理的任务，首先是获得符合园林绿化施工企业发展战略要求的人力资源，并通过一系列的管理活动，利用好这些人力资源；其次全面贯彻国家有关方面的方针政策和法令，正确处理国家、企业和职工个人之间的利益关系，认真搞好工资福利和劳动保护工作，不断改善职工的物质文化生活和劳动条件，不断提高职工的技术和业务水平，充分调动劳动者的积极性，提高劳动生产率，促进生产的发展。

施工机械设备管理主要是正确选择（或租赁）和使用机械设备，及时搞好施工机械设备的维护和保养，按计划检查和修理，建立施工机械设备使用管理制度等。其主要任务是采取技术、经济、组织措施对施工机械设备合理使用，用养结合，提高施工机械设备的使用效率，尽可能降低工程项目的机械使用成本，提高工程项目的经济效益。

10.1.3 园林工程施工资源管理的基本原则

为有效地进行工程项目资源管理，综合信息、人力资源、物资和设备等管理的要求，必须遵守如下一些基本原则：

10.1.3.1 统一性原则

如建立工程项目管理信息系统应以统一规范、统一口径、统一计量标准、统一时间要求来管理各种信息，这样在处理信息时，才能实现工程项目管理信息系统的一体化，从而便于共同进行对原始数据的采集，便于系统内部各部门之间的联系和信息交流。

10.1.3.2 合理性原则

对于复杂的工程项目建设活动，各种管理活动在保证达到既定目标的前提下，要求建立的管理系统结构简单，处理过程尽可能缩短，费用上使用合理，达到工程质量、进度和成本相互协调的管理要求。

10.1.3.3 效率性原则

要求建立的工程项目资源管理能满足工程施工正常的运转机能，能随着工程项目的进展，对内外部的各种制约因素和变动状态做出最灵活的信息反馈。具有较强的适用功能，不会发生停工或出现瘫痪现象，高效管理的能力是管理现代工程最迫切需要的。

10.1.4 施工项目生产要素的概念及管理办法

10.1.4.1 施工项目生产要素管理的概念

生产要素是指形成生产力的各种要素。形成生产力的主要要素是科学技术和劳动力。这是因为科学技术的水平决定和反映生产力的水平，科学技术被劳动者所掌握，并且汇集在劳动对象和劳动手段中，便能形成相当于科学技术水平的生产力水平。劳动对象是指劳动者掌握一定的科学技术，利用劳动手段，使生产活动的对象成为产品。劳动手段是指机械、设备工具和仪器等不动产，它只有被人们掌握才能形成生产力。此外，在进行生产活动中，发挥生产力的作用还必须有资金，资金也是生产要素，它是财产和物资的货币表现。

施工项目的生产要素是指生产力作用于施工项目的有关要素。即投入施工项目的劳动力、材料、机械设备、技术和资金诸要素。要加强施工项目管理，必须加强对施工项目生产要素的研究和管理。

10.1.4.2　施工项目生产要素的管理方法

(1) 编制生产要素计划：目的是对资源的投入量、投入时间、投入步骤作出合理安排，以满足施工项目实施的需要。计划是优化配置和组合的手段。

(2) 生产要素的供应：是按编制的计划，从资源的来源、投入到施工项目进行实施，使计划得以实现，施工项目的需要得到保证。

(3) 节约使用资源：即根据每种资源的特性，设计出科学的措施，进行动态配置和组合，协调投入，合理使用，不断纠正偏差，以可能少的资源，满足项目的使用，达到节约的目的。

(4) 进行生产要素投入、使用与产出的核算，实现节约使用的目的。

(5) 进行生产要素使用效果的分析：一方面是对管理效果的总结，找出经验和问题，评价管理活动；另一方面又为管理提供储备和反馈信息，以指导以后（或下一循环）的管理工作。

10.2　园林工程施工项目信息管理

10.2.1　园林工程施工项目管理中的信息

10.2.1.1　施工项目主要信息形态

工程信息管理工作涉及多部门、多环节、多专业、多渠道，工程信息量大，来源广泛，形式多样，园林工作者应当捕捉各种信息并加工处理和运用各种信息。

主要信息形态有下列形式：

(1) 文字图形信息。包括勘测、设计图纸及说明书、合同，工作条例及规定，施工组织设计，情况报告，原始记录，统计图表、报表，信函等信息。

(2) 语言信息。包括口头分配任务、作指示、汇报、工作检查、介绍情况、谈判交涉、建议、批评、工作讨论和研究、会议等信息。

(3) 新技术信息。包括通过网络、电话、电报、电传、计算机、电视、录像、录音、广播等现代化手段收集及处理的一部分信息。

10.2.1.2　建设项目信息的分类原则

在大型工程项目的实施过程中，处理信息的工作量非常巨大，必须借助于计算机系统才能实现。统一的信息分类和编码体系的意义在于使计算机系统和所有的项目参与方之间具有共同的语言，一方面使得计算机系统更有效地处理、存储项目信息，另一方面也有利于项目参与各方更方便地对各种信息进行交换与查询。项目信息的分类和编码是建设工程信息管理实施时所必须完成的一项基础工作，信息分类编码工作的核心是在对项目信息内容分析的基础上建立项目的信息分类体系。

信息分类是指在一个信息管理系统中，将各种信息按一定的原则和方法进行区分和归类，并建立起一定的分类系统和排列顺序，以便管理和使用信息。对信息分类体系的研究一直是信息管理科学的一项重要课题，信息分类的理论与方法广泛地应用于信息管理的各个分支，如：图书管理、情报档案管理等。这些理论与方法是我们进行信息分类体系研究的主要依据。在工程管理领域，针对不同的应用需求，各国的研究者也开发、设计了各种信息分类标准。

对建设项目的信息进行分类必须遵循以下基本原则：

1）稳定性：信息分类应选择分类对象最稳定的本质属性或特征作为信息分类的基础和标准。信息分类体系应建立在对基本概念和划分对象的透彻理解基础上。

2）兼容性：项目信息分类体系必须考虑到项目各参与方所应用的编码体系的情况，项目信息分类体系应能满足不同项目参与方高效信息交换的需要。同时，与有关国际、国内标准的一致性也是兼容性应考虑的内容。

3）可扩展性：项目信息分类体系应具备较强的灵活性，可以在使用过程中进行方便的扩展。在分类中通常应设置收容类目（或称为“其他”），以保证增加新的信息类型时，不至于打乱已建立的分类体系，一个通用的信息分类体系还应为具体环境中信息分类体系的拓展和细化创造条件。

4）逻辑性原则：项目信息分类体系中信息类目的设置有着极强的逻辑性，如要求同一层面上各个子类互相排斥。

5）综合实用性：信息分类应从系统工程的角度出发，放在具体的应用环境中进行整体考虑。这体现在信息分类的标准与方法的选择上，应综合考虑项目的实施环境和信息技术工具。确定具体应用环境中的项目信息分类体系，应避免对通用信息分类体系的生搬硬套。

10.2.1.3 建设工程项目信息的分类

建设工程项目管理过程中，涉及大量的信息，这些信息依据不同标准可划分如下：

（1）按照建设工程的目标划分

1）投资控制信息。指与投资控制直接有关的信息。如各种估算指标、类似工程造价、物价指数；设计概算、概算定额；施工图预算、预算定额；工程项目投资估算；合同价组成；投资目标体系；计划工程量、已完工程量、单位时间付款报表、工程量变化表、人工、材料调差表；索赔费用表；投资偏差、已完工程结算；竣工决算、施工阶段的支付账单；原材料价格、机械设备台班费、人工费、运杂费等。

2）质量控制信息。指与建设工程项目质量有关的信息。如国家有关的质量法规、政策及质量标准、项目建设标准；质量目标体系和质量目标的分解；质量控制工作流程、质量控制的工作制度、质量控制的方法；质量控制的风险分析；质量抽样检查的数据；各个环节工作的质量（工程项目决策的质量、设计的质量、施工的质量）；质量事故记录和处理报告等。

3）进度控制信息。指与进度相关的信息。如施工定额；项目总进度计划、进度目标分解、项目年度计划、工程总网络计划和子网络计划、计划进度与实际进度偏差；网络计划的优化、网络计划的调整情况；进度控制的工作流程、进度控制的工作制度、进度控制的风险分析等。

4）合同管理信息。指与建设工程相关的各种合同信息。如工程招投标文件；工程建设施工承包合同，物资设备供应合同；合同的指标分解体系；合同签订、变更、执行情况；合同的索赔等。

（2）按照建设工程项目信息的来源划分

1）项目内部信息。指建设工程项目各个阶段、各个环节、各有关单位发生的信息总体。内部信息取自建设项目本身，如工程概况、设计文件、施工方案、合同结构、合同管理制度，信息资料的编码系统、信息目录表，会议制度，项目的投资目标、项目的质量目标、项目的进度目标等。

2）项目外部信息。来自项目外部环境的信息称为外部信息。如国家有关的政策及法规；国内及国际市场的原材料及设备价格、市场变化；物价指数；类似工程造价、进度；投标单位的实力、投标单位的信誉、毗邻单位情况；新技术、新材料、新方法；国际环境的变化；资金市场变化等。

（3）按照信息的稳定程度划分

1）固定信息。指在一定时间内相对稳定不变的信息，包括标准信息、计划信息和查询信息。标准信息主要指各种定额和标准，如施工定额、原材料消耗定额、生产作业计划标准、设备和工具的耗损程度等。计划信息反映在计划期内已定任务的各项指标情况。查询信息主要指国家和行业颁发的技术标准、价格、工作制度等。

2）流动信息。指在不断变化的动态信息。如项目实施阶段的质量、投资及进度的统计信息；反映在某一时刻，项目建设的实际进程及计划完成情况；项目实施阶段的原材料实际消耗量、机械台班数、人工工日数等。

（4）按照信息的层次划分

1）战略性信息。指该项目建设过程中的战略决策所需的信息、投资总额、建设总工期、合同价的确定等信息。

2）管理型信息。指项目年度进度计划、财务计划、材料计划、施工总体方案等。

3）业务性信息。业务性信息较具体，精度较高，指各业务部门的日常信息。如分部分项工程作业计划、分部分项工程施工方案、分部分项工程成本控制措施、分部分项工程质量控制措施、分部分项工程质量检测数据、分部分项工程作业计划、分部分项工程材料消耗计划、分部分项工程材料实际消耗、其他实施层信息。

（5）按照信息的功能划分

将建设项目信息按项目管理功能划分为：组织类信息、管理类信息、经济类信息和技术类信息四大类，每类信息根据工程建设各阶段项目管理的工作内容又可进一步细分，例如：组织类信息包括编码信息、单位组织信息、项目组织信息、项目管理组织信息；管理类信息包括进度管理信息、合同管理信息、质量管理信息、风险管理信息、安全管理信息等。

10.2.2　园林工程施工信息的收集

工程参建各方对数据和信息的收集是不同的，有不同的来源、不同的角度、不同的处理方法，同时，建设工程参建各方在不同的时期对数据和信息收集也是不同的，侧重点不同，但要求各方相同的数据和信息应该规范。

从施工单位的角度来看，建设工程的信息收集有项目施工招投标阶段、项目施工阶段等不同阶段，收集信息要根据具体情况决定。

10.2.2.1　施工招投标阶段的信息收集

施工招投标阶段的信息收集，有助于协助施工单位签订好施工合同，为保证施工目标的实现打下良好基础。施工招投标阶段信息收集从以下几方面进行：

1）工程水文、地质勘察报告，施工图设计及施工图预算、设计概算，设计、地质勘察、测绘的审批报告等方面的信息，特别是该建设工程有别于其他同类工程的技术要求、材料、设备、工艺、质量要求有关信息。

2）建设单位的前期报审文件，如立项文件，建设用地、征地、拆迁文件等。

3）工程造价的市场变化规律及所在地区的材料、构件、设备、劳动力差异。

4）当地施工单位管理水平，质量保证体系、施工质量、设备、机具能力。

5）本工程适用的规范、规程、标准，特别是强制性规范。

6）所在地关于招投标有关法规、规定，本工程适用的施工合同范本及特殊条款精髓部分。

7）所在地招投标代理机构能力、特点，所在地招投标管理机构及管理程序。

8）该建设工程采用的新技术、新设备、新材料、新工艺，投标单位对“四新”的处理能力和了解程度、经验、措施。

在施工招投标阶段，要求信息收集人员充分了解施工设计和施工图预算，熟悉法律法规，熟悉招、投标程序，熟悉合同示范文本，在了解工程特点和工程量分解上有一定能力，能为施工投标决策提供必要的信息。

10.2.2.2　施工阶段的信息收集

目前，建设主管部门对施工阶段信息收集和整理有明确的规定，施工单位也有一定的管理经验和处理程序，随着我国建设管理部门加强行业管理，各地对施工阶段信息规范化提出了不同深度的要求，建设工程竣工验收规范也已经配套，建设工程档案制度也比较成熟，相对容易实现信息管理的规范化。但是，由于我国施工管理水平所限，在施工阶段信息收集上，关键是施工单位和监理单位、建设单位在信息形式上和汇总上不统一。因此，统一建设各方的信息格式，实现标准化、代码化、规范化是我国建设工程必须解决的问题。

施工阶段的信息收集，可从施工准备期、施工期、竣工保修期三个子阶段分别进行。

（1）施工准备期

施工准备期指从建设工程合同签订到项目开工这个阶段，是施工阶段信息收集的关键阶段，应从如下几点入手收集信息：

1）施工图设计及施工图预算，特别要掌握结构特点，掌握工程难点、要点及特点，了解工程预算体系（按单位工程、分部工程、分项工程分解）；了解施工合同。

2）工程项目经理部组成，进场人员资质；进场设备的规格型号、保修记录；施工场地的准备情况；施工单位质量保证体系及施工单位的施工组织设计，特殊工程的技术方案，施工进度网络计划图表；进场材料、构件管理制度；安全保安措施；数据和信息管理制度；检测和检验、试验程序和设备；分包单位的资质等。

3）建设工程场地的地质、水文、测量、气象数据；地上、地下管线，地下洞室，地上原有建筑物及周围建筑物、树木、道路；建筑红线，标高、坐标；水、电、气管道的引入标志；地质勘察报告、地形测量图及标桩等环境信息。

4）施工图的会审和交底记录；施工组织设计按照项目监理部要求进行修改的情况；开工报告与实际准备情况。

5）本工程需遵循的相关法律、法规和规范、规程，有关质量检验、控制的技术法规和质量验收标准。

在施工准备期，信息的来源较多、较杂，由于参建各方相互了解还不够，信息渠道没有建立，收集有一定困难。因此，应该组建工程信息合理的流程，确定合理的信息源，规范各方的信息行为，建立必要的信息秩序。

（2）施工实施期

施工实施期，信息来源相对比较稳定，主要是施工过程中随时产生的数据，由施工单位层层收集上来，比较单纯，容易实现规范化。目前，各地虽都有地方规程，但大多数没有实现施工、建设、监理的统一格式，给工程建设档案和各方数据交换带来一定的麻烦。仅少数地方规程对施工、建设、监理各方信息加以统一，较好地解决了信息的规范化、标准化。

施工实施期收集的信息应该分类并由专门的部门或专人分级管理，项目部可从下列方面收集信息：

1）施工单位人员、设备、水、电、气等能源的动态信息。

2）施工期气象的中长期趋势及同期历史数据，每天不同时段动态信息，特别在气候对施工质量影响较大的情况下，更要加强收集气象数据。

3）植物苗木，建筑原材料、半成品、成品、构配件等工程物资的进场、加工、保管、使用等信息。

4）项目经理部管理程序；质量、进度、投资的事前、事中、事后控制措施；数据采集来源及采集、处理、存储、传递方式；工序间交接制度；事故处理制度；施工组织设计及技术方案执行的情况；工地文明施工及安全措施等。

5）施工中需要执行的国家和地方规范、规程、标准；施工合同执行情况。

6）施工中发生的工程数据，如地基验槽及处理记录，工序间交接记录，隐蔽工程检查记录等。

7）建筑材料必试项目有关信息：如水泥、砖、砂石、钢筋、外加剂、混凝土、防水材料、回填土、饰面板、玻璃幕墙等。

8）设备安装的试运行和测试项目有关信息：如电气接地电阻、绝缘电阻测试，管道通水、通气、通风试验，消防报警、自动喷淋系统联动试验等。

9）施工索赔相关信息：索赔程序，索赔依据，索赔证据，索赔处理意见等。

（3）竣工保修期

竣工保修期的信息是建立在施工期日常信息积累基础上，传统工程管理和现代工程管理最大的区别在于传统工程管理不重视信息的收集和规范化，数据不能及时收集整理，往往采取事后补填或做“假数据”应付了事。现代工程管理则要求数据实时记录，真实反映施工过程，真正做到积累在平时，竣工保修期只是建设各方最后的汇总和总结。该阶段要收集的信息有：

1）工程准备阶段文件，如立项文件，建设用地、征地、拆迁文件，开工审批文件等。

2）施工资料。

3）竣工图。

4）竣工验收资料，如工程竣工总结、竣工验收备案表、电子档案等。

10.2.3 园林工程施工的信息加工与处理

建设工程信息的加工、整理和存储是数据收集后的必要过程。收集的数据经过加工、整理后产生信息。信息是指导施工和工程管理的基础，要把管理由定性分析转到定量管理上来，信息是不可或缺的要素。

10.2.3.1 信息的加工、整理

信息的加工主要是把得到的数据和信息进行鉴别、选择、核对、合并、排序、更新、计算、汇总、转储，生成不同形式的数据和信息，提供给不同需求的各类管理人员使用。

在信息加工时，往往要求按照不同的需求，分层进行加工。不同的使用角度，加工方法是不同的。对数据的加工要从鉴别开始，一种数据是自己收集的，可靠度较高；而对由有关单位提供的数据就要从数据采样系统是否规范，采样手段是否可靠，提供数据的人员素质如何，数据是否达到所要求的精度。对施工单位提供的数据要加以选择、核对，加以必要的汇总，对动态的数据要及时更新，对于施工中产生的数据要按照单位工程、分部工程、分项工程组织在一起，每一个单位、分部、分项工程又把数据分为：进度、质量、造价三个方面分别组织。

10.2.3.2 信息的分发和检索

信息在通过对收集的数据进行分类加工处理产生信息后，要及时提供给需要使用数据和信息的部门，信息和数据的分发要根据需要来分发，信息和数据的检索则要建立必要的分级管理制度，一般由使用软件来保证实现数据和信息的分发、检索，关键是要决定分发和检索的原则。分发和检索的原则是：需要的部门和使用人，有权在需要的第一时间，方便地得到所需要的、以规定形式提供的一切信息和数据，而保证不向不该知道的部门（人）提供任何信息和数据。建立分发制度要根据工作特点来进行，主要内容有以下几方面：

1）了解使用部门（人）的使用目的、使用周期、使用频率、得到时间、数据的安全要求。

2）决定分发的项目、内容、分发量、范围、数据来源。

3）决定分发信息和数据的数据结构、类型、精度和如何组合成规定的格式。

4）决定提供的信息和数据介质（纸张、显示器显示、磁盘或其他形式）。

检索设计时则要考虑以下因素：

1）允许检索的范围、检索的密级划分、密码的管理。

2）检索的信息和数据能否及时、快速地提供，采用什么手段实现（网络、通信、计算机系统）。

3）提供检索需要的数据和信息输出形式，能否根据关键字实现智能检索。

10.2.3.3 信息的存储

信息的存储一般需要建立统一的数据库，各类数据以文件的形式组织在一起，组织的方法一般由单位自定，但要考虑规范化。根据建设工程实际，可以按照下列方式组织：

1）按照工程进行组织，同一工程按照投资、进度、质量、合同的角度组织，并进一步按照具体情况细化。

2）文件名规范化，以定长的字符串作为文件名，例如按照：

类别（3）　工程代号（拼音或数字）（4）　开工年月（5）

组成文件名，例如合同以HT开头，该合同为施工合同S，工程为2005年9月开工，工程代号为06，则该施工合同文件名可以用HTS060509表示。

3）各建设方协调统一存储方式，在国家技术标准有统一的代码时尽量采用统一代码。

4）有条件时可以通过网络数据库形式存储数据，达到建设各方数据共享，减少数据冗余，保证数据的唯一性。

10.3　园林工程施工人力资源管理

人是生产力中最积极、最活跃的因素。人力资源管理就是通过人力资源的合理配置和开发，充分发挥人力资源的主体作用，调动人力资源的潜力，促进人力资源与非人力资源的有机结合，以实现企业的战略经营目标。园林工程施工人力资源管理的主要内容就是劳动力管理。

10.3.1　影响施工人力资源管理水平提高的因素

10.3.1.1　计划的科学性

确定现场施工人员数量，应根据园林绿化行业和工程项目自身的客观规律，按企业的施工定额，有计划地安排和组织，要求达到数量适宜，结构合理，素质匹配。

10.3.1.2　组织的严密性

确定现场各劳动组织，首先，要目标机构简洁，各部门任务饱满，职权、职责分工明确；其次，职工与管理人员相互合作，按制度办事，使施工顺利进行；再次，全体职工都明确自己的工作内容，方法和程序，并能奋发进取，努力完成。各组织的领导要精明干练，能制定良好的工作计划，有能力执行。

10.3.1.3　劳动者培训的计划性和针对性

现场劳动水平的高低，不论是管理人员还是施工人员，归根到底取决于人的素质高低。而提高人的素质最有效途径是进行培训。我国施工人员教育水平比较落后，要想尽快提高施工水平，必须在保证施工正常进行的前提下，根据现场实际需要，对劳动者进行有目的、有计划地培训，做到需什么学什么、缺什么补什么，不能重复培训、交叉培训、所学非所用。

10.3.1.4　指挥与控制的有效性

现场劳动也是一个舞台。有的唱主角，有的唱配角；有的先出场，有的后出场。这些都要统一进行调度与指挥，并及时控制，保证整个现场协调一致，顺利地完成施工任务。

10.3.1.5　劳动者需要的满足程度

劳动者在付出劳动的同时也强调自身需要的满足，包括物质的需要和精神的需要。这对调动积极性具有重要意义。现场劳动管理只有认真考虑劳动者的需要，并尽量加以满足，才能使劳动者始终保持良好的工作状态。

10.3.2 工程施工人力资源管理的内容和特点

10.3.2.1 工程施工人力资源管理的内容

工程施工人力资源管理的内容主要有以下几个方面：

(1) 劳动力的招收、培训、录用和调配。

(2) 科学合理地组织劳动力，节约使用劳动力。

(3) 制定、实施、完善、稳定劳动定额和定员。

(4) 改善劳动条件，保证职工在生产中的安全与健康。

(5) 加强劳动纪律，开展劳动竞赛。

(6) 劳动者的考核、晋升和奖罚。

10.3.2.2 工程施工人力资源管理的特点

(1) 工程施工人力资源管理的具体性。工程施工根据劳动力计划完成各项劳动经济技术指标以及一切与劳动力管理有关的问题都是实实在在的具体问题。

(2) 工程施工人力资源管理的细致性。工程施工中的每一项工作，每一个具体问题都要通过劳动者的劳动来完成，必须认真、仔细、周密、妥善地考虑，稍有马虎就会带来损失和困难。因此，对工程施工人力资源的使用和管理要严把每一道关。

(3) 工程施工人力资源管理的全面性。工程施工人力资源管理的内容相当广泛，涉及劳动者的方方面面，不仅要考虑其工作状况，还要考虑学习、生活和文化娱乐；不仅要考虑现场劳动者，还要考虑对离退休职工的关心照顾。

10.3.3 项目经理

与早期不同，今天的工程项目经理不一定是相关行业和技术领域的技术专家，而是要求具有基本的技术和行业背景，了解市场，对项目和公司所处的环境有充分的了解。特别是科教发展使技术越来越复杂，项目涉及的技术层面越来越多，项目经理已不可能掌握所有的技术细节，而必须依靠各个方面的技术专家处理技术问题。此时项目经理需要综合各个方面的技术专家的建议并进行项目决策。

10.3.3.1 项目经理的作用及地位

项目经理在项目管理中起着关键的作用，是施工单位执行项目活动并实现项目目标的责任人，作为项目团队工作的领导，要保证项目组成功完成项目。项目经理对项目的成败承担责任，这就决定了项目经理在项目管理中的重要作用和地位。项目经理作为职业是人才培养的一个重要方向，在人才市场是稀缺的资源。

项目经理在公司体制中是管理人员，但其管理工作与公司常设的其他管理职位非常不同。公司的其他管理人员，例如部门经理，是负责公司的日常业务的管理，或某一职能部门的管理，从整体上计划、组织、控制该部门的业务以达成公司的业务目标。如果该部门下的业务以项目的方式进行，即获得并完成各个项目来完成部门的目标，一般来说，项目经理在行政上将受其部门经理的领导。

项目经理作为管理人员，只有在指定的项目中才承担管理责任。项目经理在所负责管理的项目及其所分配到的人力、物力资源等，则可以拥有很大的权力，往往比自己行政上的上司（如本部门经理）更有支配权。项目经理是职业生涯的一个方向，在公司中不是常设的管理职位。如果项目经理没有被指派到项目中，则没有权利对资源进行调配和管理。

10.3.3.2 项目经理的任务、责任及权限

项目经理的任务就是通过对项目的全面管理，在计划的时间内，充分利用给定的各种项目资源实现项目所设定的目标。

（1）项目的全面管理工作

1）了解项目设立的背景。

2）评估项目可行性。

3）制定项目计划。

4）组建项目团队。

5）获得项目其他的相关资源。

6）根据计划使用和配置项目资源。

7）报告和控制项目进展。

8）调整项目管理计划。

9）处理各种影响项目的问题。

10）达成项目的目标。

（2）项目经理的责任与权限

1）项目经理对公司负责，保证项目的目标与公司的业务目标相一致。

2）项目经理对具体的项目承担责任，通过对项目实施计划、监督与控制，确保所执行的项目按照计划的时间，在给定的项目预算内，达到项目预期的目标。

3）项目经理在项目中的权力表现在以下三方面：

①对项目成员的挑选和任务分配有决定权；

②项目实施过程中有关的决策权力；

③对项目所获得的资源进行分配的权力。

4）项目经理对项目的成败负责，但在公司中往往没有直接的财务权和人事权。

10.3.3.3 项目经理的能力要求

项目的唯一性、复杂性，迫使项目经理在项目的实施过程中，始终面临各种各样的问题和冲突，而且要求项目经理在很短时间内作出决定并执行。项目经理几乎每天都要做很多艰难的决定，这是项目经理面临的巨大挑战。

（1）把握项目目标和管理能力

项目经理对项目在没有充分了解时就接任项目经理工作是非常危险的。因为项目目标是多样化的，如项目的时间目标、技术目标、费用目标、客户满意

度目标等。在大公司中，项目经理之间有一句常说的话，“好的项目经理最重要的能力是选择正确的项目”。项目经理应该在确立项目过程中，参与项目的前期工作，充分了解项目的时间目标、交付结果、费用预算、技术目标等，并能够平衡之间的关系。

管理能力是项目经理的核心能力。在项目开始之前，项目经理必须制定一个项目的总体管理计划，作为项目整个实施过程中的指导性文件。特别是大型项目中，应明确项目成员在项目实施过程中的地位和角色。项目经理通过授权，从项目管理的细节中摆脱出来，充分应对项目的重大事项。在项目实施的过程中，必须很明确地与项目成员沟通，激励项目成员完成承担的工作；同时，必须有快速决策的能力，在动态的环境中收集和处理相关信息，做出有效的决策。

（2）获得项目资源的能力

项目经理通常都面临项目资源短缺的问题。一般公司的资源总是相对有限的，项目经理必须分析所负责项目需要的资源，关注紧缺的和特别的资源。一方面，在制定项目预算时，适当的预算可以帮助项目经理获得资源；另一方面，项目经理还需要借助各种关系和高层领导，获得项目所需的资源。

（3）组建项目团队的能力

项目经理必须依靠项目团队执行项目。刚组建的项目团队犹如一盘散沙，促进项目成员之间的交流，让每位成员认同项目的目标，使每位成员都有合作的团队精神是项目经理建设一个有效的项目团队的基本能力要求。同时，让成员相信项目经理的项目计划组织的合理性，认同项目的目标通过大家努力奋斗是可以完成的。在此基础上，根据工作任务的分解，将项目的任务落实到项目的每位成员。

（4）解决问题和沟通的能力

项目的执行过程往往潜伏着各种各样的危机，存在着各种各样的冲突。如资源危机、市场危机、人员危机等。项目经理必须了解危机的存在并具有对风险和危机的评判能力，尽早预见问题、发现问题，做好应对准备。又如项目成员之间，项目组与公司其他部门之间，公司与合作伙伴之间，项目组与客户之间时刻都有不一致，必然存在冲突。如果冲突不能有效解决，将影响项目的实施。了解冲突发生的原由并有效地解决是项目经理的日常工作。

项目经理的主要工作方式就是谈判和沟通。项目中的各种各样的冲突需要项目经理以谈判或进行沟通来解决。项目经理需要进行大量的沟通，如与公司的高层管理人员、公司的相关部门、项目的合作伙伴、客户和项目组成员等的沟通。

10.3.4 劳动定额与计划管理

劳动定额亦称人工定额，是指企业在正常生产条件下，在社会平均劳动熟练程度下，为完成单位产品而消耗的劳动量。所谓正常的生产条件是指在一定的生产（施工）组织和生产（施工）技术条件下，为完成单位合格产品，所必需的劳动消耗量的标准；所谓社会平均劳动熟练程度，就是劳动定额标准既不是以劳动管理及效率最先进的企业为标准，也不是以最落后的为标准，而是指全体施工企业，包括先进的、后进的、中间的进行平均后应达到的企业劳动定额标准。

10.3.4.1 劳动定额的作用

（1）是现场制定劳动力计划的重要依据

现场所需的一切劳动力必须依据劳动定额来分析汇总和安排，没有劳动定额或劳动定额不符合实际，现场劳动力的计划就无法进行。

（2）是合理组织现场劳动的重要依据

现场劳动力如何安排，施工任务单的考核，劳动成果的结算都要使用劳动定额。它规定了完成某项工作的劳动消耗及前后工序在劳动时间上的配合和衔接。没有定额，现场劳动就无法组织。

（3）是施工现场开展劳动竞赛、贯彻按劳分配的依据

在推行岗位责任制，开展劳动竞赛和贯彻按劳分配的活动中，更离不开劳动定额。劳动任务的分配，内容的划分，职工的劳动成果的测算都取决于定额的标准合理与否，从而影响工资奖金的确定、按劳分配和劳动积极性。

（4）是考核现场劳动消耗的重要标准

做好劳动定额工作，有利于促进企业降低成本，增加积累。所以，劳动定额是考核现场劳动消耗的重要标准。

10.3.4.2 劳动定额的管理

发挥劳动定额的作用，加强对现场劳动定额的管理主要方法如下，见表10-1。

现场劳动定额管理方法 **表 10-1**

序号	管理项目	定额管理的具体内容
1	劳动定额的制定	1. 建立制定定额的专门组织机构 2. 收集本单位及行业定额水平的资料，结合生产工艺，操作方法及技术条件，初步列定企业现场劳动定额 3. 确保劳动定额的先进合理，以促进劳动水平的提高 4. 进行大量的、广泛的试验，并进行分析总和，最终确定现场使用的劳动定额
2	劳动定额的稳定与调整	1. 保持定额的严肃性及相对稳定性，不能随意曲解和增删定额内容。使其能科学地反映现场劳动消耗情况 2. 劳动定额由负责并参与定额制定的专门机构负责解释，以维护其一致性 3. 劳动定额要定期进行修改、完善，使其反映新技术、新工艺，保证起到鼓励先进，鞭策落后的作用
3	劳动定额的实施	1. 教育现场职工认真学习定额，并在劳动中执行定额，纠正施工中争工、挑工、浪费材料、浪费工时等不良现象 2. 认真做好现场施工任务单的签发、验收和结算，把劳动定额贯彻到现场施工中的全过程 3. 建立健全原始记录和统计报表制度，作为分析劳动消耗和修订劳动定额的依据 4. 把贯彻劳动定额与开展技术革新，组织劳动竞赛，改进劳动组织和搞好按劳分配结合起来

10.3.4.3　劳动力计划管理

施工现场劳动力计划管理就是为完成生产任务，按国家主管部门下达的劳动定额指标，根据工程项目的数量、质量、工期的需要，合理安排劳动力的数量和质量，做到科学合理而不盲目，具体方法和步骤如下。

（1）定额用工的分析

根据工程的实物量和定额标准分析劳动需用总工日；确定生产工人、工程技术人员、徒工的数量和比例，以便对现有人员进行调整、组织、培训，以保证现场施工的人力资源。定额分析的方法主要有两种，见表10-2和表10-3。

分项工程用工分析表　　　　**表10-2**

序号	分项工程名称	工程量	单位	定额工日	需要工日	工人数（人）
1						
2						

现场所需工种用工分析表　　　　**表10-3**

序号	工种名称	单位	总工日	定额工日	工人数（人）
1					
2					

（2）劳动力资源的落实

现场劳动力的需要量计算出后，就要与企业现有可供安排的人员加以比较，从数量、工种、技术水平等方面进行综合平衡，并落实应进入现场的人员，为此在解决劳动力资源时要考虑以下三个原则：

1）全局性的原则。把施工现场作为一个系统，从整体功能出发，考察人员结构，不单纯安排某一工种或某一工人的具体工作，而是从整个现场需要出发做到不单纯用人，不用多余的人。

2）互补性原则。对企业来说，人员结构从素质上看可以分为好、中、差，在确定现场人员时，要按照每个人的不同优势与劣势，长处与短处，合理搭配，使其取长补短，达到充分发挥整体效能的目的。

3）动态性的原则。根据现场施工进展情况和需要的变化而随时进行人员结构，数量的调整。不断达到新的优化，当需要人员时立即组织进场，当出现多余人员时转向其他现场或进行定向培训，使每个岗位负荷饱满。

劳动力资源落实方法可用表10-4来表示。

（3）人员的培训和持证上岗

劳动者的素质，劳动技能不同，在现场施工中所起的作用和获得的劳动成果也不相同。目前施工现场缺少的不是劳动力，而是缺少有知识、有技能、适应现代园林绿化行业发展要求的新型劳动者和经营管理者。而使现有劳动力具

劳动力资源落实情况 表 10-4

序号	实际需要人员	管理人员	技术人员	财务人员	材料人员	服务人员	施工人员	
							瓦工	木工
1	企业可供人员							
2	存在的问题							
3	解决的措施							

有这样的文化水平和技术熟练程度的唯一途径是采取有效措施全面开展职工培训，通过培训达到预定的目标和水平，并经过一定考核取得相应的技术熟练程度和文化水平的合格证，才能上岗。为使培训具有计划性和针对性，在培训内容和方法上要考虑以下几方面的问题：

1）培训内容：

①现代现场管理理论的培训。任何实践活动都离不开理论的指导，现场施工也是这样，如果管理者与被管理者不掌握现场管理理论，就无法做到协调高效，造成窝工浪费；同时管理不现代化，现场施工水平就要落后，不能参与市场竞争，企业就要被淘汰。所以，现场管理理论要加强培训。

②文化知识的培训。文化知识是进行业务学习、提高操作水平的基础，要掌握，运用一定的施工技能，必须有相应的文化知识作保证。文化知识就是工具，进行岗位培训必须使职工掌握这个工具。

③操作技术的培训。职工进行培训的目的是为了能上岗胜任工作，所以一切培训内容都要围绕这一点进行。结合现场技能、技术及协作的要求，围绕施工工艺进行培训，做到有的放矢，学以致用，使职工的技术水平达到岗位或工人工资级别相应的水平。

④做好考核发证工作。凡是上岗人员都要统一考核，获得相应的岗位证书，保证培训的系统性、有效性。对那些一次培训不能合格的人员不能发证上岗，要么离岗，要么继续进行培训，直到取得合格的岗位证书，保证培训的质量，见表 10-5。

岗位培训情况 表 10-5

类型	范围	是否需培训	培训日期	培训内容	培训情况	采取措施	备注
A	一线						
	二线						
B	一线						
	二线						

2）培训方法：培训应因地制宜，因人制宜，广开学路，不拘形式，讲求实效，根据各企业自身的不同特点和现场实际情况，以及不同工种不同业务的工作需要，采取多种形式。

①按办学方式分企业自办、几个单位联合办或委托培训。

②按脱产程度不同分业余、半脱产、全脱产。此外，还有岗位练兵师带徒的形式。

③按培训时间分长期培训和短期培训。

10.4 园林工程施工的物资管理和设备管理

10.4.1 园林工程施工的物资管理

园林工程施工中，各种物资占工程造价的比例很高。由于一般施工的区域大，涉及面广，干扰因素多，工作复杂，物资供需能否衔接，物资节约或浪费，在很大程度上取决于物资管理工作的好坏。因此，物资管理的基本落脚点是管好用好物资，直接反映施工管理水平的高低。

园林工程施工物资管理，是指以一个工程的施工现场为对象，对物资供应管理的全过程进行计划、组织、指挥控制和协调等管理工作的总称。它包括施工前的物资准备工作、施工阶段的物资管理、施工收尾阶段的物资管理、周转材料管理和工具管理等工作。

10.4.1.1 施工准备阶段的物资管理

施工准备工作中的物资准备，将直接影响到施工生产的速度和工期，施工物资准备不仅开工前需要，而且随着施工各个阶段事先都要做好准备，一环扣一环地贯穿于施工全过程，物资准备是施工的物质基础，是完成施工任务的必要条件，开工前的物资准备得好，是争取施工生产掌握主动权，按计划顺利组织施工完成任务的保证。

（1）施工准备阶段物资准备的主要内容

1）做好调查和规划。施工前要全面了解施工任务的规模、结构、工期要求，经济承包方式及内容，材料承包方式及经济责任；现场的交通、水电条件，及就地就近取材的资源、价格等条件；了解施工组织设计方案中的现场平面布置和施工进度计划；临时设施规模及材料需用情况；设备需用量、安装材料及配件情况。

2）查施工图预算和施工预算，计划主要材料用量，结合施工进度分期、分批组织材料进场并为定额供料作好准备；规划材料堆放位置，按先后顺序组织进场，为验收保管创造条件。

3）建立健全物资管理制度，各种原始记录、单据、卡片、账表及各种台账的准备。

（2）现场材料验收

现场材料验收，要做到进场材料数量准确，堆放合理，质量符合设计施工要求。现场材料验收工作，既发生在施工准备阶段，又贯穿于施工全过程。所收材料品种、规格、质量、数量，必须与工程的需要紧密结合，与现场材料计划吻合，为工完场清创造条件。

在验收之前处理好质差、量差和价差问题，将“三差”损失解决在验收之前。

1）大宗材料的现场验收与保管。大宗材料主要是指砖、砂、石、石灰等用于混凝土、砌筑和粉刷的材料。这些材料用量大，运输频繁，不易验收准确和搬运，往往是现场直接验收，同时也是导致质差、量差及现场混乱的重要因素，是现场管理的重点，必须引起足够重视。

国家建设部及各地的建材管理部门对材料的规格和技术要求及外观等级划分均有明确的规定，这些规定就是验收的标准。验收时有质量证明书，包括标号，抗压、抗折强度，抗冻性及吸水率等指标；并做好外观检查、盘点数量。

2）经济签证。经济签证是一种经济责任划分的文件。如按合同规定经济损失由责任一方签证，给损失方补偿其损失。对这种情况的材料来说，一般是先签证后接收，一事一单逐项办理，以免时过境迁，给补签或结算造成困难。材料有关的经济签证主要有以下几方面：

①因图纸资料延期交付，或场地障碍没有解决，造成延期开工，备料占用的资金利息。

②供料单位或建设单位的责任，供料误期所造成的停工损失。

③由于建设单位设计变更、修改设计，原来加工的预制构件无法用于工程时，应分清情况办理签证。预制品在加工厂尚未运到现场的，由加工单位接通知后立即清理，两天内提出已经加工的和正在加工的损失清单，会同使用单位办理签证，已运往现场和现场预制的由施工单位提出，并办理签证。

④由于建设单位中途停建、缓建或重大设计变更、结构修改，造成材料品种、规格、数量有较大的改变，由此产生的材料积压，已订货的办理中途退货损失及新增加材料的应急采购所增加的费用及损失。

⑤由负责组织供应的单位在供应材料中所引起的问题。因材料供应的品种、规格、质量不符要求而发生的调换、代用、加工损失；材料实际价格超过材料预算价格的价差；经双方抽查核定的量差；材料代用发生的量差；因无材料质量证明而不能使用所发生的停工损失及由于供应不及时而造成工程延期、工人窝工等损失。

10.4.1.2　施工阶段的现场物资管理

（1）施工阶段现场物资管理的内容

施工阶段的现场物资管理，主要是研究物资的消耗规律，制定相应的管理措施及办法，消除不合理的因素，达到降低消耗，提高经济效益的目的。主要内容如下：

1）根据工程进度的不同施工阶段所需的各种物资，及时、准确、配套地组织进场，保证施工顺利进行；合理调整材料堆放位置，尽量做到分部、分项工程工完料尽。

2）认真做好物资消耗过程的管理，健全现场材料领（发）退料交接制度、消耗考核制度、废旧回收制度，健全各种材料收发（领）退原始记录和单位工程材料消耗台账。明确分工负责的工作责任制及工作程序，并定期检查。培训队组兼职材料员的业务能力和管理方法。

3）认真执行定额供料制，积极推行“定、包、奖”。即定额供料、包干使用、节约奖励的办法，促进降低材料消耗。

4）建立健全现场场容管理责任制，实行划区、分片、包干负责，促进施工人员及队组作业场地清，消灭“三底”、“三头”；搞好现场堆料区、库房、料棚、周转材料及工具的管理。

（2）定额供料

定额供料就是施工生产用的材料，以施工材料消耗定额为限额，包干使用，节约有奖，超耗受罚。

1）实行定额供料的条件：

①单位工程开工前，有“两算”和“两算对比”，作为审查材料包干计划或包干合同的依据。根据施工预算的材料定额消耗量实行定额供料，班组核算。

②有施工组织设计，按平面布置堆放材料，按施工进度组织供应，按施工方法和技术措施管理材料消耗。

③要实行施工任务书或承包责任合同，并附限额领料单，它是实行超额供料的依据，考核材料节超的标准。按承包的施工对象发料和结算，并且加强检查。

④以施工任务单的任务为基础，完成一项，检查一项，结算一项。待工程完工后，及时编制单位工程材料核算对比表和材料消耗分析资料。作为工程决算和节约奖励的依据。

2）定额供料单。定额供料单（限额领料单）是分部、分项工程按相应的施工材料消耗定额计算而得。它是施工任务书或施工承包合同的附件之一，也是定额供料凭证，材料核算，成本核算的依据。定额供料单的具体形式由各施工现场根据其自身情况而定。

3）分部、分项工程核算。分部分项工程是工程材料核算的基础，也是现场材料消耗管理的基础。不同的工种的材料核算不同，一般应分层或分流水段、分片划段签发定额供料单；按实际用量换算成各种材料消耗量，工完盘点，实行分层、分流水段核算。

10.4.1.3 施工收尾阶段的现场物资管理

施工收尾阶段是现场物资管理的最后阶段，其主要任务是，控制进料，积极组织收尾缺料配套供应，减少余料转移，做好工完场清、余料转移处理，认真组织盘点和核实材料的消耗量，整理核算资料，总结物资供应管理工作。

施工收尾阶段的现场物资管理，应认真做好以下工作。

（1）认真做好收尾准备工作

1）控制进料，减少余料，查漏补缺。工程完成70%左右时，要认真检查未完工程的材料需用量，同时检查现场存料，包括临时设施拆除后能利用的材料，进行查漏补缺的平衡，调整材料需用计划，既保证收尾用料的供应，又尽量减少余料，为工完场清创造条件。

2）深入队组进行清理盘点，核实已领未用，已签发未领实物和尚差的材料。不同的组织退料、尚差的组织供应，既摸清余缺同时为结算打下基础。

3）拆除不用的临时设施，除充分利用、代用外，为余料处理转移作准备；做好不同周转材料的退还或转移准备工作。

4）整理、汇总各种原始资料、台账、报表，达到数字准确，资料齐全，做到账单相等、账表相符、账账相符。

（2）材料盘点

在工程收尾阶段，全面盘点现场及库存物资，现场物资的盈亏，不能带进新现场或新栋号，应实事求是地按规定处理，并反对在盘点中弄虚作假。

盘点内容包括成品、半成品及各种材料。经过质量鉴定后，对合格的应填报材料盘点表；若是队组已领未用，工程已经结束的，应将质量合格的材料办理退料，冲减消耗量。凡质量不合格的材料或边角余料及包装物，应作节约回收，列入另表，只计算节约回收额。材料盘点表与账存余额比较，如有盈亏的，填写材料盘盈盘亏报告单，并按规定处理。

（3）材料核算

材料核算是材料部门进行数量核算，然后由财务部门进行金额核算的过程。即核算工程材料消耗量，计算工程成本。这是在施工过程中按分部、分项工程核算的基础上，结合单位工程材料消耗台账逐项核实，进行决算。材料核算要求不重不漏、真实、准确、完整。此外还须注意下列问题。

1）在施工中的设计变更，形成工程量增减及相应材料消耗量的增减，应根据技术经济签证调整预算。

2）材料核算与财务核算的口径必须一致，按统一口径建立原始资料及账表。

3）数量核算与金额核算相结合。如材料代用中的量差、质差都直接影响价差。

4）分析经济效果，找出节约或超耗的原因，提出改进措施，以提高管理水平。

（4）工完场清，余料转移

工完场清即在施工过程中随做随清，谁做谁清，保持场容整洁的过程。在立足于经常性现场管理的基础上，竣工后彻底清理，做到工完场清。目的是为认真核实消耗、余料转移。所有现场的余料包括废旧材料、周转材料、工具、属于施工单位的临时设施等，都应限期转移，有计划地安排余料去向，合理组织运力。为防止转运中发生差错，随车应签发材料发车单，重要材料要派人押运，使转移秩序井然，数量清楚，手续齐备。

10.4.2 园林工程施工的机械设备管理

施工项目的机械设备，主要是指作为大型工具使用的大、中、小型机械，既是固定资产，又是劳动手段。机械设备管理是指对机械设备从选购、验收、使用、维护、修理、更新到调出或报废为止全过程的管理。机械设备运动的全过程包括两种运动形态：一是机械设备物质运动形态，即设备的选购、验收、使用、维护、修理、设备事故处理、封存保管、调拨报废等；二是价值运动形态，即机械设备的最初投资、折旧维护费用、更新改造资金的来源、支出等。

施工项目机械设备管理的环节，有选择、使用、保养、维修、改造、更新。其关键在使用上提高机械效率，而提高机械效率必须提高利用率和完好率。通过机械设备管理，建立提高利用率和完好率的措施。利用率的提高靠人，完好率的提高在保养与维护，这一切又都是施工项目机械设备管理深层次的问题。

10.4.2.1 合理选择施工机械

在现有的和可能的条件下，按照技术上先进、经济上合理、生产上适用的原则选择好的机械设备。在选择设备时应注意以下几点：

(1) 生产性

指机械设备的生产率和适用性。一般以机械设备在单位时间内完成的产量来表示生产率，以施工机械的最大负荷、作业方式、功率、速度等表示适用性。

(2) 可靠性

是指精度、准确度的保持性，零件的耐用性、安全可靠性等。即对工程质量的保证程度，就是要求机械设备能完成高质量的工程和生产高质量的产品。

(3) 节能性

指机械设备节约能源的性能，一般以机械设备单位开动审计时间的能源消耗量表示。如每小时耗电、耗油量。

(4) 维修性

指维修的难易程度。选择机械设备时要选择结构简单，零件组合合理，便于拆卸、检查，通用性强，系列化、标准化程度高，零件互换性强的机械设备。

(5) 环保性

指机械设备的噪声和排放的有害物质对环境的污染程度。在选择机械时，要把噪声和排污控制在国家规定的标准之内。

(6) 耐用性

指机械设备的使用寿命要长。机械设备在使用过程中除存在物质磨损外，还存在着精神磨损，或称无形磨损。这里所说的耐用包括物质寿命、经济寿命和技术寿命。

(7) 配套性

指设备的成套水平，这是形成设备生产能力的重要标志，包括单机配套和项目配套。

(8) 灵活性

指机械设备能够适应不同的工作条件和环境。除操作使用灵活外，还要能适应多种作业。对机械设备的要求是轻便、灵活、多功能、适用性强、结构紧凑、重量轻、体积小、拼装性强等。

(9) 经济性

指机械设备的购置费、使用费和维修费的大小。

(10) 安全性

指机械设备对安全施工的保障程度。

以上是影响选择机械设备的重要因素。实际上不存在能兼顾上述十点的完美的机械设备。上述各因素有时是互相矛盾、互相制约的。因此，在选择机械设备时，凡是可以用数量表示的，如生产率、节能性等应进行定量分析；不能用数量表示的，如安全性、配套性等则进行定性分析。最主要的是应该在企业现有的或可能争取到的条件下，实事求是地选择合适的机械设备。

10.4.2.2 提高组织工作水平，合理使用机械设备

机械设备的使用是设备管理的一个重要环节。正确、合理的使用设备可以大大减轻磨损，保持良好的工作性能，充分发挥设备效率，延长设备的使用寿命。这对缩短工期、降低成本、保证好、快、省地完成施工任务具有重要意义。

(1) 做好施工组织设计和施工准备工作，合理使用机械

施工组织审计编制的合理与否，对机械设备的使用有很大影响。在编制施工组织设计时，一定要根据施工内容、气候条件等综合考虑，选定施工机械设备的类型、数量，制定使用计划。

充分做好施工准备，也是提高机械设备利用率的一个重要因素。设备的使用应按计划进行。所以，施工计划应提前下达，施工部门和设备部门应及时协商，做好调查研究，掌握各种机械设备的使用条件。另外，在施工前技术人员向各种机械设备的司机做好详细的技术交底，也是一项重要的准备工作。

要注意发挥工人的积极性，提高操作水平。不论什么机械都是由人来操作的，能否把机械设备的效能充分发挥出来，取决于人的状况及对机械设备的性能掌握，正确处理使用、保养和维修的关系，就会使机械经常处于良好状态，机械的利用率就会提高。因此，必须提高工人的技术水平，树立科学的态度和作风，掌握设备运行的客观规律，正确、合理地使用机械。

(2) 在特殊条件下合理使用机械

1) 在风季、雨季进行施工时，一定要制定出特殊的操作方法和程序，采取必要的防风雨措施，确保机械设备的安全。

2）在寒冷季节和低温地区使用机械设备，要加强发动机的保温、防寒、防冻、加强润滑等措施，保证发动机正常工作。

3）在高温地区或高温季节使用机械设备，要根据高温地区的特点采取措施。如加强发动机冷却系统的维护和保养，及时更换润滑油和使用熔点较高的润滑油脂，加强对燃料系统的保养和对蓄电池的检查等。

4）在高山地区使用机械。为保证高原山区施工机械有良好的性能，在可能条件下，可加装空气增压器，为使混合气成分正常，可适当调稀混合气，以及加强冷却的密封性等。

（3）制定合理使用机械设备的规章制度

要针对机械设备的不同特点，建立健全一套科学的规章制度，使机械设备的使用步入正规化、标准化。

1）技术责任制。这是使机械设备正常工作，安全施工的有力保证。机械设备在管、用、养、修各环节中，关系复杂，头绪繁多，若不制定明确的技术责任制，就不能分清各环节、各岗位应承担的责任，造成相互推诿、扯皮现象。因此，必须建立和完善技术责任制，明确各环节、人员的职责，保证正常的施工秩序。

2）安全操作规程。这是保证安全施工，防止事故发生的主要措施。在机械设备使用中按操作规程使用，不仅能做到安全施工，还可以提高生产效率。反之，违反操作规程，必然会导致事故的发生，轻则损坏机械设备，重则发生人身伤亡事故。特别是一些引进的先进机械设备，更应按说明书中规定的操作规程使用，从而确保机械设备的正常使用。

3）定人、定机、定岗位的“三定”制度。“三定”制度是机械使用责任制的表现形式。其核心就是把人和机械设备的关系固定下来，把机械设备关系固定下来，把机械的使用，保养和维护等各环节都落实到每个人的身上，做到台台设备有人管，人人有责任。

4）交接班制度。为使机械设备在多班作业和多人轮班作业的情况下，能相互了解情况交清问题，防止机械损坏和附件丢失，保证施工的连续性，必须建立交接班制度。各种机械设备司机要及时填写台班工作记录，记载设备运转小时、运转情况、故障及处理办法，设备附件和工具情况、岗位练兵情况、上级指示及需要注意的问题等。以明确彼此的责任并为机械设备的维修、保养提供依据。

5）制定合理的维修制度。

6）其他制度。如巡回检查制度、台机经济核算制度、机械设备档案制度、随机附件、备品、工具管理规定等。

10.4.2.3　做好机械设备的维护保养，提高机械设备完好率

机械设备的保养和修理是机械设备自身运动的客观要求，也是机械设备管理的重要环节。机械设备的使用过程中，由于物质的运动，必然会产生技术状况的不断变化以及不可避免的不正常现象。例如：振动、干摩擦、声响异常

等。这是机械设备的隐患，如不及时处理，会造成设备过早磨损，甚至造成严重事故。做好机械设备的保养和修理是一种科学的管理方法。保养的内容是：清洁、润滑、紧固、调整、防腐，称为十字作业法。

10.4.2.4　全员参加生产维修，确保经济效益

全员参加生产（TMP）是日本设备工程协会倡导的一种设备管理与维修制度，它以美国的预防维修为业务主体，吸收了英国设备综合管理工程科学的主要观点，总结了日本某些企业推行全面质量管理的实践和成功经验，而逐步发展起来的一种综合的设备管理方法，在实践中收到了良好效果。

TMP 的基本观点是“三全”。即全效率、全系统、全员的设备管理。全效率是指机械设备的经济效率，包括设备购买到报废的自然寿命中，为购置、维修和保养一共花费了多少钱，而设备在使用全过程中一共收入了多少钱，总所得与总花费之比就是综合效率。全系统即全过程，是指以设备从研究、设计、制造、使用、维修直到报废为止的全过程作为研究、管理的对象。全员是指从经理、管理人员直到第一线的生产工人都参加设备管理。

TMP 的要点可概括如下：

（1）采取比较完善的生产维修方式：

事后维修——适用于一般设备；

预防维修——适用于重点设备；

改善维修——对原有设备进行改革，以提高设备质量和适用性。

（2）划分重点设备，加强管理。从在用设备中，依据对生产的影响程度，采用评分的办法，选出重点设备，加强管理。在新设备设计时，注意提高设备的可靠性、维修性。

（3）发动施工第一线操作工人参加设备管理，把设备维修与保养看成是自己的责任，而不仅仅是修理工的事情。全员动手搞好设备的日常检查与维护保养。

（4）重视维修记录，并采取数理统计方法，进行分析研究，发现规律，找出重点。

（5）强调各级各类工作作风及规章制度的建设，是 TMP 的基础。

（6）积极培训专职维修人员是 TMP 的骨干。

复习思考题

1. 加强园林工程施工资源管理有何意义？
2. 园林工程施工资源管理的基本原则是什么？
3. 施工项目主要有哪些信息形态？
4. 如何进行建设工程项目信息的分类？
5. 怎样进行施工阶段的信息收集？
6. 怎样进行园林工程施工的信息加工与处理？

7. 影响施工人力资源管理水平提高的因素有哪些？

8. 工程施工人力资源管理包括哪些内容？有什么特点？

9. 项目经理应具备哪些方面的能力？

10. 加强现场劳动定额管理有哪些主要方法？

11. 为使培训具有计划性和针对性，在培训内容和方法上要考虑哪些方面的问题？

12. 施工准备阶段和施工阶段现场物资管理各包括哪些内容？

13. 怎样进行园林工程施工的机械设备管理？

第 11 章 园林工程施工现场管理

本章对施工现场管理的概念、内容及意义进行了阐述，从现场施工准备工作、现场施工管理两方面具体介绍了现场施工管理技术，重点介绍了施工现场管理的方法和措施以及施工现场管理评价。

11.1 施工现场管理概述

11.1.1 施工现场管理的概念

施工现场即施工作业场所，俗称为工地。它是指为了从事园林绿化施工经批准占用的施工场地，既包括红线以内占用的园林绿化用地和施工用地，又包括红线以外经批准占用的临时施工用地。

承包商对承包工程的管理，一般是从总部管理和现场管理两方面进行的。总部管理集中对企业所有的施工项目进行全面控制；现场施工管理，是施工企业运用人力、设备、材料，通过众多的施工工序与步骤，采取各种各样的方法与手段，得以建成需要的工程项目的基本过程，也是贯彻执行专项管理（如技术、计量、物资、机械设备等）要求的过程，是生产管理的主要内容。

施工现场管理又有狭义的现场管理和广义的现场管理两种含义。狭义的现场管理指对施工现场内各作业的协调、临时设施的维修、施工现场与第三者的协调以及现场内的清理整顿等所进行的管理工作。广义的现场管理指项目施工管理。现场管理则主要管理手中的施工项目。它的成本和服务都直接和工程发生关系，而不是为了公司的所有施工项目或其他具体工程的利益进行工作的。

现场施工管理的任务是，根据编制的施工作业计划和实施性施工组织设计，对拟建工程施工过程中的进度、质量、安全、费用、协作配合、工序衔接及现场布置等进行指挥、协调和控制。在施工过程中随时收集有关信息，并对计划目标对比，即进行施工检查；根据检查的结果，分析原因，提出调整意见，拟订措施，实施调度，使整个施工过程按照计划有条不紊地进行。

11.1.2 施工现场管理的内容

施工现场管理工作包括按计划组织施工和对施工过程的全面控制两个方面的工作。具体有以下几方面的工作内容。

11.1.2.1 平面布置与管理

施工现场的布置，就是按照施工步骤、施工方案和施工进度的要求，对施工用临时房屋，临时加工预制场、材料仓库、堆场、临时用水、电、动力管线和交通运输道路等做出的周密规划和布置，解决园林绿化工程施工所需的各项设施和景观之间的位置关系。合理的现场布置是为了进行有节奏、均衡连续施工在活动空间上的基本保证，是文明施工的重要内容。由于施工现场的复杂性施工过程不断地发展和变化，现场布置必须根据工程进展情况进行调整、补充、修改。

施工现场平面管理就是在施工过程中对施工场地的布置进行合理的调节，也是对施工总平面图全面落实的过程。主要工作包括：根据不同时间和不同需要，结合实际情况，合理调整场地；做好土石方的调配工作，规定各单位取弃土石方的地点、数量和运输路线等；审批各单位在规定期限内，对清除障碍物、挖掘道路、断绝交通、断绝水电动力线路等申请报告；对运输大宗材料的车辆，作出妥善安排，避免拥挤和堵塞交通；做好工地的测量工作，包括测定水平位置、高程和坡度、已完工工程量的测量和竣工图的测量等。

11.1.2.2　建筑材料计划安排、变更和储存管理

建筑材料计划安排、变更和储存管理的主要内容包括：确定供料和用料目标；确定供料、用料方式及措施；组织材料及制品的采购、加工和储备，作好施工现场的进料安排；组织材料进场、保管及合理使用；完工后及时退料及办理结算等。

11.1.2.3　合同管理工作

合同管理工作包括两个方面内容：一是承包商与业主之间的合同管理工作；二是承包商与分包之间的合同管理工作。承包商与业主之间的现场合同管理工作的主要内容有：合同分析；合同实施保证体系的建立；合同控制；施工索赔等。承包商与分包商之间的合同管理工作主要是监督和协调现场分包商的施工活动，处理分包合同执行过程中所出现的问题。

在施工工程中，现场合同管理人员应及时填写并保存有关方面签证的文件。包括：业主负责供应的设备、材料进场时间及材料规格、数量和质量情况的备忘录；材料代用议定书；材料及混凝土试块试验单；完成工程记录和合同议事记录；经业主和设计单位签证的设计变更通知单；隐蔽工程检查验收记录；质量事故鉴定书及其采取的处理措施合理化建议及节约分成协议书；中间交工工程验收文件；合同外工程及费用记录；与业主的来往信件、工程照片、各种进度报告；监理工程师签署的各种文件等。

11.1.2.4　施工调度工作

施工调度是现场管理的神经系统，是实现正确施工指挥的重要手段。工程调度的作用主要有三点：一是施工组织指挥的中枢；二是领导指挥生产的办事机构和参谋；三是一种综合性的技术业务管理部门。

为能较好起到施工指挥中枢的作用，调度必须对辖区工程的施工动态，做到全面掌握。要掌握工程进度是否符合施工组织设计的要求；施工计划能否完成，是否平衡；人力、物力使用是否合理，能否收到较好的经济效益；有无潜力可挖，施工中的薄弱环节在哪里，已出现或可能出现哪些问题。对这些情况调度人员应首先进行综合分析，经过全盘考虑，统筹安排，然后定期或不定期地向领导提出解决已发生或即将发生的各种矛盾的切实可行的意见，供领导决策时参考，再按领导的决策意见，组织实施。这种上来下去的时间越短，工程进展就越顺利，任务完成得也越好，也就是调度的“施工指挥中枢”作用起得越好。

11.1.2.5　质量检查和管理

现场施工阶段是园林绿化工程质量形成的主要阶段。现场质量检查和管理是施工现场管理的重要内容，概括地说主要包括两个方面工作：第一，按照工程设计要求和国家有关技术规定，如施工及验收规范、技术操作规程等，对整个施工过程的各个工序环节进行组织的工程质量检验工作，不合格的建筑材料不能进入施工现场，不合格的分部分项工程不能转入下道工序施工。第二，采用全面质量管理的方法，进行施工质量分析，找出产生各种施工质量缺陷的原因，随时采取预防措施，减少或尽量避免工程质量事故的发生，把质量管理工作贯穿到工程施工全过程，形成一个完整的质量保证体系。

11.1.2.6　安全管理与文明施工

安全生产是现场施工的重要控制目标之一，也是衡量施工现场管理水平的重要标志。它贯穿于施工的全过程，交融于各项专业技术管理，关系着现场全体人员的生产安全和施工环境安全。现场安全管理的中心问题，是保护生产活动中人的安全与健康，保证生产顺利进行，现场安全管理的重点是控制人的不安全行为和物的不安全状态，预防伤害事故，保证生产活动处于最佳安全状态。现场安全管理的主要内容包括：安全教育；建立安全管理制度；安全技术管理；安全检查与安全分析等。

11.1.2.7　坚持填写施工日志

施工现场主管人员，要坚持填写“施工日志”。包括：施工内容、施工队组、人员调动记录、供应记录、质量事故记录、安全事故记录、上级指示记录、会议记录、有关检查记录等。施工日志要坚持天天记，记重点和关键。工程竣工后，存入档案备查。

11.1.2.8　施工过程中的业务分析

为了达到对施工全过程控制，必须进行许多业务分析，如施工质量情况分析、材料消耗情况分析、机械使用情况分析、成本费用情况分析、施工进度情况分析、安全施工情况分析等。

11.1.3　施工现场管理的意义

施工现场管理是一项科学的、综合的系统管理工作，施工企业的各项管理工作，都通过现场管理来反映。企业可以通过施工现场体现自身的实力，获得良好的信誉，取得生存和发展的压力和动力。社会也是通过施工现场来认识、评价企业的。

在施工现场，各项专业管理工作既按合理分工分头进行，而又密切协作，相互影响，相互制约。在现场内建立起新的责、权、利结构，对施工现场进行有效的管理，直接关系到各项专业管理的技术经济效果。

在绿化工程施工中，大量的人流、物流、财流和信息流汇集于施工现场。他们是否畅通，涉及施工生产活动是否顺利进行，而现场管理是人流、物流、财流和信息畅通的基本保证。

在我国现阶段，工程施工项目存在大量使用农民包工队的现象，施工现场管理是保证园林绿化工程质量的核心环节，强调施工现场的标准化、科学化的管理对于保证和提高园林绿化工程质量具有十分重要的意义。

11.2 施工现场管理技术

11.2.1 现场施工准备工作

11.2.1.1 施工准备工作的概念

任何事物的发生与发展都必须有一定的条件。准备工作就是人们对客观事物发展规律的深刻认识，为使事物按照我们的设想和要求发生与发展，而通过主观努力以创造其必要条件的工作。施工准备就是为施工创造必要的技术、物质、人力和组织条件，以便施工得以好、快、省、安全地进行。

施工准备工作是指为了保证整个工程能够按计划顺利施工，在施工前必须做好的各项准备工作。它是施工程序中的重要环节。要根据具体工程的需要和条件，按照施工项目的规划来确定准备工作的内容，并拟订具体的、分阶段的施工准备工作实施计划，才能充分地而又恰如其分地为施工创造一切必要条件。

施工准备工作的基本任务就是：调查研究各种有关工程施工的原始资料、施工条件以及业主要求，全面合理地部署施工力量，从计划、技术、物资、资金、劳力、设备、组织、现场以及外部施工环境等方面为拟建工程的顺利施工建立一切必要的条件，并对施工中可能发生的各种变化做好应变准备。施工准备的根本任务是为正式施工创造良好的条件。

开工前必须做好必要的施工准备工作，包括合理的施工准备期，研究和掌握工程特点、工程施工的进度要求，摸清工程施工的客观条件，合理地部署施工力量，从技术上、组织上和人力、物力等各方面为施工创造必要的条件。

施工准备工作还贯穿于整个过程中，随着工程的进展，在各个分部分项工程施工之前，都要做好施工准备工作。施工准备工作必须有计划、有步骤、分阶段的进行，既要有阶段性，又要有连贯性。在项目施工过程中，首先，要求准备工作一定要达到开工所必备的条件方能开工；其次，随着施工的进程和技术资料的逐渐齐备，应不断增加施工准备工作的内容和深度。

11.2.1.2 现场施工准备工作的内容

（1）施工现场管理组织的建立

1）施工现场管理组织的建立应遵循以下原则：根据拟建工程项目的规模、结构特点和复杂程度，确定拟建工程项目施工的领导机构人选和名额；坚持合理分工与密切协作相结合；把有施工经验、有创新精神、有工作效率的人选入领导机构；从施工项目管理的总目标出发，因目标设事，因事设机构定编制，按编制设岗位定人员，以职责定制度授权力。

2）建立精干的施工队组。施工队组的建立要认真考虑专业、工种的合理配合，技工、普工的比例要满足合理的劳动组织，要符合流水施工组织方式的要求，确定建立施工队组（是专业施工队组，或是混合施工队组），要坚持合理、精干高效的原则；人员配置要从严控制二、三线管理人员，力求一专多能、一人多职，同时制定出该工程的劳动力需要量计划。

由于现代用工制度的改革，施工单位仅仅依靠自身的基本队伍来完成施工任务已不能满足需要，对于某些专业性较强、专业技术难度较大的分部工程，有时需要联合其他外包施工队来共同完成施工任务。有时需利用当地劳力进行施工，这时要注意严禁非法层层分包，专业工种工人要执证上岗，利用临时施工队伍的，要进行技术考核，对达不到技术标准的、质量没有保证的不得使用。

3）组织劳动力进场，妥善安排各种教育，做好职工的生活后勤保障准备。施工前，企业要对施工队伍进行劳动纪律、施工质量及安全教育，注意文明施工而且还要做好职工、技术人员的培训工作，使之达到标准后再上岗操作。

此外，还要特别重视职工的生活后勤服务保障准备，要修建必要的临时房屋，解决职工居住、文化生活、医疗卫生和生活供应之用，在不断提高职工物质文化生活水平的同时，注意改善工人的劳动条件（如照明、取暖、防雨、通风、降温等），重视职工身体健康，这也是稳定职工队伍，保障施工顺利进行的基本因素。

4）向施工队组、工人进行施工组织设计、计划和技术交底。施工组织设计、计划和技术交底的目的是把拟建工程的设计内容、施工计划和施工技术等要求，详尽地向施工队组和工人讲解交待。这是落实计划和技术责任制的好办法。

施工组织设计、计划和技术交底的时间在单位工程或分部分项工程开工前及时进行，以保证工程严格地按照设计图纸，施工组织设计、安全操作规程和施工验收规范等要求进行施工。

施工组织设计、计划和技术交底的内容有工程的施工进度计划、月（旬）作业计划；施工组织设计，尤其是施工工艺、质量标准、安全技术措施、降低成本措施和施工验收规范的要求；新结构、新材料、新技术和新工艺的实施方案和保证措施；图纸会审中所确定的有关部门的设计变更和技术核定等事项。交底工作应该按照管理系统逐级进行，由上而下直到工人班组。交底的方式有书面形式、口头形式和现场示范形式等。

队组、工人接受施工组织设计、计划和技术交底后，要组织其成员进行认真地分析研究，弄清关键部位、质量标准、安全措施和操作要领。必要时应该进行示范，并明确任务及做好分工协作，同时建立健全岗位责任制和保证措施。

5）明确现场管理有关人员的职责。现场管理有关人员的职责包括：项目经理的职责、施工经理（项目副经理）的职责、施工工程师的职责、质量控制工程师的职责等。

6）建立健全各项管理制度。工地的各项管理制度是否建立、健全，直接影响其各项施工活动的顺利进行。有章不循其后果是严重的，而无章可循更是危险的。为此必须建立、健全工地的各项管理制度。通常内容包括：工程质量检查与验收制度；工程技术档案管理制度；建筑材料（构件、配件、制品）的检查验收制度；技术责任制度；施工图纸学习与会审制度；技术交底制度；职工考勤、考核制度；工地及班组经济核算制度；材料出入库制度；安全操作制度；机具使用保养制度。

（2）技术准备

技术准备是施工准备的核心。由于任何技术的差错或隐患都可能引起人身安全和质量事故，造成生命、财产和经济的巨大损失。因此必须认真做好技术准备工作。

1）熟悉、审查施工图纸和有关的设计资料。熟悉、审查设计图纸的目的就是按照设计、施工验收规范和有关技术规定，为了能够按照设计图纸的要求顺利地进行施工，生产出符合设计要求的园林绿化产品；为了在工程开工之前，使相关工程技术人员充分了解和掌握设计图纸和设计意图、结构与构造特点和技术要求；通过审查发现设计图中存在的问题和错误，设计图纸和资料内容是否符合国家有关方针、政策，设计图纸是否齐全，图纸本身及相互之间有无错误和矛盾，图纸与说明书是否一致，将所发现的问题提出来，使其改正在施工开始之前有一份准确、齐全的设计图纸。

2）调查、搜集有关原始资料。进行施工准备时，不仅要从已有的图纸、说明书等技术资料上了解施工现场情况和工程的施工要求，还必须进行实地调查，需要调查的资料包括：自然条件等资料的收集，如施工现场的地形、地质、水文和气象等资料；技术经济条件方面的资料收集，如现场的环境，地区的资源供应情况，施工地区的交通运输条件，动力、燃料及水的供应情况，施工地区的通讯条件，地方工业对工程项目施工的支援条件，地方劳务市场及生活保障等情况。

3）编制实施性的施工组织设计。施工企业在投标时已经编制了指导性的施工组织设计，并作为投标书的一部分呈交给了建设单位。但那时的施工组织设计还只是原则性的和指导性的，中标后、开工前项目部要针对具体的施工条件编制实施性的施工组织设计。

实施性的施工组织设计是施工准备工作的重要组成部分，也是指导施工现场全部生产活动的技术经济文件。园林绿化施工生产活动的全过程是一个非常复杂的过程，为了正确处理人与物、主体与辅助、工艺与设备、专业与协作、供应与消耗、生产与储存、使用与维修以及它们在空间布置、时间排列之间的关系，必须根据拟建工程的规模、特点和建设单位的要求，在原始资料调查分析的基础上，编制出一份能切实指导该工程全部施工活动的施工组织设计。

4）编制施工预算。施工预算是根据施工图预算、施工图纸、实施性的施工组织设计或施工方案、施工定额等文件进行编制的，它直接受施工图预算的控制。它是施工企业内部控制各项成本支出、考核用工、“两算”对比、签发施工任务单、限额领料、基层进行经济核算的依据。

注意施工图预算与施工预算存在着很大的区别。施工图预算是甲乙双方确定预算单价、发生经济联系的技术经济文件；而施工预算则是施工企业内部经济核算的依据。施工图预算与施工预算消耗与经济效益的比较，通称“两算”对比，是促进施工企业降低物资消耗，增加积累的重要手段。

（3）施工现场准备

施工现场准备主要是为工程项目正常施工创造良好的现场施工条件和物质保证，也称施工现场管理的外业。具体工作内容有以下几个方面：

1）施工现场测量。按照园林绿地总平面图和已有的永久性、经纬坐标控制网和水准控制基桩进行建设区域的施工测量，设置该建设区域的永久性经纬坐标桩，水准基桩和工程测量控制网；按施工平面图进行定位放线。

2）“四通一平”准备。“四通一平”是指建设区域内的道路、水、电、通信的通畅和施工场地的平整。

3）大型临时设施的准备。大型临时设施是指现场施工人员的办公、生活用的房屋和构筑物，施工用的各种仓库等各种临时设施。在施工准备期间，必须因地制宜、精打细算、合理地确定数量并按施工总平面布置图给定的位置进行建造。

4）物资准备。现场施工物资准备工作内容包括：建筑材料和建筑构（配）件的订货、储存和堆放；配套落实生产设备的订货和进场；施工机械的安装、调试；园林绿化植物准备。

5）做好季节性施工准备工作。按照施工组织设计要求，对有冬季、雨季和高温季节的施工项目，要落实临时设施和技术措施等准备工作。

6）落实消防和保安措施。按照施工组织设计要求和施工平面布置图的安排，建立消防和保安等组织机构和有关规章制度，落实好消防、保安措施。

（4）建立施工准备工作的管理制度

1）施工准备工作责任制。对于一般园林工程项目，由施工项目经理或项目的主任工程师负责该项目的施工准备；对重大工程或重点工程项目，应根据施工组织总设计或年度施工组织设计规定，由施工、建设和设计等有关单位，共同规划进行准备。

在实施施工准备时，作为施工现场管理班子，要及时掌握施工队与班组签订承包合同，检查平面布置，解决水、电源，调配施工力量，保证物资供应，并经常深入工地摸底平衡、辅导和检查各项准备工作。

2）施工准备工作检查制度。施工准备工作不仅是施工项目在开工前必须进行的一项工作，而且随着施工的进展，在各个分部工程施工之前都要相应地进行施工准备。因此，施工准备工作又贯穿于整个施工过程中。具体要求如下：

①编制计划安排施工时，应留有一定的施工准备期；

②施工准备工作计划中明确要求完成日期和负责人；

③检查的目的在于督促，发现薄弱环节，改善工作；

④一方面坚持日常检查，一方面在检查施工计划完成时，同时检查施工准备工作完成情况。

11.2.2 现场施工管理

现场施工管理就是现场施工过程的管理，它是根据施工计划和施工组织设计，对拟建的工程项目在施工过程中的进度、质量、安全、节约和现场平面布置等方面进行指挥、协调和控制，以达到不断提高施工过程的经济效益的目的。具体内容如下。

11.2.2.1 施工任务单

施工任务单（表11-1）一般在反面印有考勤表，并另附定额领料单，机械使用记录，据以结算和考核成本。

施工任务单 **表11-1**

单位工程名称： 公司估工任务书 编号：

生产小组： 年 月 日 要求完工日期：

<table>
<tr><th rowspan="2">序号</th><th rowspan="2">工程项目</th><th rowspan="2">计量单位</th><th colspan="3">计划任务</th><th colspan="3">实际完成</th><th rowspan="2">质量评定</th><th rowspan="6">附注：
①估工与计时项目不得混合签发。
②生产用工与非生产用工项目不得混合签发。
③单位工程不同不能混合在一起</th></tr>
<tr><th>工程量</th><th>估工定额</th><th>工日</th><th>工程量</th><th>估工定额</th><th>工日</th></tr>
<tr><td>1</td><td></td><td></td><td></td><td></td><td></td><td></td><td></td><td></td><td></td></tr>
<tr><td>2</td><td></td><td></td><td></td><td></td><td></td><td></td><td></td><td></td><td></td></tr>
<tr><td>3</td><td></td><td></td><td></td><td></td><td></td><td></td><td></td><td></td><td></td></tr>
<tr><td colspan="2">合计</td><td></td><td></td><td></td><td></td><td></td><td></td><td></td><td></td></tr>
<tr><td rowspan="4">工作范围</td><td rowspan="4"></td><td rowspan="4">质量要求</td><td colspan="2" rowspan="4"></td><td rowspan="4">安全生产要求</td><td colspan="3" rowspan="4"></td><td>估工工日</td><td></td></tr>
<tr><td>实耗工日</td><td></td></tr>
<tr><td>完成%</td><td></td></tr>
<tr><td>定额员</td><td></td></tr>
</table>

负责人： 签发人： 考勤员：

（1）施工任务单的作用

1）具体组织、指导工人施工，完成施工任务的具体文件。

2）把月、旬施工作业计划分解为具体任务下达的具体措施。

3）对工人考核、支付工资和奖励、评选先进的依据。

4）基层业务核算、统计核算、成本核算的原始凭证。

5）实行计划管理、定额管理的基础。

（2）施工任务单的使用要求

1）任务单作为计划文件，必须根据作业计划编制，并适应现场需要。

2）任务单核算要求数据准确。

3）任务单工期以半月至一月为宜。

4）任务单按小组签发，也可向承包专业队签发（大任务书），任务完成后结算，不受月度限制。

5）下达、回收要及时，回收后要抓紧结算、分析、总结。

6）任务单作为按劳分配的依据和重要的原始记录，要妥为保管。

11.2.2.2 施工过程中的检查与监督

（1）施工过程中检查与监督的内容

施工过程中检查与监督的主要内容为作业、质量、安全与场容的检查监督：

1）工程施工是否遵守设计规定的工艺，严格按图施工；在施工中是否遵守操作规程和施工组织设计规定施工顺序。

2）材料的储存、发放是否符合质量管理的规定；隐蔽工程的施工是否符合质量检查与验收规定。

3）作业进度是否符合要求。

4）各种试验、检验、测量仪器仪表和量具的定期检查和用前检修、校验。

5）施工现场安排是否符合安全要求；土石方施工是否严格符合安全规定；水上施工是否遵守安全作业规定；防止自然灾害等措施是否良好等。

6）对场容的检查监督。

（2）施工过程中检查与监督的方法

1）专业检查与群众检查相结合。

2）认真执行关键项目隐蔽工程检查验收、班组自检、互检、交接检及施工队质检等制度。

3）日常检查与定期检查相结合。

4）召开业务交流会和有关协作单位碰头会。

5）调查分析，实施调度，解决矛盾，协调施工。

11.2.2.3 施工调度

园林绿化工程施工是一个十分复杂的过程，受多种因素的互相影响，其生产计划不可能一成不变，大量的不同专业、不同工程的工人要适应客观形势的不断变化，只有施工调度才能及时掌握情况，及时进行调度和调整，保证施工的顺利进行。从某种意义上说，没有调度调整，就没有生产进度计划。

调度工作是贯穿于施工全过程的。它的主要任务是：监督、检查计划和工程合同的执行情况，协调总、分包及各协作单位之间的关系，及时全面地掌握施工进度，采取有效措施，处理施工中出现的各种矛盾，克服薄弱环节，促进人力、物资的综合平衡，保证施工任务又快又好地完成。

施工调度部门既是一个具体的业务部门，又高于其他部门。施工调度受项目经理的直接领导。其作用主要是检查、督促项目计划及项目合同执行情况，在动态中调度好物资、设备和劳力，解决施工现场发生的矛盾，还要协调内部和外部的配合关系，保证项目计划目标的实现。在编制工程项目的实施性施工组织设计时，要编制调度和通信的有关内容。

(1) 项目施工调度应遵循的原则

1) 调度工作必须建立在计划管理的基础上，以施工组织设计和作业计划为依据。在执行过程中，由于各种原因使计划失去平衡，这时，应立即请示上级，修改和调整原计划及施工组织设计文件，使施工过程在“平衡—不平衡—平衡”的情况下进行。

2) 调度工作必须有权威性。虽然调度的决定并不等于行政命令，但在一定的范围内必须贯彻落实。一般情况下，不随意下调度令。

3) 调度工作要及时、准确果断。调度是建立在了解情况，掌握矛盾的基础上作出的决定，当发现施工现场存在的问题和矛盾时，要及时执行调度决定，采取措施，解决问题。

4) 调度工作有预见性。根据本施工单位的技术水平和人员素质，按照组织施工的规律性，对在施工过程中可能发生的问题作出预见性的估计，并采取适当的防范措施和对策。

5) 调度工作抓住重点。在整个施工过程中，由于施工的复杂性和可能出现的问题是多方面的，因此，要分清施工过程中的关键问题，抓住重点，抓住主要矛盾，保证重点问题的解决。

6) 调度工作主要是解决生产过程中出现的各种问题。它的职责范围，只能根据施工计划和施工组织设计的要求来调度人力和物力，调整组织和管理工作，而决不能干预和替代其他职能部门的工作。

(2) 项目施工调度的主要工作内容

1) 协助有关人员做好统计工作。统计是认识和掌握情况的工具，也是管理的基础。项目经理部一般都有统计员。统计工作的原则是准确、及时。它为企业各级领导掌握、了解各方面的情况提供准确可靠的数字资料及分析资料。统计有一系列指标及其统计计算方法，作为统计工作遵循的依据。统计工作包括施工班组和基层各项工作的原始记录、台账，它是统计工作的基础。准确的、一系列统计指标体系所组成的统计资料，又是企业领导经营决策、指导工作、制定计划的基础。

统计工作是任何单位、部门不可缺少的一项重要工作。从施工准备到工程交工验收，都有统计工作的内容。在项目调度办公室显著位置应设置大型形象进度图，对于计划进度与实际执行情况用不同符号或颜色加以标识。对重点单位工程和分部、分项工程等应做出详细标识。调度人员必须随时掌握施工现场确切的进度情况并及时标注在图上，为检查进度情况及分析原因提供基础资料。

2) 协助项目经理做好平衡调度工作。在园林绿化工程施工中的可变因素多，计划编制得再周详，也还有许多难以预料的事情。计划虽然经过做到“积极可靠，留有余地”的平衡安排，但是变化因素不断出现，不平衡是经常的。因此，在施工过程中不断做好平衡调度工作十分重要。项目经理部要经常做好平衡调度工作，当任务与劳动力、材料、机具不平衡时，就提出报告，请示上级平衡调度力量。

在平衡调度中要有全局观点，掌握全局情况。做到了解的情况确定，分析原因准确，处理的措施准确；在此基础上调度处理要及时，对工程施工中可能出现的问题，要提出防范措施和对策；调度工作应统一指挥，采用现代化的手段，发出调度令应具有权威性。

3）建立施工调度台账。项目施工调度台账是具体工程项目施工过程中所发生有关事项的原始记录。它对于工程质量的评定、验工计价、施工索赔以及实现施工生产的可追溯性等都具有重大作用。工程项目施工调度台账主要应包括如下内容：工程项目完成的工程量及形象进度记录；开、竣工报告记录；调度命令、通知、报告登记；工程质量事故记录；运输情况记录；主要物资供应及储备情况；劳力分布、劳动生产率、工时利用率情况；生产大事记；职工伤亡事故记录；水文、气象情况等。

4）及时做好有关调度工作。项目施工调度应按企业生产调度的统一要求，认真做好有关调度工作。

11.2.2.4 施工日志

施工日志是施工现场技术管理的内容之一，是工程施工的备忘录，记录了工程施工的全过程。在交接班时，接班负责人通过查阅施工日志可以清楚地了解前一班工程的施工情况。施工队或工区负责人外出归来，通过查阅施工日志，可以比较系统地了解施工实况。上级管理部门来检查施工情况时，也可以通过施工日志较全面地了解施工队或工区的施工情况，如施工进度、质量、安全，工作安排、现场管理水平等。当施工单位与建设单位在某些问题上发生纠纷时，需要运用法律手段予以解决，这时施工日志可以为施工企业提供原始资料与线索。因此，施工现场的施工日志记录是否完整、全面，反映了该施工企业现场施工技术管理的水平。施工日志主要包括以下一些内容：

（1）当天施工工程的部位名称、日期、气象，施工现场负责人和各工程负责人的姓名，施工队或工区主要负责人出差、探亲、病事假的情况以及现场人员变动、调度情况。

（2）工程现场施工当天的进度是否满足施工组织设计与计划调度部门的要求，若不满足应记录原因，如停工待料、停电、停水、各种工程质量事故、安全事故、设计原因等，当时处理办法，以及建设单位、设计代表与上级管理部门的意见。

（3）绿化植物、建筑材料进场情况，建筑材料包括的名称、规格、数量等，还包括化验单、验收单、出厂合格证、进场检查验收人员姓名、对进场材料的验收意见；绿化植物还包括来源、检疫证明等。

（4）记录施工现场具体情况：

1）各工程负责人姓名及其实际施工人数。

2）各工种施工任务分配情况，前一天施工完成情况，交接班情况。

3）当天施工质量情况，是否发生过工程质量事故，若发生工程质量事故，应记录工程名称、施工部位、工程质量事故概况、与设计图纸要求的差距、发生质量事故的主要原因、应负主要责任人员的姓名与职务、当时处理情况、设计代表与建设单位代表是否在现场、在场时他们的意见如何及处理办法。

4）详细记录当天施工安全情况，若发生安全事故，应记录出事地点、时间、工程部位、安全设施情况、伤亡人员的姓名与职务、伤亡原因及具体情况、当时现场处理办法、对现场施工的影响、上级有关部门的意见等。

5）收到各种施工技术性文件名称、编号、发文单位、主要内容、收文时间等。

6）施工现场召开的各种技术性会议与碰头会，记录会议的名称、人员姓名及数量以及会议作出的决定，现场技术交底与各种技术性交流讨论会议的内容应作较详细记录。

7）参与隐蔽工程检查验收的人员、数量，隐蔽工程检查验收的始、终时间，检查验收的意见等情况。

8）建设单位、设计单位的代表到现场的人员的姓名、职务、时间以及他们对施工现场与工程质量的意见与建议。

9）兄弟单位到施工现场参观学习的情况，包括单位名称、参观人数、领队人员姓名、参观内容及时间。

10）上级领导到施工现场视察情况，包括领导人员的姓名、职务、对现场施工质量与文明施工的意见与评语。

各施工企业所写的施工日志的内容与深度均不相同，长时间所形成的习惯与风格均有不同，施工日志所记录内容也各有侧重，一般均采用表格形式，便于施工现场记录。

11.2.2.5　施工平面图管理

（1）管理原则

1）搞好经常性的管理和必要的调整工作。

2）凡涉及改变总图的各项活动，各单位事先提出申请，经总平面管理部门批准后，方得实施。

3）由总包单位根据进程不断调整、补充、修改总平面图。在施工准备阶段、土木工程阶段、安装装修阶段、植物种植阶段等有相应的总平面图规划，并根据施工进度进行修整，以反映施工动态，满足各单位不同时间的需要。

4）要制订总平面图条例，建立和健全场容管理责任制。

（2）经常性管理工作

1）检查施工总平面规划的贯彻情况，督促按总平面图规定兴建各项临时设施，堆放大宗材料、成品、半成品及生产设备。

2）审批各单位需用场地的申请，根据时间和要求，合理调整场地。

3）做好土石方的平衡调配工作，审批土石方的填挖地点、数量和运输路线。

4）确定大型临时设施的位置、坐标，并核实复查。

5）签署建（构）筑物、道路、管线等工程开工申请的审批意见。

6）审批各单位在规定期限内，对清除障碍物、挖掘道路、断绝交通、断水断电、用火放炮等的申请报告。

7）对大宗材料、设备和车辆等进场时间作妥善安排，避免拥挤，堵塞交通。

8）审批超大型施工机械、设备进场运行路线。

9）检查现场排水系统，管理和检查排水泵站。

10）掌握现场动态，定期召开总平面图管理检查会。

（3）场容基本要求

1）场地要整齐、清洁。

2）现场防火、安全要有保证。

3）要注意现场卫生、防止污染。

4）对原材料、临时设施及成品予以保护。

11.3 施工现场管理的方法和措施

11.3.1 现场施工计划的管理

为了在最优工期内以最少的费用支出来完成工程建设任务，必须重视现场施工计划的编制工作。在实际施工过程中，由于现场条件错综复杂，千变万化，经常会出现计划与实际相脱节的现象。因此，必须对现场施工计划进行必要的管理。为此，要正确、及时地掌握工程建设的实际状况，调查和测定施工实绩状况是否达到了预期的目的，是否有不均衡和徒劳浪费的现象，是否有不合理的地方，等等。将这些内容整理成正确的实绩资料，并加以分析，然后根据分析结果，采取一定的技术组织措施，以保证计划的顺利实施。这就是现场施工计划管理的目的所在。

11.3.1.1 施工实绩的测定和作业记录

为了进行现场施工计划管理，需要以下几种施工实绩记录：劳动力和机械的工作状况，材料使用情况，有关施工完成的工程量的实绩资料。

（1）机械的作业记录

机械作业记录包括机械作业日报和机械维修报告，它们是所有机械记录的基础，必须每天或每次维修后正确地填写。机械作业日报由驾驶员根据每天的机械运转状况记录，是表示驾驶员和每个机械成绩的基础资料。机械维修报告是进行机械、设备修理时，由每次的修理人员或驾驶员来填写的，对每次故障原因、修理场所、修理内容、所换配件、修理费等维修的状况加以记录。

（2）劳务作业记录

每日实际出勤数及其作业量记录（表11-2）是反映工程全面实际情况的重要记录。也是计算工程定额、核算成本以及支付工资标准的重要资料。

作业日报表 **表 11-2**

年　　月　　日　　　　　　　　　　　　　　　　　　　　　　　班组：

工种编号	工人姓名	劳动时间	基本工资	完成工作量工资	假日劳动		规定时间外劳动		深夜劳动		加班津贴		合计
					时间	金额	时间	金额	时间	金额	时间	金额	

填表人：

(3) 材料使用记录

一般工程拖延的主要原因多是由于劳务和材料调配不完善所引起的。在施工时，配备所要人员和材料，往往是推进工程的必要条件。因此，在材料调配上，现场技术人员和材料调配人员（机构）保持密切的联系，保证不发生遗漏现象非常重要。

根据材料计划，现场材料机构（人员）必须正确地掌握材料的所需数量和时间，并且留有一定的富裕，以便及时供应。现场材料的发放，要实行限额领料制度，杜绝材料的浪费。此外，现场用剩余料要及时办理退库手续。

表 11-3是表示分部分项工程材料使用日报的示例。

材料使用报表 **表 11-3**

编号：　　　　　　　施工数量：　　　　　　　　　年　　月　　日

品名	规格	单位	数量	单价	金额	工程数量		摘要
						数量	金额	

(4) 作业量的测定

每天、每周或每月都要测定施工完成的工程数量。为了解作业的进度情况，调查作业效率，计算施工定额或单价，或者为验收完成量和支付工资，完成的工程数量就成为这些工作的基础，因此，必须进行正确的测定。例如，土方工程量可根据卡车运输的次数等，就可知道一天的大概作业量；开挖土方要通过开挖后测定面积；填土方则要测定压实后的断面才可以算出。

(5) 工程照片

为了显示各分项工程的进展情况，可以在每周或每月进行一次现场摄影。另外，当有特殊情况发生变化时，每次都需要拍摄照片。

11.3.1.2　报告书的分析

将上述的各作业记录深入地加以分析，并将其简明、正确迅速汇总成各种报告书，同时寻求加快作业进度，提高工作效率和降低成本的方法和手段。

(1) 出勤实际状况报告

根据劳务出勤报告书，每天什么工种的工程正在进行，什么样的工种的工人有多少人出勤，实际出勤人员合计有多少人之类的情况都可以知道。同样，根据机械使用报告书，就可以直接了解到哪些机械正在运转，哪些机械正在修理，哪些机械处于停置状态，这样不但能了解各种机械在从事哪些工作，而且能够掌握施工现场的施工现状。

为了知道现场每天的生产活动状况，至少需要劳务出勤报告（表 11-4）和机械使用报告（表 11-5）。

劳务出勤日报 表 11-4

日　报

工程名称＿＿＿＿＿＿　日期＿＿＿＿

职务 工种	人　时间/日								合计

使用机械：

未使用的进场机械：

本日进场数量：

其他：

机械作业日报 表 11-5

机械作业日报　　日期＿＿＿＿

记录者＿＿＿＿

工程名称＿＿＿＿＿＿

记录全部使用的机械及其全部运转时间

机械		运转时间								停机	修理	总计
种类	编号											

备注：

(2) 工程进度报告

工程进度报告书便于经常掌握工程进度情况，早期发现实施与计划的差距，采取必要的纠正处理措施。工程进度报告应有以下各种资料。

1) 工程进度表；

2) 进度曲线；

3) 已完工程量的报告；

4) 工程进展率的报告。

(3) 成本分析报告

关于成本分析报告，主要有以下几个方面：

1) 人工费报告。人工费是构成工程成本的核心，因此人工费的预算与实际开支比较分析是十分重要的。每周应有人工费报告（表 11-6）。

每周人工费用报告 **表 11-6**

每周人工费用报告

工程名称________ 日期______

	工种	每周成本	数量			单价		成本			实际与预算比较	
			单位	总计	现在施工量	预算	实际	预算	实际	最终预算	节约	超支

2) 机械费报告。采用大型机械施工的工程，机械费报告（表 11-7）特别重要。每周应有相应的机械费报告。

每周机械费用报告 **表 11-7**

每周机械费用报告

工程名称________ 机械编号________

工　　种________ 机械名称________

周末日期	作业量			运转时间		使用费		运转费		机械费合计		单价	
	单位	一周	累计	一周	累计	一周	累计	一周	累计	一周	累计	一周	累计

3）预算费用与实际费用比较表。工程进展的同时，对有关工程整体的人工费、材料费、机械费，以及其他直接工程费的数量、单价进行统计，将其预算费用与实际费用进行比较和分析（表11-8）。此项工作一般每月做一次报告。

预算费用与实际费用比较表 **表11-8**

预算费用与实际费用比较表

日期：______月______日

工程进展百分率（%）<u>30</u>　　工程经过百分率（%）<u>40</u>

实际费用表示至今为止的累计金额　　工程名称______

定额编号	分项工程	预算与实际	数量	直接工程费（元）				单价	进展百分率	备注
				人工费	材料费	其他	合计			
		预算								
		实际								
		预算								
		实际								

11.3.1.3　作业量管理

作业量管理就是为了保持以标准作业量而进行的管理，即为了保持每个作业者或每个作业班组、每台机械或者一组机械，在每个小时或每天的标准作业量而进行的管理。如果将作业者与机械的单位时间的作业量定义为施工速度的话，那么作业量管理就意味着对作业者和机械的施工速度进行管理。

对于作业量管理，首先根据工程内容、人员配备、使用材料、施工机械等，编制如表11-9所示的标准作业量一览表。然后对计划的标准作业量和实绩进行对比、研究。为此，要编制作业量计划实绩对照表，见表11-10和表11-11。

工序标准作业量一览表 **表11-9**

工序	工程量	日标准作业量	配备人员数									使用机械
			普工	木工	架子工	瓦工	钢筋工	混凝土工	工长	司机		

作业量计划与实绩对照表 **表 11-10**

月　日			日																											
			1	2	3	4	5	6	7	8	9	10	11	12	13	14	15	16	17	18	19	20	21	22	23					
气候																														
工程种类	工程量	日标准作业量	实际作业量																											
出勤工人	普工																													
	木工																													
	架子工																													
	瓦工																													
	钢筋工																													
使用机械	推土机																													
	挖土机																													
	卡车																													

工程计划与完成工程量报告书 **表 11-11**

工程计划与完成工程量报告书

报告书 No. ____________　　　　　　　　　　　　工程完工日期____________

工程名______________　　　　　　　　　　　　报 告 日 期____________

定额编号	工序	数量	每周作业率	所需周数	预算与实际	周末日期				
	开挖				预算					
					实际					
	模数				预算					
					实际					

11.3.2 定置管理

11.3.2.1 定置管理的基本原理

定置管理是研究人、物和场所之间的关系，谋求系统改善的一种科学的现场管理方法。它是以生产与施工现场为对象，研究生产要素中人、物、场所和信息状况，以及在生产活动中的相互关系。通过运用调整生产现场的物品放置位置，处理好人与物、人与场所、物与场所的关系；再通过整理，把与生产现场无关的物品清除掉，通过整顿把生产场所需要的物品放在经过研究的科学合理的位置上，实现生产现场的秩序化、文明化。

定置的基本原理是：在生产现场，通过作业分析、场所的研究，整理、整顿、清除现场中与生产无关的物品，不断调整人、物、场所之间的关系，对生产所需的物定置，使它们处于最佳的结合状态，并用标准信息明确表示出来，实现优质、高效、安全、文明生产的目的。

11.3.2.2 定置管理的内容

定置管理的内容从大的方面可分为施工现场定置管理和办公室定置管理。施工现场定置管理的内容主要如下。

(1) 区域定置管理

区域定置亦即施工现场平面布置，指对施工现场的某一作业场所或堆放场地的布局的划分进行定置，并且使区域内秩序井然、物品堆放整齐、规范，通道无障碍，各区域之间有明确的界限，不相互侵扰，应对道路和堆场的地面进行硬化处理并有排水系统，防止晴天灰尘飞扬、雨天泥泞不堪。

(2) 设备定置管理

按施工平面图布置现场施工机械，对固定式机械要定点处理好地基基础，对移动式机械要按开行路线定置，必要时要准备路基板，避免压坏道路。广义的设备定置管理，还包括机械设备从选购、使用、维护、检修直到报废全过程的定置。

(3) 工具箱、工位器具定置管理

这是指对工具箱中的图纸、工具、量具以及对施工现场使用的操作器具等进行编号，按定置图规定的位置有序摆放。

(4) 库房定置管理

库房定置管理的内容包括以下几方面：

1) 确定物品的保管方式和数量。

2) 货架和容器要确定承重能力，有安全系数标记。

3) 运输工具要有固定停滞位置。

4) 重量大的物品要确定便于搬运的高度。

5) 常用的数量大的物品要定置在离发料处附近的地方。

6) 对易燃、易爆的危险品及有毒物品实行特别定置，保证现场安全。

7) 库房要设置待检和临时停放区，道路要畅通。

8）账、卡、物、图号要相符，物品摆放要整齐，方、直。

9）各区域均有定置图，标志清晰，醒目，使用标准信息符号。

（5）特别定置管理

主要是指质量控制点定置管理和安全定置管理的总称。质量控制点定置管理是把影响工序质量的人、机、料、法、环境、测六要素有机地结合为一体，并落实到具体工作中去，做到事事有人负责，使需要重点控制的质量特性、关键和薄弱环节得到有效控制。安全定置管理是对一些不安全的物（如易燃、易爆等危险品和有毒物品），不安全的场所和一些不安全的事，实行特别管理，增加专门控制人员和设备，提高安全系数，强化安全意识。

（6）环境净化、美化的定置管理

这一定置管理在施工现场往往被忽视，有些人认为"脏乱差"是施工现场不可避免的现象。因此，施工项目经理和项目经理部成员必须从思想上要高度重视，充分认识环境定置管理对净化施工现场的重要性。为了净化、美化施工现场环境，定置管理的内容包括：

1）设置杂物停滞区、垃圾箱和卫生责任区，并确定责任人和定期清除的周期。

2）确定废品、料头、切头的集散地，并且用定置图表示，做到人人皆知。

3）对施工现场需保存的树木要有切实可行的保护措施，防止损坏。

4）严格执行"5S"活动的条例，创造一个良好的施工现场环境。

5）要制定切实可行的检查、考核办法，保持持久。

（7）色调的定置管理

根据色彩对人的心理和工作效率的影响，在定置管理中，应充分发挥色调的作用，按规定统一标准颜色给一定场所的物、机械设备、设施、区域界限等涂色。按规定的统一标准颜色绘制各种定置图、标牌等。

11.3.2.3　定置管理的工作步骤

（1）建立定置管理组织体系

为了使定置管理工作有组织保证，必须按企业的管理层次，分级设置定置管理领导小组及其办事机构。施工现场定置管理领导小组应由施工项目经理部的负责人和职能部门、队组、机组的负责人共同组成，实施企业的定置管理规划和定置管理的标准；制定并实施现场的定置图和定置要求。

（2）制定全企业的定置管理规划

企业定置管理领导小组是企业所属各施工现场定置管理的领导机构，负责制定全企业的定置管理规划。其主要内容有：定置管理规划制定的依据和原则；定置管理的宣传、动员、培训教育及管理方式；定置管理各项工作的计划和时间安排；定置管理的标准等。

（3）开展定置管理的培训教育

定置管理是一项全员参加的管理活动。因此，必须对全体职工进行有关定置管理的概念、实质、作用、机理、程序、技法和检查评比考核办法等方面的培训教育，确保企业的各级领导和全体职工对定置管理的意义、作用有较深刻的认识，从而把定置管理变成每个人的自觉行动。

（4）制定定置管理标准

实施定置管理必须要有一个统一的标准。对于一个企业来说，各施工现场定置管理的要求应该是一致的，要体现出企业形象也是一致的。否则，各个施工现场自作主张，随心所欲地搞定置，势必给定置管理造成困难。制定统一定置管理标准，才能使定置管理走上规范化、制度化、标准化的道路。

（5）定置设计

定置设计的主要任务就是按定置管理标准设计绘制各种场地（施工现场、仓库、办公室等）及各种物品（原材料、机组、货架、工具柜、工位器具等）的定置图，其实质是施工现场平面布置的细化、具体化。施工现场定置设计要考虑以下布置原则：

1）单一的流向和看得见的搬运路线。

2）最大程度地利用空间。

3）保证最大的操作方便和最小的不愉快。

4）最短的运输距离和最少的装卸次数。

5）切实的安全防护保障。

6）最少的改进费用和统一标准。

7）最大的灵活性及协调性。

8）信息媒介物必须按标准设计。

（6）定置管理诊断

所谓定置管理诊断是运用诊断手段和其他各种方法，对企业的生产现场进行调查、研究和分析（如进行工艺研究、人与物结合状态分析，物流、信息流分析等），找出存在的问题及原因，为制定定置管理标准和设计定置图奠定基础。

（7）定置准备

在完成定置图的绘制以后，要按实施定置的要求进行定置前的准备工作。这些准备工作包括以下内容：

1）各种容器器具（如废品箱、垃圾箱等）的制作。

2）确定清除物的存放地点。

3）施工现场区域划分及标准信息牌的制作等。

（8）定置实施

定置管理的实施是定置管理工作的重点，其主要任务是按照定置设计要求，对生产现场的材料、机械、操作者、方法进行科学的整理和整顿，将所有的物品定位。具体做到有物必有区、有区必有牌；按区存放，按图定置，图物相符；清除生产现场中与生产活动无关的物品；按定置图在现场定置区域划出不同颜色的标志线。

(9) 定置的检查与考核

为了使定置管理长期坚持不懈，并得到不断充实和完善，就要做到制度化，并定期进行检查和考核。考核的基本指标是：

$$定置率=\frac{实际定置物品的种类（个数）}{定置图上规定的定置物品的种类（个数）}\times 100\%$$

定置的检查和考核由各级定置管理领导小组执行，并按企业制度规定奖罚。

11.3.3 目视管理

目视管理是现场管理的内容之一，同时也是一种有效的现场管理方法。它对于改善生产环境，建立正常的生产秩序，调动并保护职工的积极性，促进文明生产和安全生产，具有其他方式不可替代的作用。

目视管理是利用形象直观、色彩适宜的各种视觉感知信息来组织现场生产活动，以达到提高劳动生产率为目的的一种管理方式。其特点是：

1）以视觉信号显示为基本手段，使大家都能看得见。

2）以公开化为基本原则，尽可能地将管理者的要求和意图让大家都看得见，借以推动自主管理，实现自我控制。

从目视管理的特点可以看出，目视管理是一种以公开化和视觉显示为特征的管理方式，亦可称之为"看得见的管理"。这种管理方式可以贯穿于现场管理的各个领域中。

目视管理作为一种系统的理论，施工现场如何运用目视管理，提高施工现场管理水平，需要园林绿化工作者在实践活动中认真总结。在园林工程的地形、水池施工中常用不同颜色的竹竿、布头表示不同的标高就是目视管理的具体运用。其实，目视管理作为一种管理方式在建筑企业安全管理制度中的规定就体现出来了；在施工机械高空作业时，作业范围要设置警告标志；停机检修机械设备时，应在电源开关处挂上标示牌。

11.3.3.1 目视管理的意义

目视管理是一种符合工程施工要求和人们生理及心理需要的科学管理方式，在工程施工现场管理中具有重要意义。主要表现在如下几个方面。

(1) 形象直观、容易认读和识别，使用简单方便，可以提高工作效率

目视管理的理论揭示了操作工人接受信息最常用的感觉器官是眼、耳和神经末梢，其中又以利用视觉最为普遍。在施工现场实行目视管理，技术或管理人员可以利用仪表、视屏、信号灯、标示牌、图表等视觉信号的手段组织指挥生产的过程，使操作工人有秩序地进行施工作业。在机械化施工的条件下，生产系统高速运转，要求信息传递和处理要既快又准。如果与每个操作工人有关的信息都要由管理人员直接传达，那么就要在施工现场配备很多管理人员，管理水平就相对低下。所以，在有条件的岗位，充分利用视觉信号显示手段，可以迅速而准确地传递信息，无需管理人员现场指挥，即可有效地组织生产。因

此，目视管理具有形象直观，容易认读和识别，简单方便，并可以提高工作效率的优势。

（2）透明度高、便于配合、监督和促进，能发挥激励和协调作用

实行目视管理，对施工作业的各项要求可以做到公开化。干什么、怎样干、干多少、什么时间干、谁来干、在何处干等问题都可用目视的办法公诸于众。这就有利于人们配合默契，互相监督，使违反劳动纪律的现象不容易隐藏。例如，根据总、分包不同单位或不同工种，规定工作服的颜色和安全帽上的标志，或者在佩戴的胸卡上给以色彩、形状上的区别，这样就能使在人数众多的施工现场上很容易区别，对那些串岗、擅离职守的人陷入众目睽睽之下，促其自我约束，逐渐养成良好习惯。又如，对经过考核达到不同等级的单位或个人，按优秀、良好、合格、较差挂上不同颜色的标志牌，给优秀的个人佩戴优秀的臂章等，对鼓励先进、鞭策后进就起到激励作用。总之，在大生产的条件下，既要严格的管理，又要培养人们自我管理、自我控制的习惯与能力，使目视管理起到辅助管理的作用。

（3）能够科学地改善生产条件和环境，产生良好的生理和心理效应

在改善生产条件和环境的问题上，人们往往比较注意从物质技术条件方面去考虑，而对于现场人员的心理、生理和社会因素的需要则不太重视。例如在木工加工场内，为加强安全管理，对增添防火器材和机械上的安全保护装置、定期检修等都能周到地考虑，而对加工场周围环境的色彩、防护装置的形状和颜色、控制机器设备和生产流程的仪表的形状、颜色、表盘上的数字、线条的大小粗细等，人们一般比较忽视。理论和实践都证明，诸如色彩、形状等问题，对人们的生理、心理都是有影响的。目视管理就是综合运用管理学、生理学、心理学和社会学等多学科的研究成果，科学处理现场人员视觉感知有关的各种环境因素，使之既符合现代技术要求，又适应人们生理和心理特点，从而产生良好的生理和心理效应，调动并保护工人的生产积极性。

11.3.3.2　目视管理的内容和形式

目视管理是以生产现场的人—机系统及其环境为对象的，应贯穿于这一系统的输入、作业和输出三个环节，同时也要覆盖作业者、作业环境和作业手段。这样，目视管理的内容才是完整的。具体的内容和形式如下。

（1）生产任务和完成情况要公开化、图表化

施工现场是一个协作劳动的场所。所以，凡是需要大家共同完成的任务都应公开，计划指标要定期层层分解，按标段、地块、班组和个人落实，并列表张贴在墙上或用小黑板将该班组的生产指标、质量要求以及关键问题写上，挂在作业场所让大家都知道。实际完成情况也要相应地按期公布，并用作图法，使大家看出各项计划指标完成中的问题和发展趋势，以促使整个集体和个人都能按质、按量、按期完成各自任务。

（2）与施工现场密切相关的规章制度和工作标准要上墙公布，展示清楚

为了维护统一的组织和严格的纪律，保持工程施工所要求的连续性、节奏

性，提高劳动生产率，实现安全生产和文明施工，凡是与施工现场工人密切相关的规章制度、标准、定额等，都需要公布于众。与岗位工人直接有关的部分，应分别展示在岗位上，如岗位责任制、操作程序图、工艺卡等，并始终保持完整、齐全、正确和洁净。

(3) 与定置管理相结合，以清晰的、标准化的视觉显示信息落实定置设计

在定置管理中，为了消除物品混放和误置，必须有完善而准确的信息显示，例如标志线、标志牌和标志色。因此，目视管理在这里便自然而然地与定置管理融为一体。在施工现场上，应按定置设计的要求，采用清晰的、标准化的信息显示符号，将各个区域、通道、各种物品的摆放位置鲜明地标示出来。施工机械设备和各种辅助器具，均应运用标准颜色，不得任意涂抹。

(4) 施工作业控制手段要形象直观、使用方便

为了有效地进行施工作业控制，使每个施工环节、每道工序都能严格按照工期、质量标准进行生产，必须采用与现场工作状况相适应的、简便适用的信息传导信号，使操作工人能分段及时了解当天施工计划能否完成；在各质量管理点，要有质量控制图，以清楚地显示质量波动状况，及时发现异常，及时处理。亦可利用板报形式，将工程不合格情况统计日报公布于众，特别严重的要组织有关人员进行分析，确定改进措施，防止再度发生。

(5) 现场各种物品的码放和运送要标准化，易于“过目知数”

要充分发挥目视管理的优越性，对码放物品和运送要实现标准化。例如在库房管理中，实行“五五码放”原则，即五五成堆、五五成层、五五成方、五五成包、五五成串、五五成行。这样在计量检查时，能一目了然。对于各类工位器具（包括箱、盒、盘、桶、小车等）均应按规定的标准数量盛装，既方便操作、搬运，又使点数时方便准确。

(6) 统一着装、实行挂牌制度

现场人员的着装不仅起到劳动保护的作用，而且也是正规化、标准化的内容之一。统一着装可以体现职工队伍的优良素养和精神风貌，显示企业内部不同单位、工种和职务之间的区别，具有一定的心理导向，使人产生归宿感、荣誉感、责任心等，对于组织指挥施工，也可以创造一定的方便条件。

挂牌制度包括单位挂牌和个人佩戴标志。按照施工企业内部各种检查评比制度，将那些与实现企业战略任务和目标有重要关系的考评项目的结果，以形象化、直观的方式给单位挂牌，能够激励先进单位更先进和鞭策后进单位奋起直追。个人佩戴胸章、胸标、臂章，其作用与着装类似，亦可给人以压力和动力，达到催人进取、推动工作的目的。

(7) 对现场的各种色彩运用要实现标准化，以利于生产和工人的身心健康

色彩是现场管理中常用的视觉信号，目视管理要求科学、合理、巧妙地运用色彩，并实行统一的标准化管理，不允许随便涂抹。这是因为，色彩的运用

受多种因素的制约。

1）技术因素。不同色彩有不同的物理指标，如波长，反射系数等。施工机械和一些设备多涂成蓝灰色。因为在强烈的阳光照射下，蓝灰色的反射系数适度，不会过分刺激眼睛；危险信号多用红色，一方面是传统习惯，更为主要的是红色穿透力强、信号鲜明。

2）生理和心理因素。不同色彩对人的生理和心理有不同的刺激，给人以不同的重量感、空间感、冷暖感、软硬感、清洁感等情感效应。例如高温场所的涂色应以浅蓝色、蓝绿色、白色等冷色为基调，可给人清爽舒心之感；木材加工设备宜涂成浅绿色，可缓解操作工人被暖色包围所引起的烦躁感。从生理上看，长时间受一种或几种杂乱的颜色刺激，会产生视觉疲劳。因此，要讲究工人休息室的色彩，不同工种的工人休息室应涂成不同的颜色，有利于消除职业疲劳。

3）社会因素。不同国家、地区和民族，都有不同的色彩偏好。例如我国人民普遍喜欢绿色，因为它象征着生命、青春；而日本人则认为绿色不吉利。

总之，色彩包含着丰富的内涵。施工现场中凡是需要用到色彩的地方，都应有标准化要求。

（8）目视管理的基本要求

推行目视管理，要防止搞形式主义，一定要从企业的实际出发，有重点、有计划地逐步展开。在此过程中，应做到的基本要求是：统一、简约、鲜明、实用、严格。

1）统一的要求。统一就是目视管理要实行标准化，消除五花八门的杂乱现场。首先整个企业对所有的现场要有统一的要求，例如工地的大门的特征、围墙的高低色彩，施工机械的涂色和企业形象标志应放置在施工机械的哪一个部位等，均要有统一的设计，使人们很快就能识别“这就是××企业”。对施工现场内部也应根据有利于生产和工人的生理和心理效应实行统一的目视标准。

2）简约的要求。简约就是各种视觉信号应易看易懂，一目了然。例如，不同单位的人员，用安全帽的颜色来区分，施工现场的职务可在安全帽上设置标志，三道杠是施工项目经理，两道杠是职能部门负责人，一道杠是管理人员和班组长，操作工人则无标志。如果仅是在胸章注明其身份，则不能很快识别。

3）鲜明的要求。鲜明就是各种视觉显示信号要清晰，位置适宜，施工现场人员都能看得见、看得清。例如，有危险的作业区，区域周围要设置明确而清晰的标志牌和标志线；各个作业区域和堆放地点的定置图应表示清楚，并不使其受到污染，保持图面清晰，便于大家识别。

4）实用的要求。实用就是不摆花架子，不故弄玄虚，本着少花钱、多办事、讲究实效的原则设置各种视觉显示信号，以达到有利于目视管理的目的。不要盲目地追求使用电子显示信号。

5）严格的要求。严格是目视管理能否顺利开展并能长期坚持下来的法宝。目视管理的各有关规定，施工现场人员都应严格遵守，无论谁违反目视管理的规定，都要严格按规定惩罚，对目视管理有成绩的单位和个人也要按规定奖励。

复习思考题

1. 什么叫施工现场管理？现场施工管理的任务是什么？
2. 施工现场管理包括哪些内容？
3. 现场施工准备工作有哪些内容？
4. 施工任务单的作用和使用要求是什么？
5. 项目施工调度应遵循的原则有哪些？
6. 施工日志主要包括哪些内容？
7. 施工平面图管理的原则和工作内容是什么？
8. 现场施工计划管理的目的是什么？怎样进行现场施工计划管理？
9. 什么是定置管理？定置管理的基本原理和内容是什么？
10. 目视管理的特点是什么？搞好目视管理有什么意义？
11. 目视管理有哪些形式？具体要求是什么？

第12章　园林工程竣工验收与养护期管理

园林工程施工组织管理

本章主要介绍了园林工程竣工验收的准备工作、竣工验收程序、园林工程项目的交接以及养护期管理的工作责任；重点说明了园林工程项目的竣工预验收和正式验收的工作内容。

12.1　园林工程竣工验收

12.1.1　竣工验收的作用

当园林工程按设计要求完成全部施工任务并可供开放使用时，施工单位就要向建设单位办理移交手续，这种交接工作称为项目的竣工验收。竣工验收既是项目进行移交的必须手续，又是通过竣工验收对建设项目成果的工程质量、经济效益等进行全面考核评估的过程。凡是一个完整的园林建设项目，或是一个单位的园林工程建成后达到正常使用条件的，都要及时组织竣工验收。

园林建设项目的竣工验收是园林建设全过程的一个阶段，它是由投资成果转为使用、对公众开放、服务于社会、产生效益的一个标志，因此竣工验收对促进建设项目尽快投入使用、发挥投资效益、对建设与承建双方全面总结建设过程的经验或教训都具有十分重要的意义和作用。

12.1.2　竣工验收的标准

园林建设项目涉及多种门类、多种专业，且要求的标准也各异，加之其艺术性较强，故很难形成国家统一标准，因此对工程项目或一个单位工程的竣工验收，可采用分解成若干部分，再选用相应或相近工种的标准（标准内容详见有关手册）进行，一般园林工程可分解为土建工程和绿化工程两个部分。

12.1.2.1　土建工程的验收标准

凡园林工程、游憩、服务设施及娱乐设施等土建项目应按照设计图纸、技术说明书、验收规范及建筑工程质量检验评定标准验收，并应符合合同所规定的工程内容及合格的工程质量标准。不论是游憩性建筑还是娱乐、生活设施建筑，不仅建筑物室内工程要全部完工，而且室外工程的明沟、踏步斜道、散水以及应平整建筑物周围场地，都要清除障碍物，并达到水通、电通、道路通。

12.1.2.2　绿化工程的验收标准

施工项目内容、技术质量要求及验收的质量应达到设计要求、验收标准的规定及各工序质量的合格要求，如树木的成活率、草坪铺设的质量、花坛的品种、纹样等。

绿化工程竣工后，是否合格、是否能移交建设单位，主要从以下几方面确定相关标准：即树木成活率达到95%以上；强酸、强碱、干旱地区树木成活达到85%以上；花卉植株成活率达到95%；草坪无杂草，覆盖率达到95%；整形修剪符合设计要求；附属设施符合有关专业验收标准。

12.1.3　竣工验收的准备工作

竣工验收前的准备工作，是竣工验收工作顺利进行的基础，施工单位、建设单位、设计单位和监理工程师均应尽早做好准备工作，其中以承接施工单位和监理工程师的准备工作尤为重要。承接施工单位的准备工作主要有以下内容。

（1）工程档案资料的汇总整理

工程档案是园林工程的永久性技术资料，是园林工程项目竣工验收的主要依据。因此，档案资料的准备必须符合有关规定及规范的要求，必须做到准确、齐全，能够满足园林建设工程进行维修、改造和扩建的需要。一般包括以下内容：

1）部门对该工程的有关技术决定文件；

2）竣工工程项目一览表，包括名称、位置、面积、特点等；

3）地质勘察资料；

4）工程竣工图，工程设计变更记录，施工变更洽商记录，设计图纸会审记录；

5）永久性水准点位置坐标记录、建筑物、构筑物沉降观察记录；

6）新工艺、新材料、新技术、新设备的试验、验收和鉴定记录；

7）工程质量事故发生情况和处理记录；

8）建筑物、构筑物、设备使用注意事项文件；

9）竣工验收申请报告、工程竣工验收报告、工程竣工验收证明书、工程养护与保修证书等。

（2）施工自验

施工自验是施工单位资料准备完成后在项目经理组织领导下，由生产、技术、质量、预算、合同和有关的工长或施工员组成预验小组。根据国家或地区主管部门规定的竣工标准、施工图和设计要求、国家或地区规定的质量标准要求，以及合同所规定的标准和要求，对竣工项目按分段、分层、分项逐一地进行全面检查，预验小组成员按照自己所主管的内容进行自检、并做好记录，对不符合要求的部位和项目，要制定修补处理措施和标准，并限期修补好。施工单位在自验的基础上，对已查出的问题全部修补处理完毕后，项目经理应报请上级再进行复检，为正式验收做好充分准备。园林工程中的竣工验收检查主要有以下方面的内容：

1）对园林建设用地内进行全面检查；

2）对场区内外邻接道路进行全面检查；

3）临时设施工程；

4）整地工程；

5）管理设施工程；

6）服务设施工程；

7）园路铺装；

8）运动设施工程；

9）游戏设施工程；

10）绿化工程（主要检查大树栽植作业、灌木栽植、移植工程、地被植物栽植等）。

绿化工程包括以下具体内容：

①对照设计图纸，是否按设计要求施工，检查植株数有无出入；

②支柱是否牢靠，外观是否美观；

③有无枯死的植株；

④栽植地周围的整地状况是否良好；

⑤草坪的栽植是否符合规定；

⑥植物与设施的结合是否美观。

（3）编制竣工图

竣工图是如实反映施工后园林工程的图纸。它是工程竣工验收的主要文件，园林施工项目在竣工前，应及时组织有关人员进行测定和绘制，以保证工程档案的完备和满足维修、管理养护、改造或扩建的需要。

编制竣工图主要依据是施工中未变更的原施工图、设计变更通知书、工程联系单、施工洽商记录、施工放样资料、隐蔽工程记录和工程质量检查记录等原始资料。

竣工图编制的内容要求如下：

1）施工中未发生设计变更，按图施工的施工项目，应由施工单位负责在原施工图纸上加盖"竣工图"标志，可作为竣工图使用。

2）施工过程中有一般性的设计变更，但没有较大结构性的或重要管线等方面的设计变更，而且可以在原施工图上进行修改和补充，可不再绘制新图纸，由施工单位在原施工图纸上注明修改和补充后的实际情况，并附以设计变更通知书、设计变更记录和施工说明。然后加盖"竣工图"标志，亦可作为竣工图使用。

3）施工过程中凡有重大变更或全部修改的，如结构形式改变、标高改变、平面布置改变等，不宜在原施工图上修改补充时，应重新绘制实测改变后的竣工图，施工单位负责人在新图上加盖"竣工图"标志，并附上记录和说明作为竣工图。

竣工图必须做到与竣工的工程实际情况完全吻合，不论是原施工图还是新绘制的竣工图，都必须是新图纸，必须保证绘制质量，完全符合技术档案的要求，坚持竣工图的校对、审核制度，重新绘制的竣工图，一定要经过施工单位主要技术负责人的审核签字。

（4）进行工程与设备的试运转和试验的准备工作

工程与设备的试运转和试验的准备工作一般包括：安排各种设施、设备的试运转和考核计划；各种游乐设施尤其关系到人身安全的设施，如缆车等的安全运行应是试运行和试验的重点。编制各运转系统的操作规程；对各种设备、电气、仪表和设施作全面的检查和校验；进行电气工程的全面负责试验，管网工程的试水、试压试验；喷泉工程试水等。

12.1.4 工程质量验收的方法

园林建设工程质量的验收是按工程合同规定的质量等级，遵循现行的质量评定标准，采用相应的手段对工程分阶段进行质量认可与评定。

12.1.4.1 隐蔽工程验收

隐蔽工程是指那些在施工过程中上一工序的工作结束，被下一工序所掩盖，而无法进行复查的部位。例如种植坑、直埋电缆等。因此，对这些工程在下一工序施工以前，现场监理人员应按照设计要求、施工规范，采取必要的检查工具，对其进行检查验收。如果符合设计要求及施工规范规定，应及时签署隐蔽工程记录交承接施工单位归入技术资料；如不符合有关规定，应以书面形式告诉施工单位，令其处理，处理符合要求后再进行隐蔽工程验收与签证。

隐蔽工程验收通常是结合质量控制中技术复核、质量检查工作来进行，重要部位改变时可摄影以备查考。

隐蔽工程验收项目及内容以绿化工程为例包括：苗木的土球规格、根系状况、种植穴规格、施基肥的数量、种植土的处理等。

12.1.4.2 分项工程验收

对于重要的分项工程，监理工程师应按照合同的质量要求，根据该分项工程施工的实际情况，参照质量评定标准进行验收。

在分项工程验收中，必须按有关验收规范选择检查点数，然后计算出基本项目和允许偏差项目的合格或优良的百分比，最后确定出该分项工程的质量等级，从而确定能否验收。

12.1.4.3 分部工程验收

根据分项工程质量验收结论，参照分部工程质量标准，可得出该工程的质量等级，以便决定能否验收。

12.1.4.4 单位工程竣工验收

通过对分项、分部工程质量等级的统计推断，再结合对质保资料的核查和单位工程质量观感评分，便可系统地对整个单位工程作出全面的综合评定，从而决定是否达到合同所要求的质量等级，决定能否验收。

12.1.5 竣工项目的预验收

竣工项目的预验收，是在施工单位完成自检自验并认为符合正式验收条件，在申报工程验收之后和正式验收之前的这段时间内进行的。委托监理的园林工程项目，总监理工程师即应组织其所有各专业监理工程师来完成。竣工预验收要吸收建设单位、设计、质量监督人员参加，而施工单位也必须派人配合竣工预验收工作。

由于竣工预验收的时间长，又多是各方面派出的专业技术人员，因此对验收中发现的问题多在此时解决，为正式验收创造条件。为做好竣工预验收工作，总监理工程师要提出一个预验收方案，这个方案含预验收需要达到的目的和要求；预验收的重点；预验收的组织分工；预验收的主要方法和主要检测工具等，并向参加预验收的人员进行必要的培训，使其明确以上内容。

预验收工作包括竣工验收资料和工程竣工的预验收两部分。

12.1.5.1　竣工验收资料的审查

认真审查好技术资料，不仅是满足正式验收的需要，也是为工程档案资料的审查打下基础。

（1）技术资料主要审查的内容

1）工程项目的开工报告；

2）工程项目的竣工报告；

3）图纸会审及设计交底记录；

4）设计变更通知单；

5）技术变更核定单；

6）工程质量事故调查和处理资料；

7）水准点、定位测量记录；

8）材料、设备、构件的质量合格证书；

9）试验、检验报告；

10）隐蔽工程记录；

11）施工日志；

12）竣工图；

13）质量检验评定资料；

14）工程竣工验收有关资料。

（2）技术资料审查方法

1）审阅。边看边查，把有不当的及遗漏或错误的地方记录下来，然后再对重点仔细审阅，作出正确判断，并与承接施工单位协商更正。

2）校对。施工单位提交的资料与监理工程师将自己日常监理过程中所收集积累的数据、资料一一校对，凡是不一致的地方都记载下来，然后再与承接施工单位商讨，如果仍有不能确定的地方，再与当地质量监督站及设计单位来佐证资料的核定。

3）验证。若出现几个方面资料不一致而难确定时，可重新测量实物予以验证。

（3）有关苗木的验收资料（以大树移植为例）

1）常规项目。树名、树龄、原址及新址、移植日期、移植单位及参加人员姓名、移植原因及主管部门意见等。

2）技术项目。原址和新址的土壤特性、小气候及生态环境的异同、移植过程、采取的技术措施、移植结果等，并宜具备照片及文字说明等资料。

值得注意的是，百年以上大树和稀有名贵树种或有历史价值及纪念意义的树木，是国家的宝贵财富，严禁搬移或损伤。

12.1.5.2　工程竣工的预验收

园林工程的竣工预验收，在某种意义上说，它比正式验收更为重要。因为正式验收时间短促不可能详细、全面地对工程项目一一查看，而主要依靠对工程项目的预验收来完成。因此所有参加预验收的人员均要以高度的责任感，并在可能的检查范围内，对工程数量、质量进行全面地确认，特别对那些重要部位和易于遗忘的都应分别登记造册，作为预验收的成果资料，提供给正式验收中的验收委员会参考，同时有利于承接施工单位进行整改。

工程竣工预验收由监理单位组织，主要进行以下几方面工作。

（1）组织与准备

参加预验收的监理工程师和其他人员，应按专业或区段分组，并指定负责人。验收检查前，先组织预验收人员熟悉有关验收资料，制定检查方案，并将检查项目的各子目及重点检查部位以表或图的形式列示出来。同时准备好工具、记录、表格，以供检查中使用。

（2）组织预验收

检查中，分成若干专业小组进行，划定各自工作范围，以提高效率并可避免相互干扰。园林建设工程的预验收，要全面检查各分项工程。检查方法有以下几种：

1）直观检查。直观检查是一种定性的、客观的检查方法，采用手摸眼看的方式，需要有丰富经验和掌握标准熟练的人员才能胜任此工作。

2）测量检查。对上述能实测实量的工程部位都应通过测量获得真实数据。

3）点数。对各种设施、器具、配件、栽植苗木都应一一点数、查清、记录，如有遗缺不足的或质量不符合要求的，都应通知承接施工单位补齐或更换。

4）操作。实际操作是对功能和性能检查的好办法，对一些水电设备、游乐设施等应启动检查。

5）上述检查之后，各专业组长应向总监理工程师报告检查验收结果。如果查出的问题较多较大，则应指令施工单位限期整改并再次进行复验，如果存在的问题仅属一般性的，除通知承接施工单位抓紧整修外，总监理工程师即应编写预验报告一式三份，一份交施工单位供整改用；一份备正式验收时转交验收委员会；一份由监理单位自存。这份报告除文字论述外，还应附上全部预验检查的数据。与此同时，总监理工程师应填写竣工验收申请报告送项目建设单位。

12.1.6　正式竣工验收

正式竣工验收是由国家、地方政府、建设单位以及单位领导和专家参加的最终整体验收。大中型园林建设项目的正式验收，一般由竣工验收委员会（或验收小组）的主任（组长）主持，具体的事务性工作可由总监理工程师来组织实施。正式竣工验收的工作程序如下。

12.1.6.1　准备工作

(1) 向各验收委员会单位发出请柬，书面通知设计、施工及质量监督等有关单位。

(2) 拟定竣工验收的工作议程，报验收委员会主任审定。

(3) 选定会议地点。

(4) 准备好一套完整的竣工和验收的报告及有关技术资料。

12.1.6.2　正式竣工验收程序

(1) 由验收委员会主任主持验收委员会会议。会议首先宣布验收委员会名单，介绍验收工作议程及时间安排，简要介绍工程概况，说明此次竣工验收工作的目的、要求及做法。

(2) 由设计单位汇报设计施工情况及对设计的自检情况。

(3) 由施工单位汇报施工情况以及自检自验的结果情况。

(4) 由监理工程师汇报工程监理的工作情况和预验收结果。

(5) 在实施验收中，验收人员可先后对竣工验收技术资料及工程实物进行验收检查；也可分为两组，分别对竣工验收的技术资料及工程实物进行验收检查。在检查中可吸收监理单位、设计单位、质量监督人员参加。在广泛听取意见、认真讨论的基础上，统一提出竣工验收的结论意见，如无异议，则予以办理竣工验收证书和工程验收鉴定书。

(6) 验收委员会主任或副主任宣布验收委员会的验收意见，举行竣工验收证书和鉴定书的签字仪式。

(7) 建设单位代表发言。

(8) 验收委员会会议结束。

12.1.6.3　苗木竣工验收日期及有关规定

(1) 春季栽植的乔、灌木和藤本、攀缘植物及多年生花卉，应在栽植的当年9月份进行。

(2) 秋季和冬季栽植的乔、灌木，应在栽植后的第二年9月份进行。

(3) 籽播草坪或植生带铺设的草坪应在种子大批发芽后进行。

(4) 草块移植的草坪应在草块成活后进行。

(5) 一年生宿根植物的花坛在栽植后10~15天，成活后进行。

(6) 春季栽植的二年生植物、多年生植物和露地栽植的鳞茎植物，应在当年发芽后进行；而秋季栽植的，应在第二年春季发芽后进行。

12.1.7　园林工程项目的移交

园林工程的移交，一般主要包含工程移交和技术资料移交两部分内容。

12.1.7.1　工程移交

一个园林工程项目虽然通过了竣工验收，并且有的工程还获得验收委员会的高度评价，但实际中往往是或多或少地还可能存在一些漏项以及工程质量方面的问题。因此监理工程师要与承接施工单位协商一个有关工程收尾的工作计划，以便确定正式办理移交。由于工程移交不能占用很长的时间，因而要求施工单位在办理移交工作中力求使建设单位的接管工作简便。当移交清点工作结束后，监理工程师签发工程竣工交接证书。签发的工程交接证书一式三份，建设单位、承接施工单位、监理单位各一份。工程交接结束后，承接施工单位即应按照合同规定的时间抓紧完成对临建设施的拆除和施工人员及机械的撤离工作，做到工程移交场地清。

12.1.7.2　技术资料的移交

园林建设工程的主要技术资料是工程档案的重要部分。因此在正式验收时就应提供完整的工程技术档案，由于工程技术档案有严格的要求，内容又很多，往往又不仅是承接施工单位一家的工作，所以常常只要求承接施工单位提供工程技术档案的核心部分，而整个工程档案的归整、装订则留在竣工验收结束后，由建设单位、承接施工单位和监理工程师共同来完成。在整理工程技术档案时，通常是建设单位与监理工程师将保存的资料交给承接施工单位来完成，最后交给监理工程师校对审阅，确认符合要求后，再由承接施工单位档案部门按要求装订成册，按要求移交和保存。具体内容见表12-1。

工程技术件档案资料（移交）一览表　　**表12-1**

工程阶段	档案资料内容	备注
项目准备	1. 申请报告，批准文件； 2. 有关建设项目的决议、批示及会议记录； 3. 可行性研究、方案论证资料； 4. 征用土地、拆迁、补偿等文件； 5. 工程地质（含水文、气象）勘察报告； 6. 概预算； 7. 承包合同、协议书、招投标文件； 8. 企业执照； 9. 规划、园林、消防、环保、劳动等部门审核文件	
项目施工	1. 开工报告； 2. 工程测量记录； 3. 图纸会审、技术交底； 4. 施工组织设计； 5. 基础处理、基础工程施工文件；隐蔽工程验收记录； 6. 施工成本管理的有关资料； 7. 工程变更通知单，技术核定单及材料代用单； 8. 建筑材料、构件、设备质量保证单及进场试验单； 9. 植物名录、栽植地点及数量清单； 10. 古树名木的栽植地点、数量、已采取的保护措施； 11. 各类植物材料已采取的养护措施及方法； 12. 假山等工程的养护措施及方法； 13. 水、电、暖、气等管线及设备安装施工记录和检查记录； 14. 工程质量事故的调查报告及所采取措施的记录； 15. 分项、单项工程质量评定记录； 16. 项目工程质量检验评定及当地工程质量监督站核定的记录； 17. 其他（如施工日志）等	

续表

工程阶段	档案资料内容	备注
竣工验收	1. 竣工验收申请报告； 2. 竣工项目的验收报告； 3. 竣工决算及审核文件； 4. 竣工验收的会议文件； 5. 竣工验收质量评价； 6. 竣工图（土建、设备、水、电、暖、绿化种植等）； 7. 工程建设中的照片、录像以及领导、名人的题词等； 8. 工程建设的总结报告	

12.2 园林工程养护期管理

园林工程项目交付使用后，根据有关合同和协议，在一定期限内施工单位应到建设单位进行回访，对该项工程的相关内容实行养护管理和维修。对由于施工责任造成的使用问题，应由施工单位负责修理，直至达到能正常使用为止。

回访、养护及维修，体现了承包者对工程项目负责的态度和优质服务的作风，并在回访、养护及保修的同时，进一步发现施工中的薄弱环节，以便总结经验、提高施工技术和质量管理水平。

12.2.1 园林工程的回访

项目经理做好回访的组织与安排，由生产、技术、质量及有关方面人员组成回访小组，必要时，邀请科研人员参加，回访时，由建设单位组织座谈会或听取会，听取各方面的使用意见，认真记录存在问题，并查看现场，落实情况，写出回访记录或回访记要。通常采用下面三种方式进行回访。

12.2.1.1 季节性回访

一般是雨季回访屋面、墙面的防水情况，自然地面、铺装地面的排水组织情况，植物的生长情况；冬季回访植物材料的防寒措施搭建效果，池壁驳岸工程有无冻裂现象等。

12.2.1.2 技术性回访

主要了解园林施工中所采用的新材料、新技术、新工艺、新设备的技术性能和使用后的效果；新引进的植物材料的生长状况等。

12.2.1.3 保修期满前的回访

主要是保修期将结束，提醒建设单位注意有关设施的维护、使用和管理，并对遗留问题进行处理。

12.2.2 园林工程的养护及保修保活

园林绿化工程移交后，在保修期内对植物材料的浇水、修剪、施肥、打药、除虫、搭建风障、间苗、补植等日常养护工作，应按施工规范进行。

12.2.2.1　保修、保活范围

一般来讲，凡是园林施工单位的责任或者由于施工质量不良而造成的问题，都应该实行保修。

12.2.2.2　养护保修保活时间

自竣工验收完毕次日起，绿化工程一般为1年，由于竣工当时不一定能看出栽植的植物材料的成活，需要经过一个完整的生长期的考验，因而1年是最短的期限。土建工程和水、电、卫生和通风等工程，一般保修期为1年，采暖工程为1个采暖期。保修期长短也在承包合同中确定。

12.2.2.3　经济责任

园林工程的经济责任必须根据需要修理项目的性质、内容和修理原因划分，由建设单位和施工单位共同协商处理。一般情况下按以下几种办法处理：

（1）养护、修理项目确实由于施工单位施工责任或施工质量不良遗留的隐患，应由施工单位承担全部检修费用。

（2）养护、修理项目是由建设单位和施工单位双方的责任造成的，双方应实事求是地共同商定各自承担的修理费用。

（3）养护、修理项目是由于建设单位提供的设备、材料、成品、半成品等引发的质量问题，应由建设单位承担全部修理费用。

（4）养护、修理项目是由于用户管理使用不当，造成建筑物、构筑物等功能不良或苗木损伤死亡时，应由建设单位承担全部修理费用。

12.2.2.4　养护阶段工程状况的检查

（1）定期检查。当园林建设项目投入使用后，开始时每旬或每月检查1次，如3个月后未发现异常情况，则可每3个月检查1次，如有异常情况出现时则缩短检查的间隔时间。当经受暴雨、台风、地震、严寒后，应及时赶赴现场进行观察和检查。

（2）检查的方法。检查的方法有访问调查法、目测观察法、仪器测量法三种，每次检查不论使用什么方法都要详细记录。

园林建设工程状况检查的重点应是主要建筑物、构筑物的结构质量，水池、假山等工程是否有不安全因素出现。在检查中要对结构的一些重要部位、构件重点观察检查，对已进行加固的部位更要进行重点观察检查。

12.2.2.5　养护、保修、保活工作

养护、保修工作主要内容是对质量缺陷的处理，以保证新建园林项目能以最佳状态面向社会，发挥其社会、环保及经济效益。施工单位的责任是完成养护、保修的项目，保证养护、保修质量。各类质量缺陷的处理方案，一般由责任方提出、监理工程师审定执行。

（1）树木养护。栽植后应有专职技工进行养护管理，主要工作如下：

1）修剪：常绿树种以短截为主，不宜过多修剪，内档侧技不宜修空，如果顶梢枯萎，要保证有候补枝条；落叶树种要充分利用老枝上的新梢，俗称

“留活芽”。

2）保持树身湿润，包扎部分树干，每天早晚两次喷雾，叶面要全部喷到，常绿树尤为重要。

3）覆盖根部，适期适度浇水，保持土壤湿润，在确认树木成活后，以上措施可逐渐停止。

4）注意排水，雨后不得积水。

5）发现有新梢叶片萎缩等现象，要及时查明根部有无空隙、水分是否不足或过多、有无病虫害等，并采取相应的措施。

6）新芽萌发后，要进行剥芽，剥芽分几次进行，尽可能提高留芽部位，保留新梢上的芽；留芽对落叶树种尤为重要；垂直绿化树种可通过摘心促使分枝，生长季节理藤造型。

7）土壤沉降后，凡有树木倾斜或倒伏的应及时扶正。

8）树木若有死亡，应及时用同一品种、同一规格的树木补种。

9）及时防治病虫害。

（2）花坛、花境养护：

1）根据天气情况，保证水分供应，宜清晨浇水，浇水时防止将泥浆溅到茎、叶上。

2）做好排水工作，严禁雨季积水。

3）花坛、花境的保护设施应经常保持清洁完好。

4）花卉若有死亡，应及时用同一品种、同一规格的花卉补种。

5）及时防治病虫害。

（3）草坪养护：

1）冷地型草春秋两季充分浇水，夏季适量浇水，并应在早晨浇；暖地型草夏季勤浇水，宜早、晚浇；浇水深度为10cm左右。

2）及时排水，严禁积水。

3）及时清除杂草。

4）草坪若有死亡，应及时用同一品种的草坪植物补种。

5）及时防治病虫害。

养护、保修责任为1年，在结束养护保修期时，将养护、保修期内发生的质量缺陷的所有技术资料归类整理，将所有期满的合同书及养护、保修书归整之后交还给建设单位，办理养护、维修费用的结算工作。

建设单位召集设计单位、承接施工单位联席会议，宣布养护、保修期结束。

复习思考题

1. 园林工程竣工验收的作用是什么？
2. 施工单位竣工验收准备工作的主要内容有哪些？

3. 怎样进行园林建设工程质量的验收？

4. 如何做好园林工程竣工预验收工作？园林工程竣工预验收工作包括哪些内容？

5. 园林工程竣工验收程序是什么？

6. 园林工程项目的交接应注意哪些问题？

7. 如何划分养护期管理的工作责任？

第 13 章　园林绿化企业经营管理

本章主要介绍园林绿化企业经营管理的特点；园林绿化企业的主要职能和任务；园林绿化企业经济核算与财务管理以及园林绿化企业经营管理的基础工作。

13.1 园林绿化企业经营管理概述

13.1.1 园林绿化企业经营管理的特点

13.1.1.1 企业经营的特征

经营是指企业的经济系统根据企业所处的外部环境和条件，把握机会，发挥自身的特长和优势，为实现企业总目标而进行的一系列的有组织的活动。经营包含了企业为实现其预期目标所进行的一切经济活动，它包括企业供、产、销、服务等活动的全部内容。现代园林企业经营具有如下特征：

（1）企业的经济系统特征

一方面园林企业是社会系统中的一员，作为社会经济元素，是社会经济系统的成员，是进行独立核算、自负盈亏的生产经营单位；另一方面园林绿化企业又自成系统，本身是由许多内部组织机构组合而成的，内部有相对完整的经济结构，是包含生产、分配、消费、流通四个环节的统一体，有相对独立和完整的运行机制，在企业内部四个环节之间是互相转化的，形成企业经济系统的自我循环。

同时，园林绿化企业的经济活动有其自身的经济利益和目的。企业的经济利益是三位一体的，即包括：由企业实现的那部分国家利益、企业自身存在和发展的经济利益和企业职工的经济利益。

（2）企业经营受到内外部环境的制约

企业是一个与环境相互作用的开放的系统，它的经营活动受着外界环境的影响和制约。系统总是存在于一定的环境之中，系统的运行需要具备一定的环境条件，要受到环境的制约。与环境保持某种关系的系统称为开系统。反之，与环境无关的系统称为闭系统。企业作为国家经济组成的最基本单元，它的经营活动与环境是紧密相连的，外界环境无时无刻不在影响和制约它的生存和发展。企业的经营必须对复杂的外部环境进行分析。

园林绿化企业所在的环境可以分为特定环境与一般环境。特定环境是直接对园林绿化企业的活动产生影响的因素，包括建设单位、竞争对手、供应商、相关政府部门、行业的各种团体、相关技术等。特定环境体现了一般环境因素在某一领域里的综合作用，对于企业当前和今后的经济活动产生直接的影响，它是环境分析的具体内容。一般环境是指间接地对企业活动产生影响的因素，如文化、社会、经济、技术、政治与法律等。这些环境因素涉及广泛的领域，主要从宏观方面对企业的经营活动产生影响。

（3）企业经营要发展核心竞争力

核心竞争力通俗地讲是一种独特的、别人难以靠简单模仿获得的能力，体现企业自身的优势与特长。企业所掌握的先进的专有技术、独特的企业文化、企业的资源整合能力都可以形成核心竞争力。企业对自身发展的长处要有充分的分析和清楚的认识，在生产经营活动中合理地利用人、财、物、技术、信息等内部资源，要围绕自己的核心竞争力，专注于自己的优势，才能得到持续发展。

（4）经营目标决定企业的经营活动

园林绿化企业的经营目标是多元的，但基本目标是满足社会需求，提供优质产品或服务；同时企业获得经济效益，保证企业经济系统的循环顺畅地进行，创造优美的城市生态环境，并为企业和员工的进一步发展提供有利的条件。企业经营目标的实现是企业经济系统从事经营活动的最终结果。

13.1.1.2　企业经营的环境

园林绿化企业的经营环境是指存在于企业外部并影响企业的经营活动的各种客观因素。企业的经营环境一般包括文化、社会、经济、政治与法律、技术等，它不依赖于个别企业的存在而存在，也不会随着个别企业的变化而变化，并从各个方面影响企业的经营活动，与企业经营有着疏密不同的关系。现代企业的经营活动日益受到外部环境的作用和影响。园林绿化企业要想顺利经营，只有适应外部环境，必须全面地、客观地分析和掌握外部环境的变化，根据经营目标的要求，作出相应对策。企业的外部环境包括经济环境、科技环境、政治与法律环境、社会文化环境和自然生态环境五个方面：

（1）经济环境

经济环境是指构成企业生存和发展的社会经济状况及国家的经济政策，包括社会经济结构、经济体制、宏观经济政策等要素。衡量这些因素的经济指标有平均实际收入、平均消费水平、消费支出分配规模、实际国民生产总值、利率和通货供应量、政府支出总额等。

（2）科技环境

科技环境是指企业所处环境中的科技要素，以及与该要素直接相关的各种社会现象的集合。科技环境包括国家科技体制、科技政策、科技水平和科技发展趋势等。随着国家科学技术的发展，新技术、新能源、新材料和新工艺的出现与运用，企业在经营管理上需要作出相应的决策，以获得新的竞争优势。

（3）政治与法律环境

政治和法律环境是指那些制约和影响企业的政治要素和法律系统，以及其运行状态。企业的政治环境，包括国家的政治制度、国家的权力机构、国家颁布的方针政策、政治团体和政治形势等因素。这些因素对企业的生产经营活动具有控制和调节的作用。企业的法律环境，包括国家制定的法律、法规、法令以及国家的执法机构等因素。这些因素监控企业的生产经营活动，同时也保护企业的合法权益和合理竞争，促进公平交易以及保护消费者的利益等。企业在生产经营中要树立法律意识，遵纪守法，并能够运用法律手段保护自己的正当权益。

（4）社会文化环境

社会文化环境是指企业所处的社会结构、社会风俗和习惯、信仰和价值观念、行为规范、生活方式、文化传统、人口规模与地理分布等因素的形成和变动。其中，人口因素是一个极为重要的因素，包括人口规模、地理分布、年龄分布、迁移等方面。社会文化环境决定人们的消费观念、消费水平、市场的大小，是为企业带来市场机会的主要方面。

（5）自然生态环境

自然生态环境是指企业所处的自然资源与生态环境，包括土地、森林、河流、海洋、生物、矿产、能源、水源、环境保护、生态平衡等方面的发展变化。环境保护，实现人类的可持续发展是每一个园林绿化企业的责任，对每一个企业的生产经营有着极为重要的影响。

13.1.1.3 企业的资源

资源是企业所拥有，使企业得以运营的要素集合，包括有形资产（如厂房、现金、人员和顾客等）以及无形资源（产品质量、员工技能、市场声誉等）。资源在众多方面直接影响企业绩效。企业的资源应该与企业经营的其他成功因素相适应，必须协调运作，才能支持企业的发展。资源形成后，会慢慢枯竭，建立和维护资源又需要时间和精力，企业因此要有充分的准备。企业管理者应该了解自身的资源系统，知道如何建立核心资源。

园林绿化企业对环境的控制能力取决于它掌握的资源，企业拥有的资源决定了它的竞争优势。企业的资源处于不停的汲取、消耗、演变之中，在许多情况下，它们相互补益，通过自我强化的良性循环而逐渐增强，结果形成企业的持久优势。企业的资源可以分为有形资产、无形资产和人力资源三类：

（1）有形资产

有形资产是具有物质形态的资产。有形资产的数量一般可以从企业的财务报表上查到。当考虑某项有形资产的价值时，不仅要看到数量，而且要注意评价其产生竞争优势的潜力。换句语说，一项账面价值很高的实物资源，其战略价值可能并不大。实物资源的战略价值不仅与其账面价值有关，而且取决于公司的地理位置和能力，设备的先进程度和类型，以及它们能否适应产品和市场等要素的变化。

怎样才能使现有资源更有效地发挥作用呢？企业可以通过多种方法增加有形资产的回报率，如采用先进的技术和工艺，以增加资源的利用率；通过与其他企业的联合，尤其是与供应商和客户的联合，以充分地利用资源。实际上，由于不同的企业掌握的技术不同，人员构成和素质也有很大差异，因此它们对一定有形资产的利用能力也是不同的。换句话说，同样的有形资产在不同能力的公司中表现出不同的价值。

（2）无形资产

无形资产是企业拥有的全部非物质性资产，其价值无法用普通的会计方法来衡量。它包括企业拥有的“软性”资产，如专利、软件、品牌、商标、标志、特许经销权、科研开发资源、创意、专门知识与客户关系等。

大部分无形资产是不可能直接从市场上获得的，如企业的经营能力、技术诀窍和企业形象等。无形资产往往是企业在长期的经营实践中逐步积累起来的，虽然不能直接转化为货币，但却同样能给企业带来效益，因此同样具有价值。另一类重要的无形资产是专有技术，有先进性、独创性和独占性的技术。一旦公司拥有了某种专利、版权和商业秘密，它就可以凭借这些无形资产去建立自己的竞争优势。

很多企业的管理层往往会忽视无形资产，很少进行评估或管理，但是投资者对企业的无形资产却极为重视。对大多数正在努力确立竞争优势的企业来说，无形资产是一种尚未开发的丰富资源。必须建立一种机制，制定出企业非物质性资产的评估和资本分配标准，从而在新的经济形势下，充分发挥无形资产的价值。利用无形资产，对有形资产进行经营，为企业股东创造收益。

(3) 人力资源

一个企业最重要的资源是人力资源。企业的人力资源泛指企业内的智力劳动和体力劳动者。而企业中最重要的人力资源是那些能够为企业提供技能、知识以及推理和决策能力的员工和管理者，具有这些能力的人又称为企业的人力资本。事实表明，那些能够有效地利用其人力资源的企业会获得更快发展。这是因为，无论企业在有形资产和无形资产方面多么富有，没有人来正确地运用，企业也无法获得长期的成功。是有进取心的人，利用所掌握的技术创造了企业的繁荣，而不是仅靠实物资产和无形资产。在知识经济时代，人力资源在园林绿化企业中的作用也越来越突出了。

在环境变化的情况下，企业更加重视的不仅仅是员工过去或现在具有怎样的能力和业绩，而是评估他们是否具有挑战未来的信心、知识和能力。不仅要考察其成员个人的专长和知识，而且要注重评价他们的人际沟通技巧和合作共事的能力。

企业的经营管理，关键在于不断营建新的资源，实现各种资源的整合。整合后的资源能否产生竞争优势，取决于它们能否形成一种综合能力。换句话说，一个企业的能力不仅取决于其拥有的资源数量，而且更重要的是取决于它是否具有将各种资源整合的能力。资源的整合靠的就是企业管理。

13.1.2 园林绿化企业管理的职能和任务

13.1.2.1 园林绿化企业管理的职能

企业管理职能是对企业管理的基本工作内容和工作过程所做的理论概括。企业管理的职能包括一般职能和特殊职能。一般职能是指由协作劳动产生的、属于合理组织生产力的管理职能；特殊职能是由这一劳动过程的社会性质产生的、属于维护生产关系的职能。一般职能和特殊职能是企业管理两个相互结合、不可分割的基本职能。

企业管理职能要通过具体管理工作履行。对具体管理工作进行归纳和概括，可以划分为若干具体职能，如计划、组织、控制、人事等。

(1) 计划职能

计划是确定企业目标和实现目标的途径、方法、资源配置等的管理工作。在企业管理的各项职能中，它是首要职能。计划作为指导人们开展各项工作的纲领和依据，同时计划职能是协作劳动的必要条件。

企业要达到预期目标，必须对各项活动、各种资源的利用和每个人的工作进行统一安排，在协作劳动中才能彼此配合。没有计划的企业是不可能生存的。计划如果出现重大失误，企业就会遭受严重损失，甚至在激烈的市场竞争中还可能因此而被淘汰。

计划职能的主要内容和程序如下：

1）对企业外部环境（一般社会环境和产业环境，特别是市场状况）和内部条件的现状及未来的变化趋势，进行分析和预测。

2）根据上述市场需要、企业内部条件的分析以及企业自身的利益，制定企业中长期和近期的目标。

3）拟定实现目标的各种可行方案，通过综合评价，选择满意方案，即进行决策。

4）编制企业的综合计划（经营计划）和各项专业计划（生产计划、销售计划等），以便落实决策方案。

5）检查计划执行情况，及时发现问题，采取措施予以解决。这步工作是计划职能与控制职能相互交叉的一项工作。

(2) 组织职能

为了实现企业的共同目标与计划，需要确定企业成员的分工与协作关系，建立科学合理的组织结构，使企业内部各单位、各部门、各岗位的责权利协调一致，所进行的一系列管理工作就是组织职能。

从组织职能与计划职能工作性质看，组织职能与计划职能密切相关。计划职能为组织职能规定了方向乃至具体要求，组织职能为计划目标的完成提供了组织上的保证。

组织职能的内容一般包括：

1）确定为完成企业任务和目标而设置的各项具体管理职能，明确其中的关键性职能，并将其分解为各项具体的管理业务和工作。

2）确定承担这些管理业务和工作的各个管理层次、部门、岗位及其责任、职权，搞好企业内部的纵向与横向的分工。

3）确定上下管理层次之间、左右管理部门之间的协调方式和控制手段，使整个企业的各个组成部分步调一致地进行活动，提高企业管理的整体功能。

4）配备和训练管理人员。

5）制定和完善各项规章制度，包括管理部门和管理人员的绩效评价与考核制度，以调动职工积极性。

组织职能的这些内容说明，它是一个动态的工作过程。

(3) 人事职能

人事职能是从组织职能中分离出来的，对于正确处理人们的相互关系、调动职工积极性、提高组织的整体效能具有极其重要的作用，系指人员的选拔、使用、考核、奖惩和培养等一系列管理活动。

现阶段，人事工作的重要地位得到人们的普遍承认，并且形成了一整套理论、原则、制度和方法。企业人事工作就是如何用人、提高人的积极性问题，应把重视思想政治工作，努力建设以共产主义思想为核心的社会主义精神文明，用革命理想和革命精神振奋职工群众建设社会主义的巨大热情作为主要工作内容。古今中外许多企业的成功经验一再表明，人才是企业最可宝贵的资源，是企业兴旺发达之本。

随着科学技术的突飞猛进，生产的机械化、自动化程度的不断提高，企业经营管理的日益复杂，对工人和各级管理人员素质的要求越来越高，同时，对于充分调动人们的积极性和创造才能，也提出了迫切要求。

社会主义企业的用人职能，不仅要反映社会化大生产的要求，还应具有社会主义的特点。企业既要为国家创造物质财富，还要为社会培育优秀的人才。

(4) 控制职能

控制职能就是按照既定计划和其他标准对企业的生产经营活动进行监督、检查，发现偏差则采取纠正措施，使工作按原定计划进行，或者改变和调整计划，以达到预期目的的管理活动。

进行控制是企业高层、中层和基层的每一个主管人员的职责。为了履行这一职责，各级领导人要懂得自己职责范围内的生产技术，熟悉管理业务工作；要制定控制标准，评定工作的实际成果、并及时解决执行工作中偏离计划的问题。控制的目的，就是保证企业实际生产经营活动及其成果同预期的目标一致，使企业计划任务和目标转化为现实。

由于企业各级主管人员的分工不同，他们的控制范围也不一样。因此，控制职能可以划分为不同的具体类型。如果按业务范围划分，有生产作业控制、质量控制、成本控制、库存控制和资金控制等，它们分别由不同的管理部门和人员负责。按控制对象的全面性划分，控制职能有局部控制和综合控制（全面控制）。大多数控制属于局部性的，用以集中解决经营管理某个方面的计划的落实，如工程质量、进度（工期）、成本支出等控制工作。综合控制通常运用财务手段，对综合反映企业经营状况的价值形态的指标，进行系统的分析和判断，发现问题，予以纠正。

各种管理职能的具体内容、要求及时间分配因企业管理层人员不同而存在一定差异。如以总经理为首的经理班子，要为计划、组织和人事花费大部分时间，而且要求很高；工段、班组等基层管理人员从事的是执行性工作，因而用于计划的时间较少，大部分精力应集中于控制。

13.1.2.2 园林绿化企业管理的任务

企业管理是以企业任务为导向的执行一系列管理职能的系统活动，必须明确企业管理任务。现代园林绿化企业管理必须承担和完成下列三项相关的重要任务。

(1) 企业管理必须把经济上的成就放在首位

园林绿化企业作为一个经济组织，必须用自己的经济成果为社会创造财富，增加税收，满足用户需要，同时，使企业出资者及其他利益相关者获得各自追求的合法利益。只有这样，企业才有存在的必要和价值，企业自身才能生存和发展。因此，管理者的首要任务必然是保证企业实现预期的经济成就，并使之持续、稳定地不断提高。

(2) 企业管理应使工作富有活力，并使员工取得成就

园林绿化企业的经营业绩只有在市场竞争中才能实现，而企业竞争力的强弱取决于企业内部各项工作是否富有活力；要想使各项工作都富有活力，就要充分调动全体员工的积极性、主动性和创造性，让员工在各自的岗位上取得良好业绩。可见这一任务是与企业获得经济成就的任务是紧密相联的。

我们知道，每个人都是抱着不同的目的参加组织的，并且通过为企业组织服务谋求自身经济利益及其他利益；如果组织不能在总体上满足员工的基本需求，组织就将面临瓦解。另一方面，任何组织都必须统一人们的意愿与意志，围绕一个共同的经营战略、按照共同的行为准则去开展生产经营活动，然而这种共同的意志与意愿并不一定合乎个人的要求。每个人的个性意愿并不总是合乎工作的客观要求。因此，管理者在企业的生产经营活动中，不仅要管好物，更要管好人，要以人为中心开展各项管理工作，最大限度地发挥每个员工的聪明才智，确保企业能够真正获得令人满意的经济成就。

(3) 企业管理必须承担和履行社会责任

园林绿化企业是社会的一部分，是为广大人民群众创造优美环境和服务的经济组织，它的行为必然对社会发生影响。对于这些影响，企业必须承担相应责任。依法照章纳税，履行合同，进行环境管理，防止污染、保护环境等是每个企业应尽的义务；同时企业行为必须符合社会的价值准则、伦理道德、国家法律以及社会期望，坚决抵制那些有害于国家和人民群众的行为。总之，企业必须做有益于社会的事，以企业的经济活动推动社会进步。

13.1.3 园林绿化企业的管理方法

企业的管理方法具有普遍性。园林绿化企业执行企业管理职能，完成企业管理任务，各项管理工作和各层次管理人员都需要学习和应用企业管理的一般方法。按照管理者和被管理者之间相互作用的方式划分，有以下四类方法。

13.1.3.1 行政方法

行政方法具有强制性，是行政组织运用行政手段（命令、指示、规定等），按照行政隶属关系来执行管理职能、完成管理任务的一种方法。行政方法是必要的，但必须注意，运用行政方法必须依照客观规律办事，讲究科学性，从实际出发，切忌主观主义地瞎指挥。

13.1.3.2 经济方法

经济方法是按照经济规律的要求，运用经济手段（价格、工资、利润、利息、奖金等）和经济方式（经济合同、经济责任制等）来执行管理职能，实现管理任务的方法。采用经济方法应运用物质利益原则，实行按劳分配，正确处理国家、企业、职工三者利益关系，调动经营者和生产者的积极性，引导他们为企业和国民经济发展做出贡献。

13.1.3.3 法律方法

法律方法是用经济法规来管理企业的生产经营活动的方法。经济法规是调整国家机关、企业、事业单位和其他社会组织之间，以及它们与公民之间在经济生活中所发生的社会关系的法律规范，是这些组织和公民经济行为的准则，是保证企业生产经营活动有秩序进行的条件，也是国家管理经济的重要工具。因此，企业管理必须重视法律方法的运用。

13.1.3.4 教育方法

教育方法是指运用思想政治工作的方法来解决职工的思想认识问题，调动职工的积极性。企业的生产经营活动是以人为主体的，企业的活力能否增加，经济效益能否提高，最终源泉在于企业职工的积极性、创造性和智慧。而这一源泉的充分发掘，除了正确的政策外，与人们的思想状况有极大关系。在企业生产活动和各项改革工作中，人们会产生各种各样的思想问题。思想问题决不能用强迫命令、简单压服的方法去解决，只有依靠思想政治工作，通过说服教育的方法才能奏效。

此外，按照时代特点划分，企业管理有传统方法和现代方法。按研究解决问题的思维方式划分，企业管理有定性分析和定量分析的方法。

现代管理方法一般是指运用现代管理理论，以电子计算机和各种信息、通信技术为手段，借助多种教学方法，去执行管理职能的方法。这种方法可以显著提高工作效率和工作质量。特别是企业的重大决策，涉及多种目标、多种因素，存在多种可能性，必须把定量分析和定性分析的方法结合起来，充分发挥企业经营者的经验与智慧，进行综合权衡与分析判断，才能做出适当的选择。在这个过程中，还需要经营者的冒险精神和决断魄力，这更是一般定量分析方法解决不了的。

综上所述，企业管理的一般方法，各有不同的作用和长处，都是企业管理所必需的，不能因为一种方法有效，而贬低或者否定其他方法。同时，每一种方法都不是万能的，各有一定的局限性。因此，搞好企业管理，不能单纯依赖某种方法，而是应该把各种科学方法结合起来使用，使之相互补充，以求得理想效果。

13.2 园林绿化企业经济核算与财务管理

13.2.1 园林绿化企业经济核算

经济核算是利用货币形式，通过会计核算、统计核算、业务核算和经济活动分析，对企业生产经营活动中的生产消耗、资金占用和经营成果进行全面、准确的记录、计算、比较和分析，以求不断促进生产、经营和以最少消耗取得最好经济效果的一种力法。

企业是自主经营自负盈亏的经济组织，因此，实行经济核算是伴随企业生产经营同时发生的最基本的经济活动。同时，实行经济核算也是客观经济规律的要求。

13.2.1.1 实行经济核算的先决条件

园林企业实行经济核算必须具备一定的条件。

首先从宏观方面国家要赋予企业与经济责任相适应的经营权限，以及与经营成果相结合的经济利益。同时要遵循和正确运用价值规律，在市场经济条件下，理顺园林产品的价格，使企业的核算和效果能与价格和盈亏相吻合。

其次在企业内部必须建立严格的经济责任制，健全经济核算的组织体系。同时做好经济核算的基础工作。

经济责任制是企业对自己的生产经营活动负有完全的经济责任。园林企业的经济责任制表现在企业对社会、国家、投资者、用户、协作单位等的经济责任，以及企业内部各级机构、各部门在经济上的盈亏责任。

实行经济核算要求企业认真做好原始记录及统计工作、计量工作、定额管理工作等一系列基础工作。

13.2.1.2 园林企业经济核算的内容

园林企业经济核算的内容有如下几方面：

（1）生产成果的核算。园林绿化企业施工生产成果是承建工程、销售苗木和提供施工劳务，表现为工程的数量、质量、产值以及完成合同情况等。在工程施工不同阶段，施工生产成果表现不同，核算要求也不同。如在施工准备阶段，要反映和核算主要材料、机械设备保证程度；在施工阶段，要核算工程进度，已完工程量及分部分项工程质量；在竣工阶段，在全面核算工程数量、产值之时，更应重视园林工程质量的核算。

（2）施工生产消耗的核算。对施工生产中活劳动和物化劳动的消耗所进行的记录、计算、对比、分析和检查。其目的是掌握费用开支的构成情况、各项费用和消耗的合理程度以及降低消耗的途径。施工生产消耗的综合反映是工程成本，因此，成本核算是园林企业施工生产核算的基础，其重点是占成本60%～70%的主要原材料消耗。

（3）资金占用效果的核算。企业的经营生产，不仅要发生各种消耗，同时要占用一定数量的资金。企业资金占用多少不仅关系到企业经营成果，同时也影响到国民经济的发展。资金占用效果的核算主要通过固定资产产值率、流动资金周转率和流动资金产值率等指标，反映企业所占用资金和用的情况。

（4）经营成果核算。企业的经营成果主要表现为利润水平。经营成果核算也称利润核算。企业的利润综合反映企业生产经营活动的经济效果。利润核算与企业及职工的物质利益有直接联系，直接体现经济核算的成效。经济成果

（利润）核算的主要指标有：利润额、成本利润率、资金利润率等。在利润核算中，也应核算利润留成使用情况，检查利润留成按规定范围和规定比例的使用情况。

13.2.1.3 园林企业经济核算的方法

园林企业经济核算的基本方法有会计核算、统计核算、业务核算三种。他们各有不同的特点和适用范围，在实际工作中，能相互补充、相互配合，组成一个完整的经济核算体系。

（1）会计核算。会计核算是以货币为计量单位，全面、综合、系统、连续地反映和监督企业经济活动的全过程及其结果。企业经济核算中很多综合性的指标，如成本、资金、利润和亏损等都必须由会计核算来提供。会计核算以严格的凭证和一定的审批手续为依据，能有效地监督和促进国家财政纪律和财务制度的执行。因此会计核算是经济核算中主要的组成部分。

（2）统计核算。统计核算是通过统计调查取得大量资料和原始记录的基础上，进行统计整理和统计分析，取得有关产量、产值（工作量）、质量、设备利用和劳动生产率等经济指标，反映企业经济现象和经济活动的规律和他们之间的内在联系。统计核算可以用货币计量，也可以用实物或劳动量计量。统计指标可以是绝对数、相对数和平均数，分别用以反映企业生产经营活动及其成果的水平、比例关系、发展速度和变化趋势，为编制计划、检查计划执行情况、改进经营管理提供依据。

（3）业务核算。业务核算又称业务技术核算。它是运用简便的方法、迅速地提供个别经济活动和经营业务的资料和情况。如施工班组或分部分项工程的主要材料或能源或工时消耗定额执行情况等。业务核算根据经济活动或经营业务的性质用不同的计量单位，可以是货币量，也可以是实物量或劳动量，提供所需要的各种资料，包括原始记录和计算登记表等。由此可见，业务核算是会计核算和统计核算的补充。它的应用范围较广，不仅可以对已发生的经济活动进行核算，而且可以对尚未发生和正在发生的经济活动进行核算，预计其经济效果。业务核算一般在总会计师领导下由各有关部门负责组织进行。

（4）分级核算。实行分级核算是明确规定与企业生产经营管理活动相协调的经济核算任务。

公司是独立核算单位，作为经济法人、自负盈亏。公司核算是企业经济核算的核心，要全面核算各项经济指标。公司经济核算在经理领导下，由总会计师负责组织进行。公司会计部门负责全面的会计核算以及由有关职能部门负责专项的统计核算，如企业成本、利润、物资消耗、能耗等。

工程处是企业的内部核算单位，主要核算生产成果、如降低成本、内部利润、建安工作量、流动资金占用、竣工面积、工程质量、施工工期等指标。核算由工程处主任领导，财会与计划人员负责组织，各部门配合。主要进行统计核算和业务核算，如果有独立往来账户，则也进行会计核算。

施工队是企业基层核算单位，重点核算工程质量和完成施工生产任务情况，如工程量、工作量、工时及原材料消耗、工程质量等。由施工队队长领导，专职人员负责，组织进行各项经济核算，主要采用统计核算和业务核算方法。

施工班组核算是最基础的核算。核算的主要内容是实际施工生产过程中的各种消耗和成果。主要由班组长负责，以施工任务单为依据进行考核和计算。班组核算不仅为各级和各项经济核算提供基础资料，同时，使施工任务完成情况与职工的经济利益相联系，充分调动职工积极性。

(5) 归口核算。归口核算是具体落实企业各职能部门、各项工程的经济核算内容与要求。根据园林企业生产特点，首先必须对各承包工程实行归口核算；同时在企业内部按核算内容归口。

单位工程核算，通常以园林绿化工程产品或承包合同为对象进行核算。它是企业分级核算和归口核算的基础，单位工程核算是由园林工程产品经营生产特点所决定的，最符合独立经济核算要求的核算单位。这是实行项目管理要求相一致的最有效的核算，实行单位工程核算有利于加快工程进度、提高工程质量。

实行单位工程核算首先需要建立相对独立的工程领导机构，建立以工程为对象的统计和记账制度。单位工程核算可采用会计核算、统计核算、业务核算等各种方法。

各职能部门根据业务分工和分管职能，分口负责经济核算，如财务部门主要负责成本、资金运用，利润等指标的核算，材料部门分管流动资金占用，材料消耗等指标的核算，等等。

为了实行全面经济核算，企业各级组织之间，各职能部门之间、施工生产部门之间、生产单位和职能部门之间都要密切配合，紧密协作，共同努力。

13.2.2 园林绿化企业财务管理的内容与要求

13.2.2.1 财务管理的内容

财务管理作为企业管理的一个重要组成部分，其实质就是理财，一方面要理顺企业资金流转过程，确保生产经营的正常进行；另一方面要理顺各种经济关系，确保各方面利益得到满足。所谓财务管理就是组织企业财务活动，处理其所体现的财务关系的管理工作。因此，财务管理的主要内容就是组织企业的各种财务活动，处理各种财务关系。

13.2.2.2 企业财务活动

在商品经济条件下，企业进行生产经营活动，必须具备人、物、资金、信息等生产要素。而随着生产经营活动的进行，这些要素在发生着变化和运动，一方面表现为物资的不断购进和售出，另一方面表现为资金的不断支出和收回，也就是在企业的实物商品运动和金融商品（指股票、债券等有价证券）运动过程中，存在着资金运动。企业资金运动则是通过一系列的财务活动来实现的，这些财务活动总体上可以分为筹资活动、投资活动、资金营运活动和收益分配活动。

（1）筹资活动。在商品经济条件下，作为以盈利为目的的经济组织，企业进行商品交易活动，必须以筹集一定数量的资金为前提。所谓筹资是指企业为了满足其生产经营活动中的资金需要，从企业内外各方面筹措和集中资金的过程。

任何企业筹集资金都可以从两个方面进行：一是企业自有资金，这是企业通过发行股票或是直接向投资者吸收投资以及企业历年经营成果当中的留存收益等方式取得的资金；二是企业债务资金，这是企业通过向银行或其他金融机构借款、发行企业债券、融资租赁、利用商业信用等方式取得的资金。

企业通过不同方式、不同途径筹集到的资金，其形式上表现为资金流入企业；企业偿还借款、支付利息、发放股利、偿付欠款以及支付各种筹资费用等，则表现为资金流出企业。为满足生产经营顺利进行以及发展的需要，要求企业能够及时获得足够的资金并能够保证及时偿付，使资金流入和流出相配合。但是，不同时期、不同来源的资金，其使用成本及其给企业带来的风险也各不相同，因此企业在进行筹资决策时，一方面要确定筹资的总规模，以保证企业经营及发展的资金需求；另一方面必须对各种筹资渠道、筹资方式以及筹资工具等进行选择，在保证数量和时间的前提下，确定企业合理的资本结构，尽可能降低筹资成本以及相应的财务风险。

（2）投资活动。企业投资活动是指将所筹集的资金在企业内部合理配置以及根据不同目的将资金对外投放的过程。企业筹资的目的是为了把资金投入到生产经营活动中以谋求最大的经济利益。企业可以把筹集到的资金用于购置生产经营所需的各项流动资产、固定资产、无形资产等，这是企业的对内投资活动；也可以用于购买其他企业的股票、债券或与其他企业联营等，这是企业的对外投资活动。企业的对内投资活动和对外投资活动合称为广义的投资；与此相对的狭义的投资仅指对外投资。

企业在进行投资决策时，必须筹划投资规模，寻求投资规模效益最佳点；同时，必须考虑选择合理的投资方向、投资方式和投资工具；确定合理的投资结构，提高投资效益，降低投资成本，中和投资风险以便于企业更好地实现其目标。

（3）企业日常生产经营活动中的资金营运活动。企业在日常生产经营过程中，会发生一系列的资金收支。以工商企业为例，第一，必须购买材料和商品，以便从事生产和销售活动，同时，还要支付员工工资和其他各种生产经营费用；第二，当企业把商品售出或提供了劳务之后，即可取得收入，正常情况下便收回资金；第三，如果企业现有资金不能满足其日常生产经营需要时，还要采取短期借款等方式筹集所需资金。这些活动都会引起企业资金的流入流出，因而也就构成了企业日常生产经营中的资金营运活动。

企业的营运资金主要是为满足其日常生产经营活动的需要而垫支的资金，营运资金的管理是企业财务管理工作的重要内容之一，其效率与效果会直接影响企业生产经营活动的正常运行，比如生产所需的原材料是否及时适量供应，各项生产性费用支出是否按时结清，商品销售收入是否及时收取，企业的固定资产和流动资产是否有效使用，等等；营运资金的周转与企业的生产经营周期具有一致性，在一定时期内资金周转越快，就意味着可以利用相同数量的资金生产出越多的商品，取得越多的收入，获得越多的报酬。因此，企业日常财务管理工作要努力做到保持资金收支平衡和现金流量的顺畅，加速资金周转，提高资金使用效率与效果。

（4）收益分配活动。企业的收益分配活动是指企业在一定时期内所创造的利润在企业内外各利益主体之间分割的过程。企业在生产经营活动中会产生利润，也会因对外投资而分得利润。利润实质上是企业对内和对外投资的成果，即表现为取得各种收入，从中扣除各种成本费用后的剩余，也就是实现了资金的增值。

企业一定时期的营业利润、投资净收益和营业外收支净额等构成了企业的利润总额。企业的利润要按照规定的程序进行分配，这一分配过程是企业履行其社会责任的二个重要表现，因此必须力求做到各相关利益主体之间的利益均衡。首先，要依法缴纳企业所得税；其次，余下的净利润要用来弥补以前年度的亏损（如果有的话），提取盈余公积金、公益金，这是企业留下用于扩大规模、等待弥补亏损和改善职工集体福利；最后，剩余部分作为投资收益分配给投资者或作为投资者的追加投资或暂时留存于企业留待将来处理。整个分配过程中，提取的盈余公积金、公益金以及最后暂时留存于企业的未来分配利润，就是收益分配当中积累于企业的部分。

需要注意的是，企业所筹集的资金一是来源于债权人，此部分资金来源形成企业的负债；二是来源于投资者，形成企业的所有者权益。对这两部分资金来源的回报，即报酬分配是不同的，企业支付给债权人的是利息，并且计入相应的成本费用当中，属于税前分配；企业支付给投资者的是净利润当中的一部分，属于税后分配。

企业进行收益分配，必然会影响到其资金运动的规模和结构。因此，在遵守有关法律规定的前提下，合理确定分配规模和分配方式，保证企业日常生产经营活动的顺利进行和扩大规模的需要，这是企业财务管理工作的重要内容之一。

以上四个方面是企业财务活动的主要组成部分，彼此之间既是具有相对独立性，又存在着相互联系、相互依存的关系。企业收益的大小主要取决于投资的规模及其效益，投资的规模及其效益又受到筹资的数量及其代价的制约，而筹资活动本身又与收益分配中企业积累额的多少密切相关。因此这四个方面的财务活动也就构成了企业财务管理的基本内容。

13.2.2.3　财务关系

企业财务关系是指企业在组织财务活动过程中与有关各方发生的经济利益关系。企业在进行筹资活动、投资活动、生产经营活动、收益分配活动时，必然要与企业内外各种经济利益主体发生各种经济利益关系。企业的财务关系可以概括为以下几个方面：

（1）企业与其资本所有者之间的财务关系。主要是指企业的资本所有者向企业投入资本金，并因此享有对企业净资产的最终所有权以及与之相关联的收益权。企业的资本所有者可以是国家、法人，也可以是个人或外商。企业资本所有者必须按照投资合同、协议、章程的规定履行出资义务以便及时形成企业的注册资本金。企业利用资本金购置资产、进行生产经营活动，取得经营收入后首先扣除各项成本费用，包括利息和税金，余下的净利润按照资本所有者的出资比例或合同、协议的规定依法进行分配。

尽管资本所有者由于其出资额不同，各自对企业承担的责任和相应享有的权利和利益也不相同，但是他们与企业之间都存在下列财务关系：

1）所有者对企业拥有程度不等的控制权；

2）所有者有权参与对企业利润的分配；

3）所有者有权对企业的净资产享有分配权；

4）所有者对企业承担不尽相同的法定义务和责任。

企业与其资本所有者之间的财务关系，体现着资本所有权的性质，反映出企业经营权和所有权之间的关系。

（2）企业与其债权人之间的财务关系。主要是指企业向债权人借入资金，并按照借款合同的规定按时支付利息和归还本金所形成的经济关系。通过借入一定数量的资金，企业可以扩大生产经营规模。企业获得债权人提供的资金，要合理利用，并按照约定的利率及时支付利息，债务到期时必须按时归还本金。

企业的债权人主要有企业债券持有人、贷款给企业的银行或其他金融机构、商业信用提供者以及其他出借资金给企业的单位或个人。企业与其债权人之间的财务关系属于债务与债权关系。

（3）企业与被投资单位之间的财务关系。主要是指企业作为资本所有者以购买股票或直接投资的形式向其他企业或单位进行投资所形成的经济关系。企业向其他单位投资，应当按照约定履行出资义务，并依据自己的出资份额参与被投资单位的经营管理和利润分配。企业与被投资单位之间的财务关系是体现所有权性质的资本所有者与被投资者的关系。

（4）企业与其债务人之间的财务关系。主要是指企业通过购买债券、提供借款或商业信用等形式将自己的资金出借给其他企业或单位等所形成的财务关系。这种关系反映为企业与其债务人之间的债权债务关系，与上述第二种企业与其债权人之间的关系正好相反。

（5）企业与政府之间的财务关系。主要是指企业要按照税法税制的规定依法纳税而与政府之间所形成的经济关系。政府作为社会秩序的管制者，担负着维护社会正常秩序、保卫国家安全、组织和管理社会活动等职责。据此政府将无偿参与企业收益的分配，也就是要求企业必须依法纳税。企业与政府之间这种关系具有强制性和无偿性的特征。

此外，企业在日常生产经营活动中还会形成其内部各单位之间、企业与职工之间的财务关系。企业与其内外部各方利益关系人所形成的上述各种财务关系，构成了企业财务管理工作的重要组成部分，处理好各种财务关系，是企业财务管理工作必须认真解决的一个重要方面。

13.2.3 园林绿化企业财务分析与成本控制

13.2.3.1 财务分析

为了深入了解企业的发展状况，充分掌握企业经营管理和决策所需的财务信息，需要对企业的财务会计报告所提供的数据进行财务分析。

（1）资产负债表。资产负债表是反映企业在某一特定日期（月末、年末等）财务状况的报表，它是根据“资产 = 负债 + 所有者权益”这一基本公式，按照一定的分类标准和一定的顺序，把企业在某一特定日期的资产、负债和所有者权益各项目要素予以适当排列编制而成，向会计信息使用者提供企业在某一特定日期的财务状况。

（2）利润表。利润表又叫损益表或收益表，是反映企业在一定期间（月份、季度、年度等）的生产经营成果的会计报表，它通过将企业一定期间的收入与同一会计期间相关的费用进行配比，以计算出企业一定期间的净利润或净亏损。

（3）现金流量表。现金流量表是以现金为基础编制的反映企业财务状况变动的报表，它反映公司或企业一定会计期间内有关现金和现金等价物的流入和流出的信息。在这里，现金指企业库存现金以及可以随时用于支付的存款。现金等价物指企业持有的期限短、流动性强、易于转换为已知金额现金、价值变动风险很小的投资。所谓现金流量，是指现金和现金等价物的流入和流出。

13.2.3.2 偿还能力分析

偿债能力的分析，主要分为短期偿债能力分析和长期偿债能力分析。

（1）短期偿还能力分析。分析企业的短期偿债能力，关心的是企业是否有足够的现金（包括银行存款）或其他能在短期内变为现金的资产，也就是流动资产各项目的变现能力，以支付各种即将到期的债务。评价企业短期偿还能力的财务比率主要有流动比率和速动比率。

流动比率是流动资产与流动负债的比率。流动比率在评价企业短期偿还能力时，具有一定局限性，如果流动比率较高，但流动资金的流动性较低，则企业的偿债能力仍然不高，其主要原因可能是在流动资产中存货等变现能力较弱的项目所占比例太大，因为存货经过销售才能变为现金，如果存货滞销，变现就成问题，所以在评价企业短期偿债能力时，需要用速动比率来衡量。流动资产扣除存货后的资产称为速动资产。速动资产与流动负债的比率即为速动比率。一般认为，企业的速动比率保持在 1 较为合适。

（2）长期偿债能力分析。评价企业长期偿还能力的财务比率主要有负债比率、负债对所有者权益比率。

负债比率是企业负债总额与资产总额的比率，也称资产负债率或举债经营比率，这一比率可以反映债权的保障程度。负债对所有者权益比率，这是比较债权人所提供资金与所有者所提供资金的对比关系，这个比率越低，说明企业的长期财务状况越好，财务风险越小。

13.2.3.3 营运能力分析

营运能力分析主要是衡量企业在资产管理方面的效率。一般用流动资产周转率（包括存货周转率、应收账款周转率）和总资产周转率来评价。流动资产周转率可以反映流动资产的流动速度和利用效果。它有两种表现形式，即流动资产周转次数（周转率）和流动资产周转天数。流动资产周转次数越多，其周转速度越快，流动资产利用效果越高，流动资产周转天数，表示流动资产周转一次需要的天数。周转一次需要的天数越少，流动资产周转速度越快，利用效果也就越好。

13.2.3.4 盈利能力分析

企业盈利能力的分析就是判断企业赚取利润能力的大小以及各因素变化对盈利能力的影响。一个企业只有获得较多的利润，才能谋求生存和发展。因此，凡与某一企业有关系的人，包括企业的投资人、债权人、经营者以及一般社会公众，无不对企业获利能力寄予莫大的关切。

评价一个企业盈利能力大小的比率很多，下面对财务分析中常用的主要指标作如下分析说明。

（1）资本金利润率分析。资本金利润率是企业一定时期的利润总额与资本金总额之比。它表明投资者投入企业资本的获利程度。其计算公式为：

$$资本金利润率 = (利润总额 \div 资本金总额) \times 100\%$$

上式中的利润总额一般采用所得税后净利润。资本金总额则指企业在工商行政管理部门登记的注册资金总额。该指标比率越高，说明资本收益水平越高，企业盈利能力越强。

（2）销售利润率分析。销售利润率是指企业一定时期的利润总额与销售收入之比。它反映了销售收入的收益水平。计算公式为：

$$销售利润率 = (利润总额 \div 销售收入) \times 100\%$$

销售利润率越高，表明每百元销售收入所带来的利润越多，企业的经济效益越好。

（3）成本费用利润率分析。成本费用利润率是指企业一定时期的利润总额与成本费用之比。它反映了企业的所得与所耗之间的比例关系。其计算公式为：

$$成本费用利润率 = (利润总额 \div 成本费用总额) \times 100\%$$

成本费用利润率越高，利润越大，说明企业的经济效益越好。该指标与上述销售利润率有密切的关系，分析时可将两方面指标结合在一起，便于全面评价企业盈利水平的高低。

13.3 园林绿化企业经营管理的基础工作

13.3.1 企业管理基础工作的概念与一般要求

13.3.1.1 企业管理基础工作的概念

企业管理基础工作，是企业在生产经营活动中，为了实现企业的经营目标和管理职能，提供资料依据、共同准则、基本手段和前提条件等所必不可步的工作。它一般包括：标准化工作、定额工作、计量工作、信息传递、数据处理、资料储存工作，建立以责任制为核心的规章制度和职工技术业务培训工作等内容。一些新兴的管理理论与实践，如企业信息化、流程管理和知识管理，也都与企业管理基础工作密切相关。

13.3.1.2 企业管理基础工作的作用

基础工作的作用具体表现在以下几个方面：

(1) 基础工作是对企业生产经营活动进行计划、组织和控制的依据。

(2) 基础工作是建立正常的生产秩序，提高生产效率和产品质量的重要手段。

(3) 基础工作是推行经济责任制，贯彻按劳分配原则的依据。

(4) 基础工作是搞好经济活动分析，促进经济效益提高的保证。

(5) 基础工作是企业实施信息化战略的管理前提。

13.3.1.3 企业管理基础工作的一般要求

首先，必须提高对基础工作的认识，并不断克服小生产习惯势力的影响。要对职工进行尊重科学、按客观规律办事的教育，使他们明白，在社会化现代化大生产条件下，为了合理地组织生产力的各个要素，使人力、物力、财力得到有效利用，提高经济效益；就要用科学管理代替经验管理，就要相应地建立和健全管理的基础工作。

其次，必须围绕提高经济效益这个中心，根据提高生产经营活动的水平推进各项专业管理的要求，不断加强管理的基础工作。要把搞好基础工作同推行经济责任制结合起来，同职工的物质利益挂起钩来，促使企业把基础工作搞好。

再次，必须加强职工队伍的思想作风建设和技术业务培训，最好的制度和方法，是要通过人来执行的。因此，要做好提高人的素质的工作。

必须与信息化建设工作密切结合起来。适应企业内外部经营环境和技术条件的发展变化，在企业管理活动中运用信息技术和网络技术已经成为大势所趋。信息化建设要以扎实有效的管理基础工作为前提，同时它也可以借助现代信息技术巩固和加强企业管理的基础工作。

最后，必须有长远系统的打算，扎扎实实地抓，讲求实效，不要搞形式主义。要使基础工作完善，确实取得良好效果，决非一朝一夕之功，没有数年甚至更长时间的艰苦努力，是办不到的。这就要求企业领导者，对于加强基础工作，必须做好长远的系统的安排；有计划、分步骤地组织实施，坚持不懈，始终如一才能奏效。

13.3.2 企业管理的标准化工作

13.3.2.1 企业标准化

标准化，是指在经济、技术、科学及管理等社会实践中，制定并贯彻同一的标准，以求得最佳秩序和社会效益。企业标准化，就是在企业生产、经营活动全过程中，制定、贯彻各种技术标准和管理标准（包括工作标准）。企业标准化的基本任务是：制定和贯彻技术标准、管理标准，稳定并提高产品质量；合理的发展品种、规格，提高产品标准化程度，促进大批量、专业化生产；改善经营管理，全面提高企业的经济效益。

在推行标准化过程中，企业应注意逐步实行管理业务标准化，即把企业经常重复出现的日常管理业务如签订购销合同、编制生产计划、进行生产派工、检查产品质量、处理违纪事项等等，在学习国内外先进经验和总结本企业成功经验的基础上，根据现实条件规定出标准的工作程序、工作方法和工作质量要求，并明确有关职能机构、岗位和个人的工作职责和相互配合的关系，用规章、制度的形式把上述内容固定下来，加以贯彻执行。实践证明，实行管理业务标准化，有利于建立正常的管理秩序，使管理工作按科学的程序办事，避免那种杂乱无章、凭经验办事、职责不清、互相扯皮等情况的发生。即使出现问题，也容易及时查出、及时解决；有利于岗位人员的培训，使他们通过学习既有图表又有文字说明的管理业务标准，比较快也比较准确地全面掌握自己的工作内容和方法，并且知道自己在整个管理工作流程中所处的地位以及工作好坏对整体的影响，从而促使他们更加负责地做好自己的工作；有利于减轻企业高层领导人员的负担，使他们得以授权下级人员按标准处理那些大量重复出现的管理业务，以便抽出更多的时间和精力研究解决企业重大经营决策问题；有利于推进管理现代化，为广泛运用电子计算机，大幅度提高生产经营及管理活动的自动化水平，创造前提条件。

13.3.2.2 企业标准化的内容

企业的标准化方式可具体分为三种情况：

（1）工作过程标准化。对工作过程的内容、程序和要求做出详细规划，制定和贯彻标准化的工艺操作规程和管理工作规程（标准），以实现各项业务活动协调一致。

（2）工作成果（产出）标准化。对于工作过程不易分解的活动，可对工作结果进行控制，强调产出的结果达到一定的标准，对工作过程的最后成果做出标准化的规定，以保证前后工序的活动协调一致。

（3）工作技能标准化。如果活动的过程和结果都无法标准化，这时只能控制工作过程的投入这一头，对工作人员的技能素质实施控制。也就是对工作人员的知识、能力、经验等做出标准化的规定，在招聘、培训、录用时加以贯彻，定期加以检查和考核，由此来保证工作过程和成果达到统一要求。

13.3.3 企业管理的定额工作与计量工作

13.3.3.1 定额工作

定额是企业在一定的生产技术条件下，为合理利用人力、物力、财力等经营资源，所规定的消耗标准与占用标准。定额是编制计划的依据，是科学地组织生产的手段，也是进行经济核算，厉行节约，提高经济效益的有效工具。定额工作是包括制定、贯彻和修订各类定额在内的一系列工作的总称。

定额的种类，主要有劳动定额、物资消耗定额和储备定额、流动资金定额等。加强定额工作的要求如下：

（1）应建立和健全完善、先进的定额体系，并认真地贯彻实施，包括按定额来编制计划、安排生产、采购和储备物资，领发材料与工具、控制费用开支，考核工作效率和经济效益。

（2）企业制定的各种定额，必须有充分的技术和经济依据，既要先进，又要合理，符合多数工人经过一定努力即可以达到的水平。

（3）企业制定定额时，应采用科学方法。

（4）当企业的生产技术条件发生了变化，生产组织和劳动组织得到改进，职工的业务技术水平和熟练程度有了提高，原有定额就需要及时修订。

13.3.3.2 计量工作

（1）计量。计量是指用一种标准的单位量，去测定另一同类量的量值。计量工作包括测试、检验、对各种合理化性能的测定与分析工作。企业生产经营过程中各种原始记录反映出来的数与量，都是利用计量手段显示出来的。如果没有健全的计量工作，就不会有真实可靠的原始记录，就不能提供正确的核算资料，也就无法分清企业与企业、企业内部各部门以至个人之间的经济责任。在生产过程中，没有计量器具或者计量不准确，还会给生产带来损失，甚至造成事故。因此，企业必须从原材料、半成品等物资进厂，经过生产过程，一直到产品出厂，在供、产、销各个环节，都要配置必须的计量器具，保证其准确性，健全计量工作，提高计量工作水平。

（2）计量工作的要求：

1）计量器具一定要准确可靠。严格执行计量器具检定规程。计量器具不准确时，要及时修理或报废。要根据不同情况，选择正确的测试计量方法。对计量仪器使用合理、操作正确、管理科学，是延长其使用寿命，保持量值准确和统一的关键。反之，就会加快磨损和损坏，影响量值准确，失去它的精度和灵敏度。

2）执行计量器具的严格检定。为了确保量具的质量，对企业所有的计量器具，都必须按照国家鉴定规程规定的检定项目和方式进行鉴定。这些检定包括：入库检定、入室检定以及返还检定。所有计量器具必须经检定合格，具有合格证或标志，才准许投入使用。

3）计量器具的及时修理或报废。对于磨损的计量器具，要根据检定结果，按照损坏程度的不同而分别处理。该废则废，该换则换，该修则修，这类问题都必须抓紧及时解决。

4）对工具库（室）储藏的计量器具，要妥善存放保管。

5）改革落后的计量工具和计量测试技术，逐步实现检测手段、计量技术的现代化。实现计量工作的技术革新和测试手段现代化，对加强质量管理有重大意义。它有利于采用先进的科学质量管理方法；有利于及时发现质量缺陷，及时解决；有利于质量管理人员集中精力，在提高质量上下功夫；还有利于加强为用户的技术服务工作。

6）计量工作必须认真。凡是需要计量的，都要严格地加以计量，不能为图省事，采取估计、测算的办法。

7）原材料等物资的购进、领用、发放、运输、生产过程中的转移、产品入库、销售，都要严格地按照计量验收的有关规定和制度办理，堵塞各种漏洞。

8）应设置计量管理人员或机构，负责组织企业基准传递、计量器具检定与维修以及开展各项计量工作。

为了做好计量工作，企业必须设置专门的计量管理机构，配备专职或兼职的计量工作人员；设立计量室、负责组织企业基准的传递，统一管理企业长度、温度、力学、电学、化学等类计量工作；贯彻执行计量法令和计量管理制度，负责检定、修理计量器具和测试工作。

13.3.4 企业管理的信息工作

13.3.4.1 信息工作

在企业管理基础工作中，一般把包括原始记录、统计分析、技术经济情报、科技档案工作以及数据和资料的收集、处理、传递、储存等管理工作，统称为信息工作。

13.3.4.2 信息工作的内容

（1）原始记录和统计工作。原始记录实际是企业生产技术经济活动情况的最初的直接记录，如企业使用的领料单、考勤表、工作票、入库单等。原始记录是建立各种台账和进行统计分析的依据，是考核企业各项经济技术指标的依据，是实行经济核算的基本条件，也是车间、班组进行日常生产管理的工具。

统计工作是对原始记录进行收集、整理和分析的工作。它从原始记录取得资料以后，要进行分类、汇总和综合分析，从中发现企业生产技术经济活动的规律性和事物之间的内在联系，一直到企业生产技术经济活动的正常进行。搞好统计工作是企业掌握生产技术经济活动的实际情况，作出决策，制定以及检查计划执行情况的依据；是根据历史资料，对未来发展趋势作出科学预测的依据，也是科学的检验企业采取的技术组织措施所取得经济效果的重要工具。

对原始记录和统计工作的要求，就是要做到准确、及时、全面，这是指原始记录和统计资料的数据及反映的情况，一定要符合实际。标准是数据的生命。准确，指不允许弄虚作假，也不能搞概略估计。及时，指原始记录和统计工作既要系统反映企业生产经营活动的情况与成果，又要尽量简化，讲求实效，及时将有关能提供给各部门使用。全面，凡是企业需要的数据、统计资料，都要尽量记录和收集起来，并加以系统整理；以利于掌握企业生产经营的全面情况，防止发生某些疏忽而给企业造成损失。

为了加强对原始记录和统计报表的统一管理，企业应责成适当部门如计划部门主管这项工作，统一规定原始记录和统计报表的格式、内容和计算方法，以及填写、签署、报送、传递和存档等管理办法，并监督执行，使之不断完善。

（2）科技经济情报工作。情报是指为了一定目的而收集的、比较有系统的、经过分析和加工的资料。企业所需情报就其性质来划分，有经济情报和科技情报两类。

经济情报是指那些能够反映各企业内外情况变化的各种情报资料。其中比较重要的是有关用于需求、商品流转、经营渠道、市场价格等情况的市场情报；同行业企业的产品结构、生产技术条件、工艺技术、产品价格、为用户服务的方式方法、促销策略等竞争对手的情报；国民经济发展方向和有关部门专业计划等宏观经济环境情报。这些都是企业了解外部环境、进行预测和做出经营决策不可缺少的信息资料。

科技情报是有关技术水平、技术潜力、新技术前景预测、替代技术预测、专利动向、新技术影响预测等方面的情报。当前，科技发展日新月异，新技术、新工艺、新设备、新材料、新产品不断涌现。掌握科技情报，显然对于企业进行技术开发，推动技术进步有着较为重要的意义。企业应非常重视收集科技情报，尽快地得到国内外其他企业已经取得和预期取得的对本企业有用的情报，把先进的科技成果运用到生产经营中去，以增强企业竞争能力，提高经济效益。

做好企业科技经济情报工作，主要环节是：根据本企业的实际需要，以及工程建设中形成并作为历史记录保存起来以备查考的文件资料。它包括技术图纸、图片、影片、报表、文字材料等。这些科技档案所记载的过去的情况、成果、经验和教训，可以作为企业从事生产技术活动的参考和依据；为推进生产和技术管理现代化，促进生产力的发展发挥作用；科技人员也可以借助于科技档案，更好地从事当前的科学研究；它还有助于企业领导人和有关人员熟悉情况、总结经验、制定计划和处理问题，避免走弯路。

科技档案工作的基本内容包括档案的收集、整理、鉴定、保管、统计和提供利用等六项工作。为了搞好科技档案工作，企业应设置专门的机构或人员，对科技档案实行集中统一管理，制定具体的工作制度和办法，既要保证科技档案的完整和安全，也要便于利用，充分发挥科技档案工作的作用。

(3) 数据管理和资料储存工作。数据一般是指企业在生产经营活动中所获得的有关数字凭证。数据管理，就是收集积累各种数据，按照不同的使用要求，进行归纳、整理、分类、统计、分析、绘制图表，以及运用电子计算机系统进行加工、储存、传递和使用。企业的各项生产经营活动，都要以一定的数据为依据，对生产经营过程也要根据掌握的数据进行控制；生产经营的成果最后要用数来反映。因此，离开数据，就无法进行管理。为了搞好数据管理，企业首先要搞好原始记录、统计和计量工作，以保证数据的准确性。要逐步扩大计量范围和充实检测设施，把企业管理需要的数据统计完全；要培训有关的专业管理人员，落实数据管理责任制；要注意数据的统一，为应用电子计算机创造条件。

13.3.5 企业管理的知识管理

知识管理是信息管理的延伸与发展，也就是使信息转化为可被人们掌握的知识，并以此来提高特定组织的应变能力和创新能力的一种新型管理形式。知识管理重在培养集体的创造力和推动创新。

13.3.5.1 知识管理的特点

从企业经营的角度出发，知识管理是指通过对企业知识资源的开发和有效利用，以提高企业竞争力和创新能力，从而提高企业创造价值的能力的管理活动。具体有如下特点：

(1) 知识管理作用显著。增加组织整体知识的存量与价值；应用知识以提升技术、产品、服务创新的绩效以及组织整体对外的竞争力；促进组织内部的知识流通，提升成员获取知识的效率；指导组织知识创新的方向；协助组织发展核心技术能力；有效发挥组织内个体成员的知识能力与开发潜能；提升组织个体与整体的知识学习能力；形成有利于知识创新的企业文化与价值观。

(2) 知识管理的最终目的与其他管理的最终目的一样，都是为提高企业创造价值的能力。但知识管理的直接目的是要提高企业的创新能力，这也是知识管理在新的经济时期之所以出现并且广泛兴起的直接驱动力。

(3) 知识管理的主要任务是要对企业的知识资源进行全面和充分的开发以及有效的利用，是将知识看作企业的一个相对独立的资源而加以全面和综合的管理。

(4) 知识管理不同于信息管理。信息管理主要侧重的是建立并维持一个通畅且高效的信息网络，从事信息的收集、检索、挑选、分类、存储、传输和分析等。尽管在信息管理的高级阶段，信息管理人员也参与一些商业竞争方面的战略分析，但对如何利用信息来进行企业创新在信息管理中并没有什么特殊的要求，而且往往企业的信息管理者和信息的使用者之间沟通不够。而知识则是对包括信息在内的企业所有的知识实施全面的管理，要把企业的知识资源统筹起来，与其他资源相结合致力于企业的创新活动。知识管理是通过知识共享、运用集体的智慧提高应变和创新能力。对于企业来说，知识管理的实施在于建立激励人员参与知识共享的机制，设立知识总监，培养企业创新和集体创造力。所以，与知识管理相比，信息管理只是知识管理中的一部分内容。

（5）知识管理的核心是培养创新能力。知识管理的一个突出特点就是自身创新能力的不断增强，利用最新的信息技术来实现所需信息的获取和传递。知识经济时代的到来，使传统生产经营方式和思想观念发生深刻的变革，也对企业的经营理念和管理模式提出了挑战。创新是知识经济的核心内容，是企业活力之源。技术创新、制度创新、管理创新、观念创新，以及各种创新的相互结合、相互推动，成为企业经济增长的引擎。

13.3.5.2 知识管理活动的内容

企业知识管理活动应围绕下面的一些主要内容展开：

（1）知识交流与知识共享的宣传。知识的显著特点是在交流和共享中得到不断的发展。在科学技术突飞猛进的今天，企业只有不断创新，才能在激烈的市场竞争中取得竞争优势，从而使财富增长。而创新本身，无论是技术创新还是管理创新，从本质上讲就是一种新知识的创造，也是企业知识资源的一种积累，因此，在企业内部各个员工之间，在企业的内部与外部之间，必须进行知识的交流和共享。如果没有知识的交流与共享，要实现创新是不可能的。所以，知识管理首先要在企业内进行知识交流与共享的宣传，培养树立知识交流与共享的意识，使大家逐渐自觉主动地参与到知识的交流与共享之中。

（2）建立知识网络，促进知识的交流与共享。知识的交流与共享是企业创新的基础，因此在知识管理中，通过各种方式来促进知识的交流与共享是其重要的工作内容。促进知识交流与共享的方式有两个基本方面：一是要尽可能地运用现代化的技术手段尤其是信息高科技手段建立起各种形式的企业知识网络，为知识的交流与共享创造基本的条件；二是要尽可能地通过各种方式创造一种鼓励知识交流与共享的环境，使大家在这种适宜的环境中，通过知识的交流与共享，把信息与信息，信息与存在于人脑中的难以编码化的知识联系起来，从而保证企业创新活动的不断进行。

（3）驱动以创新为目的的知识生产。随着全球经济一体化的发展，企业面对着越来越复杂的市场竞争环境。在激烈的竞争中，企业要想立于不败之地，必须拥有比别人领先一步的产品、技术或管理的创新。领先一步的创新可以说主要来源于企业以创新为目的的知识生产。无论是哪一种类型的知识，只要先人一步掌握，就可以给企业创新带来极大的便利与可能。因此充分开发和有效利用企业的知识资源，进行以创新为目的的知识生产，是知识管理活动的一项重要内容。

（4）积累和扩大企业的知识资源。企业的知识资源是创新的源泉。要使创新不断地进行，知识管理还必须致力于企业知识资源的不断积累和扩大。知识资源的积累和扩大的基础是其中智力资源的积累和扩大。智力资源的积累和扩大主要依赖于企业职工关于知识的自主学习、交流与共享，企业有组织、有计划的培训活动，以及外部优秀智力资源的加盟。企业智力资源的积累和扩大及其能动地发挥作用将大大改善和提高企业无形资产和有关信息的质量，从而使企业的整个知识资源得以积累和扩大。因此，知识资源的积累和扩大的关键是其中智力资源的积累和扩大。

（5）将企业的知识资源融入产品或服务及其生产过程和管理过程中。知识管理的直接目的是企业创新，而企业创新是使企业的知识资源转化为新产品、新工艺、新的组织管理方式等的过程。因此，创新离不开知识资源与企业产品或服务及其生产过程和管理过程的结合。所以，知识管理的一个重要的内容就是要明确企业在一定时期内所需要的知识以及开发的方式与途径，贯彻相应的知识开发和利用战略，从而保证企业知识的生产以及知识资源的积累和扩大与企业产品或服务及其生产过程和管理过程紧密地联系在一起。

13.3.5.3　知识管理遵循的原则

（1）积累原则。积累是知识管理的基础。通过知识管理将公司内部的信息积累、保存起来，这是企业开展知识管理战略的基础。如企业的档案管理体系，将公司内有价值的文件归档。企业的信息系统，将企业的业务数据保存下来。这些都为未来的企业进行决策和判断提供了事实基础。有了宝贵的知识积累，知识创新才能成为可能。

（2）共享原则。共享是知识管理的价值体现。如果知识只是积累，而没有提供共享和交流的手段，没有形成知识在企业内部的共享，知识积累的价值就没有体现。从现今的经济来看，经济模式从封闭性、地区性向开放性、全球性转变。将企业内积累的宝贵知识在企业内共享和交流，让知识共享成为一个企业的文化，那么一个项目失败的教训，会为企业所有项目所借鉴。一个项目成功的经验，也会为企业所有项目加以学习。将一个项目的个体行为，拓展成一个企业的整体行为，将提高企业利用知识的整体价值。

（3）创新原则。创新是知识管理的最终追求。它是企业知识管理的最终目的。知识是创新的源泉，有了知识的积累，并有了知识在企业内部共享的文化，共享成为企业员工的一种标准行为，才能在企业内部形成脑力激荡，才能产生具有高知识含量的产品。而这时的产品已不过是知识的物质体现而已。

13.3.6　建立以责任制为核心的规章制度

企业的规章制度是用文字的形式，对各项管理工作和生产作业的要求所作的规定，是全体职工行动的规范和准则。建立和健全企业规章制度，是企业管理的一项极其重要的基础工作。在现代企业中，拥有成百上千甚至上万名职工，要把这些职工合理的安排在每一个岗位上，把他们的积极性调动起来并且协调一致，正确处理生产过程中人们相互之间的关系，把复杂的、连续性很强的工业生产，组织成有秩序有节奏的活动，就必须有一套科学的规章制度。企业需要建立的规章制度大体可划分为三类：

（1）基本制度。其中最重要的是企业领导制度，如厂长负责制、职工民主管理制度。

（2）工作制度。这是有关计划、生产、技术、物资、销售、人事、财务等专业管理方面的工作制度。

（3）责任制度。它是根据社会化大生产对劳动分工和协作的要求制定的，规定了企业每个成员在自己的岗位上所应承担的任务、责任以及相应的权力。

在这些规章制度当中，岗位责任制是基础。通过这一制度，把企业每一项工作落实到各个职工身上，从领导到工人，人人都有确定的岗位，人人都有明确的责任，事事都有人负责，这样才能建立良好的生产秩序，各项技术经济指标的实现才有保证。可以这样说，如果一个企业没有一套切实可行的岗位责任制，那么，一切宏伟的奋斗目标和良好的管理制度，都将落空，或者在实践中大打折扣。

企业的岗位责任制有工人岗位责任制和干部岗位责任制。其内容一般包括岗位的职责、为完成职责必须进行的工作和基本方法，以及应达到的基本要求。由于企业的生产性质和技术条件不同，岗位责任制的内容也不尽相同。工人岗位责任制，不仅要规定干什么，还要规定怎样干、什么时间干、在什么地方干、干到什么程度等内容，以便对工人的生产作业真正起到指导与约束的作用。干部岗位责任制一般有基本职责、业务流程和考核标准三部分内容组成。在企业中，建立和健全岗位责任制，应从本企业实际出发，搞好调查研究，拟定方案，进行试点。要发动职工群众，揭露矛盾，针对问题总结行之有效的经验，在此基础上建立制度。制度经过试行，在比较成熟时，统一定型，然后在全面推开。制度从内容到形式，一定要简明扼要、便于执行，切忌搞繁琐哲学。

同时，我们应该看到，人是企业的主体，企业基础管理工作必须以人为本。任何一个企业如果没有一套切实可行、便于操作的规章制度，不要说占领市场，取得最大的经济效益和社会效益，就连生存也很困难。一些单位由于制度不健全导致吃“大锅饭”而干好干孬一个样的现象普遍存在，这就会严重影响员工积极性和创造性的发挥。这实际上恰恰背离了以人为本。可见，以人为本的管理思想与建立健全严格的规章制度是一致的。那种将二者对立起来，割裂开来的认识和做法是不正确的、有害的。企业要把坚持以人为本与严格规章制度结合好，必须不断针对新情况、新问题、新任务，适时制定目标管理法，即对所有工程项目和质量实行经理负责下的目标管理。一个企业要把坚持以人为本与严格规章制度结合好，必须从第一把手做起，严格执行企业的各项制度。首先，领导者的带头作用是一面旗帜，身教重于言教，只有领导以身作则，群众才会打心眼里服气，所谓“一级做给一级看”就是这个意思；其次，领导者的行动具有导向作用，一级带着一级干，才能使群众中蕴藏着的极大积极性和创造力充分发挥出来；再次，领导者的模范带头作用，可以起到增强广大员工的斗志、鼓舞士气的作用，只有领导率先垂范，员工才会形成强大的合力，使企业真正形成一盘棋，干部群众心往一处想，劲往一处使，这才能把以人为本真正体现出来。

复习思考题

1. 园林绿化企业经营管理有什么特点？
2. 园林绿化企业管理的职能和任务是什么？
3. 园林绿化企业有哪些管理方法？
4. 怎样进行园林绿化企业经济核算？
5. 园林绿化企业财务管理的主要内容是什么？有哪些要求？
6. 简要说明园林绿化企业财务分析与成本控制的内容。
7. 企业管理基础工作的作用和一般要求是什么？
8. 什么是企业标准化？它包括哪些内容？
9. 做好定额工作与计量工作在企业管理中有什么意义？
10. 企业管理的信息工作包括哪些内容？
11. 知识管理应遵循哪些原则？
12. 企业应建立哪些规章制度？

参考文献

[1] 蒲亚锋主编．园林工程建设施工组织与管理．北京：化学工业出版社，2005.

[2] 全国建筑业企业项目经理培训教材编写委员会编．施工组织设计与进度管理．北京：中国建筑工业出版社，2001.

[3] 阮文主编．供热通风与建筑水电工程预算与施工组织管理．哈尔滨：黑龙江科学技术出版社，1997.

[4] 吴锡桐主编．新编建设工程监理实用操作手册．上海：同济大学出版社，2003.

[5] 潘全祥主编．施工现场十大员技术管理手册．资料员．北京：中国建筑工业出版社，2004.

[6] 严刚汉，刘庆凡主编．建筑施工现场管理．北京：中国铁道出版社，2000.

[7] 杜训，陆惠民编著．建筑企业施工现场管理．北京：中国建筑工业出版社，1997.

[8] 齐锡晶，李立新主编．100 天突破全国监理工程师执业资格考试应试辅导及模拟题．北京：人民交通出版社，2005.

[9]《全国监理工程师培训考试教材》编写委员会编．建设工程合同管理．北京：知识产权出版社，2003.

[10]《全国监理工程师培训考试教材》编写委员会编．建设工程质量管理．北京：知识产权出版社，2003.

[11] 郑少瑛主编．建筑施工组织．北京：化学工业出版社，2004.

[12] 董三孝主编．园林工程概预算与施工组织管理．北京：中国林业出版社，2002.

[13] 深圳市南山区园林绿化公司编．园林绿化 ISO9001 质量体系与操作实务．北京：中国林业出版社，2000.

[14] 张仕廉，董勇，潘承仕编著．建筑安全管理．北京：中国建筑工业出版社，2005.

[15] 建筑工程施工项目管理丛书编审委员会统编．建筑工程施工项目成本管理．北京：机械工业出版社，2002.

[16] 葛震明编著．建筑企业经营管理．上海：同济大学出版社，1992.

[17] 郑明身主编．现代企业管理．北京：中国财政经济出版社，2003.